全国高等院校土建类应用型规划教材
住房和城乡建设领域关键岗位技术人员培训教材

市政工程施工质量
控制与验收

《市政工程施工质量
控制与验收》编委会 编

主　　编：沈华杰　林　丽
副 主 编：孟远远　张媛媛
组编单位：住房和城乡建设部干部学院
　　　　　北京土木建筑学会

中国林业出版社

图书在版编目（CIP）数据

市政工程施工质量控制与验收 /《市政工程施工质量控制与验收》编委会编. — 北京：中国林业出版社，2019.5

住房和城乡建设领域关键岗位技术人员培训教材

ISBN 978-7-5219-0016-3

Ⅰ.①市… Ⅱ.①市… Ⅲ.①市政工程－工程施工－质量控制－技术培训－教材②市政工程－工程施工－工程验收－技术培训－教材　Ⅳ.①TU99

中国版本图书馆 CIP 数据核字（2019）第 065547 号

本书编写委员会

主　编：沈华杰　林　丽

副主编：孟远远　张媛媛

组编单位：住房和城乡建设部干部学院　北京土木建筑学会

国家林业和草原局生态文明教材及林业高校教材建设项目

策　　划：杨长峰　纪　亮

责任编辑：陈　惠　王思源　吴　卉　樊　菲

出版:中国林业出版社
　　（100009 北京西城区德内大街刘海胡同 7 号）
网站:http://lycb.forestry.gov.cn/
印刷:固安县京平诚乾印刷有限公司
发行:中国林业出版社
电话:(010)83143610
版次:2019 年 5 月第 1 版
印次:2019 年 5 月第 1 次
开本:1/16
印张:23.75
字数:380 千字
定价:145.00 元

编写指导委员会

组编单位：住房和城乡建设部干部学院　北京土木建筑学会

名誉主任：单德启　骆中钊

主　　任：刘文君

副 主 任：刘增强

委　　员：许　科　陈英杰　项国平　吴　静　李双喜　谢　兵
　　　　　李建华　解振坤　张媛媛　阿布都热依木江·库尔班
　　　　　陈斯亮　梅剑平　朱　琳　陈英杰　王天琪　刘启泓
　　　　　柳献忠　饶　鑫　董　君　杨江妮　陈　哲　林　丽
　　　　　周振辉　孟远远　胡英盛　缪同强　张丹莉　陈　年

参编院校：清华大学建筑学院
　　　　　大连理工大学建筑学院
　　　　　山东工艺美术学院建筑与景观设计学院
　　　　　大连艺术学院
　　　　　南京林业大学
　　　　　西南林业大学
　　　　　新疆农业大学
　　　　　合肥工业大学
　　　　　长安大学建筑学院
　　　　　北京农学院
　　　　　西安思源学院建筑工程设计研究院
　　　　　江苏农林职业技术学院
　　　　　江西环境工程职业学院
　　　　　九州职业技术学院
　　　　　上海市城市科技学校
　　　　　南京高等职业技术学校
　　　　　四川建筑职业技术学院
　　　　　内蒙古职业技术学院
　　　　　山西建筑职业技术学院
　　　　　重庆建筑职业技术学院

策　　划：北京和易空间文化有限公司

前　言

　　"全国高等院校土建类应用型规划教材"是依据我国现行的规程规范，结合院校学生实际能力和就业特点，根据教学大纲及培养技术应用型人才的总目标来编写。本教材充分总结教学与实践经验，对基本理论的讲授以应用为目的，教学内容以必需、够用为度，突出实训、实例教学，紧跟时代和行业发展步伐，力求体现高职高专、应用型本科教育注重职业能力培养的特点。同时，本套书是结合最新颁布实施的《建筑工程施工质量验收统一标准》（GB50300—2013）对于建筑工程分部分项划分要求，以及国家、行业现行有效的专业技术标准规定，针对各专业应知识、应会和必须掌握的技术知识内容，按照"技术先进、经济适用、结合实际、系统全面、内容简洁、易学易懂"的原则，组织编制而成。

　　考虑到工程建设技术人员的分散性、流动性以及施工任务繁忙、学习时间少等实际情况，为适应新形势下工程建设领域的技术发展和教育培训的工作特点，一批长期从事建筑专业教育培训的教授、学者和有着丰富的一线施工经验的专业技术人员、专家，根据建筑施工企业最新的技术发展，结合国家及地方对于建筑施工企业和教学需要编制了这套可读性强，技术内容最新，知识系统、全面，适合不同层次、不同岗位技术人员学习，并与其工作需要相结合的教材。

　　本教材根据国家、行业及地方最新的标准、规范要求，结合了建筑工程技术人员和高校教学的实际，紧扣建筑施工新技术、新材料、新工艺、新产品、新标准的发展步伐，对涉及建筑施工的专业知识，进行了科学、合理的划分，由浅入深，重点突出。

　　本教材图文并茂，深入浅出，简繁得当，可作为应用型本科院校、高职高专院校土建类建筑工程、工程造价、建设监理、建筑设计技术等专业教材；也可作为面向建筑与市政工程施工现场关键岗位专业技术人员职业技能培训的教材。

目 录

第一章 概 述

第一节 基 本 概 念

1. 质量

我国标准《质量管理体系基础和术语》GB/T 19000—2008/ISO 9000：2008
关于质量的定义是：一组固有特性满足要求的程度。该定义可理解为：质量不仅
是指产品的质量，也包括产品生产活动或过程的工作质量，还包括质量管理体系
运行的质量；质量由一组固有的特性来表征（所谓"固有的"特性是指本来就有
的、永久的特性），这些固有特性是指满足顾客和其他相关方要求的特性，以其满
足要求的程度来衡量；而质量要求是指明示的、隐含的或必须履行的需要和期
望，这些要求又是动态的、发展的和相对的。也就是说，质量"好"或者"差"，以其
固有特性满足质量要求的程度来衡量。

2. 建设工程项目质量

建设工程项目质量是指通过项目实施形成的工程实体的质量，是反映市政
工程满足相关标准规定或合同约定的要求，包括其在安全、使用功能及其在耐久
性能、环境保护等方面所有明显和隐含能力的特性总和。其质量特性主要体现
在适用性、安全性、耐久性、可靠性、经济性及与环境的协调性等六个方面。

3. 质量管理

我国标准《质量管理体系基础和术语》GB/T 19000—2008/ISO 9000：2008
关于质量管理的定义是：在质量方面指挥和控制组织的协调的活动。与质量有
关的活动，通常包括质量方针和质量目标的建立、质量策划、质量控制、质量保证
和质量改进等。所以，质量管理就是建立和确定质量方针、质量目标及职责，并
在质量管理体系中通过质量策划、质量控制、质量保证和质量改进等手段来实施
和实现全部质量管理职能的所有活动。

4. 工程项目质量管理

工程项目质量管理是指在工程项目实施过程中，指挥和控制项目参与各方
关于质量的相互协调的活动，是围绕着使工程项目满足质量要求，而开展的策

划、组织、计划、实施、检查、监督和审核等所有管理活动的总和。它是工程项目的建设、勘察、设计、施工、监理等单位的共同职责,项目参与各方的项目经理必须调动与项目质量有关的所有人员的积极性,共同做好本职工作,才能完成项目质量管理的任务。

第二节　工程建设各阶段流程

工程准备阶段、工程实施阶段、工程竣工阶段的流程如图 1-1 所示。

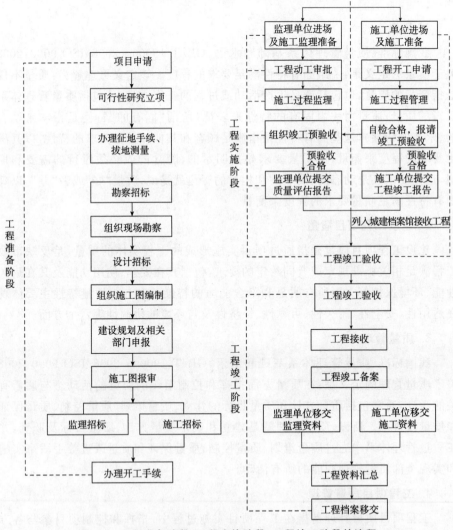

图 1-1　工程准备阶段、工程实施阶段、工程竣工阶段的流程

第三节 工程质量管理

一、工程质量管理的基本内容

（1）认真贯彻国家和上级质量管理工作的方针、政策、法规和建筑施工的技术标准、规范、规程及各项质量管理制度，结合工程项目的具体情况，制订质量计划和工艺标准，认真组织实施。

（2）编制并组织实施工程项目质量计划。工程项目质量计划是针对工程项目实施质量管理的文件，包括以下主要内容。

1）确定工程项目的质量目标。依据工程项目的重要程度和工程项目可能达到的管理水平，确定工程项目预期达到的质量等级。

2）明确工程项目领导成员和职能部门（或人员）的职责、权限。

3）确定工程项目从施工准备到竣工交付使用各阶段质量管理的要求，对于质量手册、程序文件或管理制度中没有明确的内容，如材料检验、文件和资料控制、工序控制等做出具体规定。

4）施工全过程应形成的施工技术资料等。

工程项目质量计划经批准发布后，工程项目的所有人员都必须贯彻实施，以规范各项质量活动，达到预期的质量目标。

（3）运用全面质量管理的思想和方法，实行工程质量控制。在分部、分项工程施工中，确定质量管理点，组成质量管理小组，进行 PDCA 循环，不断地克服质量的薄弱环节，以推动工程质量的提高。

（4）认真进行工程质量检查。

贯彻群众自检和专职检查相结合的方法，组织班组进行自检活动，做好自检数据的积累和分析工作；专职质量检查员要加强施工过程中的质量检查工作，做好预检和隐蔽工程验收工作。要通过群众自检和专职检查，发现质量问题，及时进行处理，保证不留质量隐患。

（5）组织工程质量的检验评定工作。

按照国家施工及验收规范、建筑安装工程质量检验标准和设计图纸，对分项、分部和单位工程进行质量的检验评定。

（6）做好工程质量的回访工作。

工程交付使用后，要进行回访，听取用户意见，并检查工程质量的变化情况。及时收集质量信息，对于施工不善而造成的质量问题，要认真处理，系统地总结工程质量的薄弱环节，采取相应的纠正措施和预防措施，克服质量通病，不断提高工程质量水平。

二、工程质量管理的基础工作

1. 质量教育

为了保证和提高工程质量,必须加强全体职工的质量教育,其主要内容有:①质量意识教育;②质量管理知识的普及宣传教育;③技术培训。

2. 质量管理的标准化

质量管理中的标准化,包括技术工作和管理工作的标准化。质量管理标准化工作的要求如下。

(1)不断提高标准化程度。各种标准要齐全、配套和完整,并在贯彻执行中及时总结、修订和改进。

(2)加强标准化的严肃性。要认真严格执行,使各种标准真正起到法规作用。

3. 质量管理的计量工作

质量管理的计量工作,包括生产时的投料计量,生产过程中的监测计量和对原材料、成品、半成品的试验、检测、分析计量等。搞好质量管理计量工作的要求如下。

(1)合理配备计量器具和仪表设备,且妥善保管。

(2)制定有关测试规程和制度,合理使用和定期检定计量器具。

(3)改革计量器具和测试方法,实现检测手段现代化。

4. 质量情报

质量情报是反映产品质量、工作质量的有关信息。其来源一是通过对工程使用情况的回访调查或收集用户的意见得到的质量信息;二是从企业内部收集到的基本数据、原始记录等有关工程质量的信息;三是从国内外同行业搜集的反映质量发展的新水平、新技术的有关情报等。

做好质量情报工作是有效实现"预防为主"方针的重要手段。其基本要求是准确、及时、全面、系统。

5. 建立健全质量责任制

建立和健全质量责任制,使企业每一个部门、每一个岗位都有明确的责任,形成一个严密的质量管理工作体系。它包括各级行政领导和技术负责人的责任制、管理部门和管理人员的责任制和工人岗位责任制。其主要内容如下。

(1)建立质量管理体系,开展全面质量管理工作。

(2)建立健全保证质量的管理制度,做好各项基础工作。

(3)组织各种形式的质量检查,经常开展质量动态分析,针对质量通病和薄弱环节,采取技术、组织措施。

(4)认真执行奖惩制度,奖励表彰先进,积极发动和组织各种竞赛活动。

(5)组织对重大质量事故的调查、分析和处理。

6. 开展质量管理小组活动

质量管理小组简称 QC 小组,是质量管理的群众基础,也是职工参加管理和"三结合"攻关解决质量问题,提高企业素质的一种形式。

三、工程质量管理制度

建筑工程质量管理制度主要包括:施工图设计文件审查制度、工程质量监督制度、工程质量检测制度、工程质量保修制度等。

1. 施工图设计文件审查制度

施工图设计文件(以下简称施工图)审查是政府主管部门对工程勘察设计质量监督管理的重要环节。施工图审查是指国务院建设行政主管部门和省、自治区、直辖市人民政府建设行政主管部门委托依法认定的设计审查机构,根据国家法律、法规、技术标准与规范,对施工图进行结构安全和强制性标准、规范执行情况等进行的独立审查。

(1)施工图审查的范围

建筑工程设计等级分级标准中的各类新建、改建、扩建的建筑工程项目均属审查范围。省、自治区、直辖市人民政府建设行政主管部门,可结合本地的实际,确定具体的审查范围。

建设单位应当将施工图报送建设行政主管部门,由建设行政主管部门委托有关审查机构,进行结构安全和强制性标准、规范执行情况等内容的审查。建设单位将施工图报请审查时,应同时提供下列资料:批准的立项文件或初步设计批准文件;主要的初步设计文件;工程勘察成果报告;结构计算书及计算软件名称等。

(2)施工图审查的主要内容

1)建筑物的稳定性、安全性审查,包括地基基础和主体结构是否安全、可靠。

2)是否符合消防、节能、环保、抗震、卫生、人防等有关强制性标准、规范。

3)施工图是否达到规定的深度要求。

4)是否损害公众利益。

(3)施工图审查的各个环节可按以下步骤办理:

1)建设单位向建设行政主管部门报送施工图,并作书面登录。

2)建设行政主管部门委托审查机构进行审查,同时发出委托审查通知书。

3)审查机构完成审查,向建设行政主管部门提交技术性审查报告。

4)审查结束,建设行政主管部门向建设单位发出施工图审查批准书。

5)报审施工图设计文件和有关资料应存档备查。

对审查不合格的项目,提出书面意见后,由审查机构将施工图退回建设单位,并由原设计单位修改,重新送审。施工图一经审查批准,不得擅自进行修改。如遇特殊情况需要进行涉及审查主要内容的修改时,必须重新报原审批部门,由原审批部门委托审查机构审查后再批准实施。

2. 工程质量监督制度

(1)国家实行建设工程质量监督管理制度。工程质量监督管理的主体是各级政府建设行政主管部门和其他有关部门。但由于工程建设周期长、环节多、点多面广,工程质量监督工作是一项专业技术性强,且很繁杂的工作,政府部门不可能亲自进行日常检查工作。因此,工程质量监督管理由建设行政主管部门或其他有关部门委托的工程质量监督机构具体实施。

(2)工程质量监督机构是经省级以上建设行政主管部门或有关专业部门考核认定,具有独立法人资格的单位。它受县级以上地方人民政府建设行政主管部门或有关专业部门的委托,依法对工程质量进行强制性监督,并对委托部门负责。

(3)工程质量监督机构的主要任务:

1)根据政府主管部门的委托,受理建设工程项目的质量监督。

2)制定质量监督工作方案,确定负责该项工程的质量监督工程师和助理质量监督师。根据有关法律、法规和工程建设强制性标准,针对工程特点,明确监督的具体内容、监督方式。在方案中对地基基础、主体结构和其他涉及结构安全的重要部位和关键过程,作出实施监督的详细计划安排,并将质量监督工作方案通知建设、勘察、设计、施工、监理单位。

3)检查施工现场工程建设各方主体的质量行为;检查施工现场工程建设各方主体及有关人员的资质或资格;检查勘察、设计、施工、监理单位的质量管理体系和质量责任制落实情况;检查有关质量文件、技术资料是否齐全并符合规定。

4)检查建设工程实体质量。按照质量监督工作方案,对建设工程地基基础、主体结构和其他涉及安全的关键部位进行现场实地抽查,对用于工程的主要建筑材料、构配件的质量进行抽查。对地基基础分部、主体结构分部和其他涉及安全的分部工程的质量验收进行监督。

5)监督工程质量验收。监督建设单位组织的工程竣工验收的组织形式、验收程序以及在验收过程中提供的有关资料和形成的质量评定文件是否符合有关规定,实体质量是否存在严重缺陷,工程质量验收是否符合国家标准。

6)向委托部门报送工程质量监督报告。报告的内容应包括对地基基础和主体结构质量检查的结论,工程施工验收的程序、内容和质量检验评定是否符合有关规定,及历次抽查该工程质量问题和处理情况等。

7)对预制建筑构件和混凝土的质量进行监督。

8)受委托部门委托按规定收取工程质量监督费。

9)政府主管部门委托的工程质量监督管理的其他工作。

3. **工程质量检测制度**

(1)工程质量检测工作是对工程质量进行监督管理的重要手段之一。工程质量检测机构是对建设工程、建筑构件、制品及现场所有的有关建筑材料、设备质量进行检测的法定单位。在建设行政主管部门领导和标准化管理部门指导下开展检测工作,其出具的检测报告具有法定效力。法定的国家级检测机构出具的检测报告,在国内为最终裁定,在国外具有代表国家的性质。

(2)国家级检测机构的主要任务

1)受国务院建设行政主管部门委托,对指定的国家重点工程进行检测复核,提出检测复核报告和建议。

2)受国家建设行政主管部门和国家标准部门委托,对建筑构件、制品及有关材料、设备及产品进行抽样检验。

(3)各省级、市(地区)级、县级检测机构的主要任务

1)对本地区正在施工的建设工程所用的材料、混凝土、砂浆和建筑构件等进行随机抽样检测,向本地建设工程质量主管部门和质量监督部门提出抽样报告和建议。

2)受同级建设行政主管部门委托,对本省、市、县的建筑构件、制品进行抽样检测。对违反技术标准、失去质量控制的产品,检测单位有权提供主管部门停止其生产的证明,不合格产品不准出厂,已出厂的产品不得使用。

4. **工程质量保修制度**

(1)建设工程质量保修制度是指建设工程在办理交工验收手续后,在规定的保修期限内,因勘察、设计、施工、材料等原因造成的质量问题,要由施工单位负责维修、更换,由责任单位负责赔偿损失。质量问题是指工程不符合国家工程建设强制性标准、设计文件以及合同中对质量的要求。建设工程承包单位在向建设单位提交工程竣工验收报告时,应向建设单位出具工程质量保修书,质量保修书中应明确建设工程保修范围、保修期限和保修责任等。在正常使用条件下,建设工程的最低保修期限为:

1)基础设施工程、房屋建筑工程的地基基础和主体结构工程,为设计文件规定的该工程的合理使用年限;

2)屋面防水工程、有防水要求的卫生间、房间和外墙面的防渗漏,为 5 年;

3)供热与供冷系统,为两个采暖期、供冷期;

4)电气管线、给排水管道、设备安装和装修工程,为两年。其他项目的保修期由发包方与承包方约定。保修期自竣工验收合格之日起计算。

(2)建设工程在保修范围和保修期限内发生质量问题的施工单位应当履行保修义务。保修义务的承担和经济责任的承担应按下列原则处理:

1)施工单位未按国家有关标准、规范和设计要求施工,造成的质量问题,由施工单位负责返修并承担经济责任。

2)由于设计方面的原因造成的质量问题,先由施工单位负责维修,其经济责任按有关规定通过建设单位向设计单位索赔。

3)因建筑材料、构配件和设备不合格引起的质量问题,先由施工单位负责维修,其经济责任属于施工单位采购的,由施工单位承担经济责任;属于建设单位采购的,由建设单位承担经济责任。

4)因建设单位(含监理单位)错误管理造成的质量问题,先由施工单位负责维修,其经济责任由建设单位承担,如属监理单位责任,则由建设单位向监理单位索赔。

5)因使用单位使用不当造成的损坏问题,先由施工单位负责维修,其经济责任由使用单位自行负责。

6)因地震、洪水、台风等不可抗拒原因造成的损坏问题,先由施工单位负责维修,建设参与各方根据国家具体政策分担经济责任。

四、工程质量形成过程与影响因素分析

工程建设的不同阶段,对工程项目质量的形成起着不同的作用和影响,详见表1-1。

表1-1　工程建设各阶段对质量形成的作用与影响

工程建设阶段	责任主体	对质量形成的作用	对质量形成的影响
项目可行性研究	建设单位	1. 项目决策和设计的依据 2. 确定工程项目的质量要求,与投资目标性协调	直接影响项目的决策质量和设计质量
项目决策	建设单位	1. 充分反映业主的意愿 2. 与地区环境相适应,做到投资、质量、进度三者协调统一	确定工程项目应达到的质量目标和水平
工程勘察、设计	勘察、设计单位 建设单位 监理单位	1. 工程的地质勘察是为建设场地的选择和工程的设计与施工提供地质资料依据 2. 工程设计使得质量目标和水平具体化 3. 工程设计为施工提供直接的依据	工程设计质量是决定工程质量的关键环节

（续）

工程建设阶段	责任主体	对质量形成的作用	对质量形成的影响
工程施工	施工单位 监理单位 建设单位	将设计图付诸实施，建成最终产品	决定了设计意图能否体现，是形成实体质量的决定性环节
工程竣工验收	施工单位 监理单位 建设单位	1. 考核项目质量是否达到设计要求 2. 考核项目是否符合决策阶段确定的质量目标和水平 3. 通过验收确保工程项目的质量	保证最终产品的质量

第四节　政府监督管理体制与职能

1. 监督管理体制

国务院建设行政主管部门对全国的建设工程质量实施统一监督管理。国务院铁路、交通、水利等有关部门按国务院规定的职责分工，负责对全国的有关专业建设工程质量的监督管理。县级以上地方人民政府建设行政主管部门对本行政区域内的建设工程质量实施监督管理。县级以上地方人民政府交通、水利等有关部门在各自职责范围内，负责本行政区域内的专业建设工程质量的监督管理。

国务院发展计划部门按照国务院规定的职责，组织稽查特派员，对国家出资的重大建设项目实施监督检查；国务院经济贸易主管部门按国务院规定的职责，对国家重大技术改造项目实施监督检查；国务院建设行政主管部门和国务院铁路、交通、水利等在有关专业部门、县级以上地方人民政府建设行政主管部门和其他有关部门，对有关建设工程质量的法律、法规和强制性标准执行情况加强监督检查。

县级以上政府建设行政主管部门和其他有关部门履行检查职责时，有权要求被检查的单位提供有关工程质量的文件和资料，有权进入被检查单位的施工现场进行检查，在检查中发现工程质量存在问题时，有权责令改正。

政府的工程质量监督管理具有权威性、强制性、综合性的特点。

2. 工程项目质量政府监督的职能

（1）为加强对建设工程质量的管理，我国《建筑法》及《建设工程质量管理条例》明确政府行政主管部门设立专门机构对建设工程质量行使监督职能，其目的是保证建设工程质量、保证建设工程的使用安全及环境质量。

（2）各级政府质量监督机构对建设工程质量监督的依据是国家、地方和各专业建设管理部门颁发的法律、法规及各类规范和强制性标准。

（3）政府对建设工程质量监督的职能包括两大方面：

1）监督工程建设的各方主体（包括建设单位、施工单位、材料设备供应单位、设计、勘察单位和监理单位等）的质量行为是否符合国家法律及各项制度的规定；

2）监督检查工程实体的施工质量，尤其是地基基础、主体结构、专业设备安装等涉及结构安全和使用功能的施工质量。

第二章 市政工程质量管理与控制

第一节 项目质量计划管理

一、项目质量计划编制依据

(1)工程承包合同、设计图纸及相关文件;

(2)企业的质量管理体系文件及其对项目部的管理要求;

(3)国家和地方相关的法律、法规、技术标准、规范及有关施工操作规程;

(4)施工组织设计、专项施工方案。

二、项目质量计划的主要内容

(1)编制依据;

(2)项目概况;

(3)质量目标和要求;

(4)质量管理组织和职责;

(5)人员、技术、施工机具等资源的需求和配置;

(6)场地、道路、水电、消防、临时设施规划;

(7)影响施工质量的因素分析及其控制措施;

(8)进度控制措施;

(9)施工质量检查、验收及其相关标准;

(10)突发事件的应急措施;

(11)对违规事件的报告和处理;

(12)应收集的信息及传递要求;

(13)与工程建设有关方的沟通方式;

(14)施工管理应形成的记录;

(15)质量管理和技术措施;

(16)施工企业质量管理的其他要求。

三、项目质量计划的应用

施工企业在实际工作中,项目质量计划应用时应注意如下几点:

（1）对工艺标准和技术文件进行评审，并对操作人员上岗资格进行鉴定；

（2）对施工机具进行认可；

（3）定期或在人员、材料、工艺参数、设备发生变化时，重新进行确认。

（3）施工企业应对施工过程及进度进行标识，施工过程应具有可追溯性。

（4）施工企业应保持与工程建设有关方的沟通，按规定的职责、方式对相关信息进行管理。

（5）施工企业应建立施工过程中的质量管理记录。施工过程中的质量管理记录应包括：施工日记和专项施工记录、交底记录、上岗培训记录和岗位资格证明、上岗机具和检验、测量及实验设备的管理记录、图纸的接收和发放、设计变更的有关记录、监督检查和整改、复查记录、质量管理相关文件以及工程项目质量管理策划结果中规定的其他记录等。

第二节　项目施工质量控制

一、工程施工质量控制基础知识

质量控制的目标就是确保产品的质量能满足顾客、法律法规等方面所提出的质量要求（如适用性、可靠性、安全性、经济性、外观质量与环境协调等）。质量控制的范围涉及产品质量形成全过程的各个环节，如设计过程、采购过程、生产过程、安装过程等。

质量控制的工作内容包括作业技术和活动，也就是包括专业技术和管理技术两个方面。围绕产品质量形成全过程的各个环节，对影响工作质量的人、机、料、法、环五大因素进行控制，并对质量活动的成果进行分阶段验证，以便及时发现问题，采取相应措施，防止不合格重复发生，尽可能地减少损失。因此，质量控制应贯彻预防为主与检验把关相结合的原则。必须对干什么、为何干、怎么干、谁来干、何时干、何地干作出规定，并对实际质量活动进行监控。

因为质量要求是随时间的进展而在不断更新，为了满足新的质量要求，就要注意质量控制的动态性，要随工艺、技术、材料、设备的不断改进，研究新的控制方法。

二、项目质量控制目标、任务及责任、义务

1. 项目质量控制的目标

建设工程项目质量控制的目标，就是实现由项目决策所决定的项目质量目标，使项目的适用性、安全性、耐久性、可靠性、经济性及与环境的协调性等方面满足建

设单位需要并符合国家法律、行政法规和技术标准、规范的要求。项目的质量涵盖设计质量、材料质量、设备质量、施工质量和影响项目运行或运营的环境质量等，各项质量均应符合相关的技术规范和标准的规定，满足业主方的质量要求。

2. 项目质量控制的任务

工程项目质量控制的任务就是对项目的建设、勘察、设计、施工、监理单位的工程质量行为，以及涉及项目工程实体质量的设计质量、材料质量、设备质量、施工安装质量进行控制。

由于项目的质量目标最终是由项目工程实体的质量来体现，而项目工程实体的质量最终是通过施工作业过程直接形成的，设计质量、材料质量、设备质量往往也要在施工过程中进行检验，因此，施工质量控制是项目质量控制的重点。

3. 项目质量控制的责任、义务

《中华人民共和国建筑法》（以下简称《建筑法》）和《建设工程质量管理条例》（国务院令第 279 号）规定，建设工程项目的建设单位、勘察单位、设计单位、施工单位、工程监理单位都要依法对建设工程质量负责。

（1）建设单位的质量责任和义务

1）建设单位应当将工程发包给具有相应资质等级的单位，并不得将建设工程肢解发包。

2）建设单位应当依法对工程建设项目的勘察、设计、施工、监理以及与工程建设有关的重要设备、材料等的采购进行招标。

3）建设单位必须向有关的勘察、设计、施工、工程监理等单位提供与建设工程有关的原始资料。原始资料必须真实、准确、齐全。

4）建设工程发包单位不得迫使承包方以低于成本的价格竞标，不得任意压缩合理工期；不得明示或者暗示设计单位或者施工单位违反工程建设强制性标准，降低建设工程质量。

5）建设单位应当将施工图设计文件报县级以上人民政府建设行政主管部门或者其他有关部门审查。施工图设计文件未经审查批准的，不得使用。

6）实行监理的建设工程，建设单位应当委托具有相应资质等级的工程监理单位进行监理。

7）建设单位在领取施工许可证或者开工报告前，应当按照国家有关规定办理工程质量监督手续。

8）按照合同约定，由建设单位采购建筑材料、建筑构配件和设备的，建设单位应当保证建筑材料、建筑构配件和设备符合设计文件和合同要求。建设单位不得明示或者暗示施工单位使用不合格的建筑材料、建筑构配件和设备。

9）涉及建筑主体和承重结构变动的装修工程，建设单位应当在施工前委托原设计单位或者具有相应资质等级的设计单位提出设计方案;没有设计方案的,不得施工。房屋建筑使用者在装修过程中,不得擅自变动房屋建筑主体和承重结构。

10)建设单位收到建设工程竣工报告后,应当组织设计、施工、工程监理等有关单位进行竣工验收。建设工程经验收合格的,方可交付使用。

11)建设单位应当严格按照国家有关档案管理的规定,及时收集、整理建设项目各环节的文件资料,建立、健全建设项目档案,并在建设工程竣工验收后,及时向建设行政主管部门或者其他有关部门移交建设项目档案。

(2)勘察、设计单位的质量责任和义务

1)从事建设工程勘察、设计的单位应当依法取得相应等级的资质证书,在其资质等级许可的范围内承揽工程,并不得转包或者违法分包所承揽的工程。

2)勘察、设计单位必须按照工程建设强制性标准进行勘察、设计,并对其勘察、设计的质量负责。注册建筑师、注册结构工程师等注册执业人员应当在设计文件上签字,对设计文件负责。

3)勘察单位提供的地质、测量、水文等勘察成果必须真实、准确。

4)设计单位应当根据勘察成果文件进行建设工程设计。设计文件应当符合国家规定的设计深度要求,注明工程合理使用年限。

5)设计单位在设计文件中选用的建筑材料、建筑构配件和设备,应当注明规格、型号、性能等技术指标,其质量要求必须符合国家规定的标准。除有特殊要求的建筑材料、专用设备、工艺生产线等外,设计单位不得指定生产、供应商。

6)设计单位应当就审查合格的施工图设计文件向施工单位作出详细说明。

7)设计单位应当参与建设工程质量事故分析,并对因设计造成的质量事故,提出相应的技术处理方案。

(3)施工单位的质量责任和义务

1)施工单位应当依法取得相应等级的资质证书,在其资质等级许可的范围内承揽工程,并不得转包或者违法分包工程。

2)施工单位对建设工程的施工质量负责。施工单位应当建立质量责任制,确定工程项目的项目经理、技术负责人和施工管理负责人。建设工程实行总承包的,总承包单位应当对全部建设工程质量负责;建设工程勘察、设计、施工、设备采购的一项或者多项实行总承包的,总承包单位应当对其承包的建设工程或者采购的设备的质量负责。

3)总承包单位依法将建设工程分包给其他单位的,分包单位应当按照分包合同的约定对其分包工程的质量向总承包单位负责,总承包单位与分包单位对分包工程的质量承担连带责任。

4)施工单位必须按照工程设计图纸和施工技术标准施工,不得擅自修改工程设计,不得偷工减料。施工单位在施工过程中发现设计文件和图纸有差错的,应当及时提出意见和建议。

5)施工单位必须按照工程设计要求、施工技术标准和合同约定,对建筑材料、建筑构配件、设备和商品混凝土进行检验,检验应当有书面记录和专人签字;未经检验或者检验不合格的,不得使用。

6)施工单位必须建立、健全施工质量的检验制度,严格工序管理,作好隐蔽工程的质量检查和记录。隐蔽工程在隐蔽前,施工单位应当通知建设单位和建设工程质量监督机构。

7)施工人员对涉及结构安全的试块、试件以及有关材料,应当在建设单位或者工程监理单位监督下现场取样,并送具有相应资质等级的质量检测单位进行检测。

8)施工单位对施工中出现质量问题的建设工程或者竣工验收不合格的建设工程,应当负责返修。

9)施工单位应当建立、健全教育培训制度,加强对职工的教育培训;未经教育培训或者考核不合格的人员,不得上岗作业。

(4)工程监理单位的质量责任和义务

1)工程监理单位应当依法取得相应等级的资质证书,在其资质等级许可的范围内承担工程监理业务,并不得转让工程监理业务。

2)工程监理单位与被监理工程的施工承包单位以及建筑材料、建筑构配件和设备供应单位有隶属关系或者其他利害关系的,不得承担该项建设工程的监理业务。

3)工程监理单位应当依照法律、法规以及有关技术标准、设计文件和建设工程承包合同,代表建设单位对施工质量实施监理,并对施工质量承担监理责任。

4)工程监理单位应当选派具备相应资格的总监理工程师和监理工程师进驻施工现场。未经监理工程师签字,建筑材料、建筑构配件和设备不得在工程上使用或者安装,施工单位不得进行下一道工序的施工。未经总监理工程师签字,建设单位不拨付工程款,不进行竣工验收。

5)监理工程师应当按照工程监理规范的要求,采取旁站、巡视和平行检验等形式,对建设工程实施监理。

三、质量控制过程中应遵循的原则

对施工项目而言,质量控制就是为了确保合同、规范所规定的质量标准所采取的一系列检测、监控措施、手段和方法。在进行施工项目质量控制过程中,应遵循以下几点原则。

（1）坚持"质量第一，用户至上"。社会主义商品经营的原则是"质量第一，用户至上"。建筑产品作为一种特殊的商品，使用年限较长，是"百年大计"，直接关系到人民生命财产的安全。所以，工程项目在施工中应自始至终地把"质量第一，用户至上"作为质量控制的基本原则。

（2）坚持"以人为核心"。人是质量的创造者，质量控制必须"以人为核心"，把人作为控制的动力，调动人的积极性、创造性；增强人的责任感，树立"质量第一"观念；提高人的素质，避免人的失误；以人的工作质量保工序质量、促工程质量。

（3）坚持"以预防为主"。"以预防为主"，就是要从对质量的事后检查把关，转向对质量的事前控制、事中控制；从对工程质量的检查，转向对工作质量的检查、对工序质量的检查、对中间工程的质量检查。这是确保施工项目的有效措施。

（4）坚持质量标准、严格检查，一切用数据说话。质量标准是评价工程质量的尺度，数据是质量控制的基础和依据。工程质量是否符合质量标准，必须通过严格检查，用数据说话。

（5）贯彻科学、公正、守法的职业规范。建筑施工企业的项目经理，在处理质量问题过程中，应尊重客观事实，尊重科学，正直、公正，不持偏见；遵纪、守法，杜绝不正之风；既要坚持原则、严格要求、秉公办事，又要谦虚谨慎、实事求是、以理服人、热情帮助。

四、施工项目质量控制的依据

施工阶段质量控制的依据，大体上有以下三类：

（1）共同性依据

国家及政府有关部门颁布的有关质量管理方面的法律、法规性文件如《建筑法》、《质量管理条例》等有关质量管理方面的法规性文件。

（2）专业技术性依据

有关质量检验与控制的专门技术法规性文件这类文件一般是针对不同行业、不同的质量控制对象而制定的技术法规性的文件，包括各种有关的标准、规范、规程或规定。技术标准有国际标准、国家标准、行业标准、地方标准和企业标准之分。它们是建立和维护正常的生产和工作秩序应遵守的准则，也是衡量工程、设备和材料质量的尺度。例如，工程质量检验及验收标准，材料、半成品或构配件的技术检验和验收标准等。技术规程或规范，一般是执行技术标准，是为保证施工有序地进行而制定的行动的准则，通常也与质量的形成有密切关系，应严格遵守。概括说来，属于这类专门的技术法规性的依据主要有以下几类：

1)工程项目施工质量验收标准。这类标准主要是由国家或部统一制定的，用以作为检验和验收工程项目质量水平所依据的技术法规性文件。例如，评定建筑工程质量验收的《建筑工程施工质量验收统一标准》GB 50300—2013、《混凝土结构工程施工质量验收规范》GB 50204—2002(2010 版)等。

2)有关工程材料、半成品和构配件质量控制方面的专门技术法规性依据。

①有关材料及其制品质量的技术标准。诸如水泥、木材及其制品、钢材、砖瓦、砌块、石材、石灰、砂、玻璃、陶瓷及其制品；涂料、保温及吸声材料、防水材料、塑料制品；建筑五金、电缆电线、绝缘材料以及其他材料或制品的质量标准。

②有关材料或半成品等的取样、试验等方面的技术标准或规程。例如，木材的物理力学试验方法总则，钢材的机械及工艺试验取样法，水泥安定性检验方法等。

③有关材料验收、包装、标志方面的技术标准和规定。例如，型钢的验收、包装、标志及质量证明书的一般规定；钢管验收、包装、标志及质量证明书的一般规定等。

3)控制施工作业活动质量的技术规程。例如电焊操作规程、砌砖操作规程、混凝土施工操作规程等。它们是为了保证施工作业活动质量在作业过程中应遵照执行的技术规程。

4)凡采用新工艺、新技术、新材料的工程，事先应进行试验，并应有权威性技术部门的技术鉴定书及有关的质量数据、指标，在此基础上制定有关的质量标准和施工工艺规程，以此作为判断与控制质量的依据。

（3）项目专用性依据

指本项目的工程建设合同、勘察设计文件、设计交底及图纸会审记录、设计修改和技术变更通知，以及相关会议记录和工程联系单等。

五、质量控制的措施

（1）以人的工作质量确保工程质量

工程质量是人（包括参与工程建设的组织者、指挥者和操作者）所创造的。人的政治思想素质、责任感、事业心、质量观、业务能力、技术水平等均直接影响工程质量。据统计资料表明，88％的质量安全事故都是由人的失误所造成。为此，我们对工程质量的控制始终"以人为本"，狠抓人的工作质量，避免人的失误；充分调动人的积极性和创造性，发挥人的主导作用，增强人的质量观和责任感，使每个人牢牢树立"百年大计，质量第一"的思想，认真负责地搞好本职工作，以优秀的工作质量来创造优质的工程质量。

（2）严格控制投入品的质量

任何一项工程施工，均需投入大量的各种原材料、成品、半成品、构配件和机械设备;要采用不同的施工工艺和施工方法,这是构成工程质量的基础。投入品质量不符合要求,工程质量也就不可能符合标准,所以,严格控制投入品的质量,是确保工程质量的前提。为此,对投入品的订货、采购、检查、验收、取样、试验均应进行全面控制,从组织货源,优选供货厂家,直到使用认证,做到层层把关;对施工过程中所采用的施工方案要进行充分论证,要做到工艺先进、技术合理、环境协调,这样才有利于安全文明施工,有利于提高工程质量。

(3)全面控制施工过程,重点控制工序质量

任何一个工程项目都是由若干分项、分部工程所组成,要确保整个工程项目的质量,达到整体优化的目的,就必须全面控制施工过程,使每一个分项、分部工程都符合质量标准。而每一个分项、分部工程,又是通过一道道工序来完成。由此可见,工程质量是在工序中所创造的,为此,要确保工程质量就必须重点控制工序质量。对每一道工序质量都必须进行严格检查,当上一道工序质量不符合要求时,决不允许进入下一道工序施工。这样,只要每一道工序质量都符合要求,整个工程项目的质量就能得到保证。

(4)严把分项工程质量检验评定关

分项工程质量等级是分部工程、单位工程质量等级评定的基础;分项工程质量等级不符合标准,分部工程、单位工程的质量也不可能评为合格,而分项工程质量等级评定正确与否,又直接影响分部工程和单位工程质量等级评定的真实性和可靠性。为此,在进行分项工程质量检验评定时,一定要坚持质量标准,严格检查,一切用数据说话,避免出现第一、第二判断错误。

(5)贯彻“以预防为主”的方针

“以预防为主”,防患于未然,把质量问题消灭于萌芽之中,这是现代化管理的观念。

(6)严防系统性因素的质量变异

系统性因素,如使用不合格的材料、违反操作规程、混凝土达不到设计强度等级、机械设备发生故障等,必然会造成不合格产品或工程质量事故。系统性因素的特点是易于识别,易于消除,是可以避免的,只要我们增强质量观念,提高工作质量,精心施工,完全可以预防系统性因素引起的质量变异。为此,工程质量的控制,就是要把质量变异控制在偶然性因素引起的范围内,要严防或杜绝由系统性因素引起的质量变异,以免造成工程质量事故

六、施工项目质量控制的阶段

为了加强对施工项目的质量管理,明确各施工阶段管理的重点,可把施工项目质量分为事前控制、事中控制和事后控制三个阶段(图 2-2)。

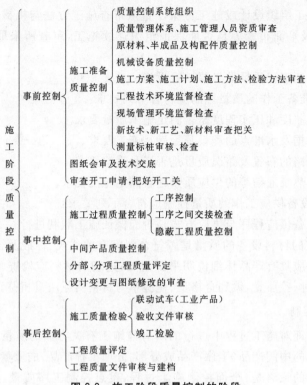

图 2-2　施工阶段质量控制的阶段

1. 事前控制

事前控制即对施工前准备阶段进行的质量控制。它是指在各工程对象正式施工活动开始前，对各项准备工作及影响质量的各因素和有关方面进行的质量控制。

（1）施工技术准备工作的质量控制应符合下列要求：

1）组织施工图纸审核及技术交底。

①应要求勘察设计单位按国家现行的有关规定、标准和合同规定，建立健全质量保证体系，完成符合质量要求的勘察设计工作。

②在图纸审核中，审核图纸资料是否齐全，标准尺寸有无矛盾及错误，供图计划是否满足组织施工的要求及所采取的保证措施是否得当。

③设计采用的有关数据及资料是否与施工条件相适应，能否保证施工质量和施工安全。

④进一步明确施工中具体的技术要求及应达到的质量标准。

2）核实资料。核实和补充对现场调查及收集的技术资料，应确保可靠性、准确性和完整性。

3)审查施工组织设计或施工方案。重点审查施工方法与机械选择、施工顺序、进度安排及平面布置等是否能保证组织连续施工,审查所采取的质量保证措施。

4)建立保证工程质量的必要试验设施。

(2)现场准备工作的质量控制应符合下列要求:

1)场地平整度和压实程度是否满足施工质量要求。

2)测量数据及水准点的埋设是否满足施工要求。

3)施工道路的布置及路况质量是否满足运输要求。

4)水、电、热及通信等的供应质量是否满足施工要求。

(3)材料设备供应工作的质量控制应符合下列要求:

1)材料设备供应程序与供应方式是否能保证施工顺利进行。

2)所供应的材料设备的质量是否符合国家有关法规、标准及合同规定的质量要求。设备应具有产品详细说明书及附图;进场的材料应检查验收,验规格、验数量、验品种、验质量,做到合格证、化验单与材料实际质量相符。

2. 事中控制

事中控制即对施工过程中进行的所有与施工有关方面的质量控制,也包括对施工过程中的中间产品(工序产品或分部、分项工程产品)的质量控制。

事中控制的策略是:全面控制施工过程,重点控制工序质量。其具体措施是:工序交接有检查;质量预控有对策;施工项目有方案;技术措施有交底;图纸会审有记录;配制材料有试验;隐蔽工程有验收;计量器具校正有复核;设计变更有手续;钢筋代换有制度;质量处理有复查;成品保护有措施;行使质控有否决;质量文件有档案(凡是与质量有关的技术文件,如水准、坐标位置、测量、放线记录,沉降、变形观测记录,图纸会审记录,材料合格证明、试验报告,施工记录,隐蔽工程记录,设计变更记录,调试、试压运行记录,试车运转记录,竣工图等都要编目建档)。

3. 事后控制

事后控制是指对通过施工过程所完成的具有独立功能和使用价值的最终产品(单位工程或整个建设项目)及其有关方面(例如质量文档)的质量进行控制。其具体工作内容如下。

(1)组织联动试车。

(2)准备竣工验收资料,组织自检和初步验收。

(3)按规定的质量评定标准和办法,对完成的分项、分部工程,单位工程进行质量评定。

(4)组织竣工验收,其标准是:

1) 按设计文件规定的内容和合同规定的内容完成施工,质量达到国家质量标准,能满足生产和使用的要求。

2) 主要生产工艺设备已安装配套,联动负荷试车合格,形成设计生产能力。

3) 交工验收的建筑物要窗明、地净、水通、灯亮、气来、采暖通风设备运转正常。

4) 交工验收的工程内净外洁,施工中的残余物料运离现场,灰坑填平,临时建(构)筑物拆除,2m 以内地面平整洁净。

5) 技术档案资料齐全。

七、施工工序质量管理

1. 工序质量管理的概念

工程项目的施工过程,是由一系列相互关联、相互制约的工序所构成的。工序质量是基础,直接影响工程项目的整体质量。要控制工程项目施工过程的质量,首先必须控制工序的质量。

工序质量是指施工中人、材料、机械、工艺方法和环境等对产品综合起作用的过程的质量,又称过程质量,它体现为产品质量。

工序质量包含两方面的内容:一是工序活动条件的质量;二是工序活动效果的质量。从质量管理的角度来看,这两者是互为关联的,一方面要管理工序活动条件的质量,即每道工序投入品的质量(即:人、材料、机械、方法和环境的质量)是否符合要求;另一方面又要管理工序活动效果的质量,即每道工序施工完成的工程产品是否达到有关质量标准。

在进行工序质量管理时要着重于以下几方面的工作。

(1)确定工序质量控制工作计划。一方面要求对不同的工序活动制定专门的保证质量的技术措施,做出物料投入及活动顺序的专门规定;另一方面须规定质量控制工作流程、质量检验制度等。

(2)主动控制工序活动条件的质量。工序活动条件主要指影响质量的五大因素,即人、材料、机械设备、方法和环境等。

(3)及时检验工序活动效果的质量。主要是实行班组自检、互检、上下道工序交接检,特别是对隐蔽工程和分项(部)工程的质量检验。

(4)设置工序质量控制点(工序管理点),实行重点控制。工序质量控制点是针对影响质量的关键部位或薄弱环节而确定的重点控制对象。正确设置控制点并严格实施是进行工序质量控制的重点。

2. 工序质量控制点设置的原则

质量控制点设置的原则,是根据工程的重要程度(即质量特性值)对整个工程质量的影响程度来确定。为此,在设置质量控制点时,首先要对施工的工程对象进行全面分析、比较,以明确质量控制点;然后进一步分析所设置的质量控制点在施工中可能出现的质量问题或造成质量隐患的原因,针对隐患的原因,相应地提出对策措施予以预防。由此可见,设置质量控制点是对工程质量进行预控的有力措施。

质量控制点的涉及面较广,可能是结构复杂的某一工程项目,也可能是技术要求高、施工难度大的某一结构构件或分项、分部工程,也可能是影响质量关键的某一环节中的某一工序或若干工序。总之,无论是操作、材料、机械设备、施工顺序、技术参数、自然条件、工程环境等,均可作为质量控制点来设置,主要是视其对质量特征影响的大小及危害程度而定。

质量控制点一般设置在下列部位:

(1)对工程质量形成过程产生直接影响的关键部位、工序、环节及隐蔽工程;

(2)施工过程中的薄弱环节,或者质量不稳定的工序、部位或对象;

(3)对下道工序有较大影响的上道工序;

(4)采用新技术、新工艺、新材料的部位或环节;

(5)施工质量无把握的、施工条件困难的或技术难度大的工序或环节;

(6)用户反馈指出的和过去有过返工的不良工序。

3. 工序质量检验

工序质量的检验,就是利用一定的方法和手段,对工序操作及其完成产品的质量进行实际而及时的测定、查看和检查,并将所测得的结果同该工序的操作规程及形成质量特性的技术标准进行比较,从而判断是否合格或是否优良。

工序质量的检验,也是对工序活动的效果进行评价。工序活动的效果,归根结底就是指通过每道工序所完成的工程项目质量或产品的质量如何,是否符合质量标准。

第三节　工程质量问题、质量事故及处理

一、工程质量问题的分类

1. 工程质量缺陷

工程质量缺陷是建筑工程施工质量中不符合规定要求的检验项或检验点,按其程度可分为严重缺陷和一般缺陷。严重缺陷是指对结构构件的受力性能或安装使用性能有决定性影响的缺陷;一般缺陷是指对结构构件的受力性能或安装使用性能无决定性影响的缺陷。

2. 工程质量通病

工程质量通病是指各类影响工程结构、使用功能和外形观感的常见性质量损伤。犹如"多发病"一样,故称质量通病,例如结构表面不平整、局部漏浆、管线不顺直等。

3. 工程质量事故

工程质量事故是指由于建设、勘察、设计、施工、监理等单位违反工程质量有关法律法规和工程建设标准,使工程产生结构安全、重要使用功能等方面的质量缺陷,造成人身伤亡或者重大经济损失的事故。

二、工程质量事故的分类

依据住房和城乡建设部《关于做好房屋建筑和市政基础设施工程质量事故报告和调查处理工作的通知》(建质〔2010〕11.1 号)文件要求,按工程量事故造成的人员伤亡或者直接经济损失将工程质量事故分为四个等级:一般事故、较大事故、重大事故、特别重大事故,具体如下("以上"包括本数,"以下"不包括本数):

(1)特别重大事故,是指造成 30 人以上死亡,或者 100 人以上重伤,或者 1 亿元以上直接经济损失的事故;

(2)重大事故,是指造成 10 人以上 30 人以下死亡,或者 50 人以上 100 人以下重伤,或者 5000 万元以上 1 亿元以下直接经济损失的事故;

(3)较大事故,是指造成 3 人以上 10 人以下死亡,或者 10 人以上 50 人以下重伤,或者 1000 万元以上 5000 万元以下直接经济损失的事故;

(4)一般事故,是指造成 3 人以下死亡,或者 10 人以下重伤,或者 100 万元以上 1000 万元以下直接经济损失的事故。

三、施工项目质量问题分析处理的程序

施工项目质量问题分析、处理的程序,一般可按图 2-3 所示进行。

事故发生后,应及时组织调查处理。调查的主要目的,是要确定事故的范围、性质、影响和原因等,通过调查为事故的分析与处理提供依据,一定要力求全面、准确、客观。调查结果要整理撰写成事故调查报告,其内容如下。

(1)工程概况,重点介绍事故有关部分的工程情况。

(2)事故情况,事故发生时间、性质、现状及发展变化的情况。

(3)是否需要采取临时应急防护措施。

(4)事故调查中的数据、资料。

(5)事故原因的初步判断。

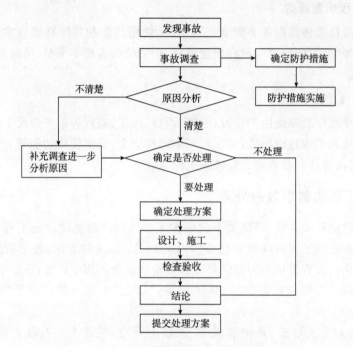

图 2-3　质量问题分析、处理程序图

（6）事故涉及人员与主要责任者的情况。

事故的原因分析，要建立在事故情况调查的基础上，避免情况不明就主观分析判断事故的原因。尤其是有些事故，其原因错综复杂，往往涉及勘察、设计、施工、材质、使用管理等几方面，只有对调查提供的数据、资料进行详细分析后，才能去伪存真，找到造成事故的主要原因。

事故的处理要建立在原因分析的基础上，对有些事故一时认识不清时，只要事故不致产生严重的恶化，可以继续观察一段时间，做进一步调查分析，不要急于求成，以免造成同一事故多次处理的不良后果。事故处理的基本要求是：安全可靠，不留隐患，满足建筑功能和使用要求，技术可行，经济合理，施工方便。在事故处理中，还必须加强质量检查和验收。对每一个质量事故，无论是否需要处理都要经过分析，做出明确的结论。

四、施工项目质量问题处理方案

质量问题处理方案，应当在正确地分析和判断质量问题原因的基础上进行。对于工程质量问题，通常可以根据质量问题的情况，做出以下四类不同性质的处理方案。

（1）修补处理。这是最常采用的一类处理方案。通常当工程的某些部分的质量虽未达到规定的规范、标准或设计要求，存在一定的缺陷，但经过修补后还可达到要求的标准，又不影响使用功能或外观要求，在此情况下，可以做出进行修补处理的决定。

属于修补这类方案的具体方案有很多，诸如封闭保护、复位纠偏、结构补强、表面处理等。例如，某些混凝土结构表面出现蜂窝麻面，经调查、分析，该部位经修补处理后，不会影响其使用及外观；又如某些结构混凝土发生表面裂缝，根据其受力情况，仅作表面封闭保护即可。

（2）返工处理。当工程质量未达到规定的标准或要求，有明显的严重质量问题，对结构的使用和安全有重大影响，而又无法通过修补的办法纠正所出现的缺陷情况下，可以做出返工处理的决定。例如，某防洪堤坝的填筑压实后，其压实土的干密度未达到规定的要求干密度值，核算将影响土体的稳定和抗渗要求，可以进行返工处理，即挖除不合格土，重新填筑。又如某工程预应力按混凝土规定张力系数为 1.3，但实际仅为 0.8，属于严重的质量缺陷，也无法修补，必须返工处理。

（3）限制使用。当工程质量问题按修补方案处理无法保证达到规定的使用要求和安全，而又无法返工处理的情况下，不得已时可以做出诸如结构卸荷或减荷以及限制使用的决定。

（4）不做处理。某些工程质量问题虽然不符合规定的要求或标准，但如果情况不严重，对工程或结构的使用及安全影响不大，经过分析、论证和慎重考虑后，也可做出不作专门处理的决定。可以不做处理的情况一般有以下几种。

1）不影响结构安全和使用要求者。例如，有的建筑物出现放线定位偏差，若要纠正则会造成重大经济损失，若其偏差不大，不影响使用要求，在外观上也无明显影响，经分析论证后，可不做处理；又如某些隐蔽部位的混凝土表面裂缝，经检查分析，属于表面养护不够的干缩微裂，不影响使用及外观，也可不做处理。

2）有些不严重的质量问题，经过后续工序可以弥补的，例如，混凝土的轻微蜂窝麻面或墙面，可通过后续的抹灰、喷涂或刷白等工序弥补，可以不对该缺陷进行专门处理。

3）出现的质量问题，经复核验算，仍能满足设计要求者。例如，某一结构断面做小了，但复核后仍能满足设计的承载能力，可考虑不再处理。这种做法实际上是挖掘设计潜力或降低设计的安全系数，因此需要慎重处理。

五、施工项目质量问题处理的鉴定验收

质量问题处理是否达到预期的目的，是否留有隐患，需要通过检查验收来做

出结论。事故处理质量检查验收,必须严格按施工验收规范中有关规定进行,必要时,还要通过实测、实量,荷载试验,取样试压,仪表检测等方法来获取可靠的数据。这样,才可能对事故做出明确的处理结论。

事故处理结论的内容有以下几种。

(1)事故已排除,可以继续施工。

(2)隐患已经消除,结构安全可靠。

(3)经修补处理后,完全满足使用要求。

(4)基本满足使用要求,但附有限制条件,如限制使用荷载,限制使用条件等。

(5)对耐久性影响的结论。

(6)对建筑外观影响的结论。

(7)对事故责任的结论等。

此外,对一时难以做出结论的事故,还应进一步提出观测检查的要求。

事故处理后,还必须提交完整的事故处理报告,其内容包括:事故调查的原始资料、测试数据;事故的原因分析、论证;事故处理的依据;事故处理方案、方法及技术措施;检查验收记录;事故无须处理的论证;事故处理结论等。

第四节 项目质量管理体系

一、ISO 9000 族系列标准的产生、构成

1. ISO 9000 族标准的制定

国际标准化组织(ISO)是目前世界上最大的、最具权威性的国际标准化专门机构,是由 131 个国家标准化机构参加的世界性组织。它成立于 1947 年 2 月 23 日,它的前身是"国际标准化协会国际联合会"(简称 ISA)和"联合国标准化协会联合会"(简称 UNSCC)。ISO 9000 族标准是由国际化组织(ISO)组织制定并颁布的国际标准。ISO 工作是通过约 2800 个技术机构来进行的,到 1999 年 10 月,ISO 标准总数已达到 12235 个,每年制订 1000 份标准化文件。ISO 为适应质量认证制度的实施,1971 年正式成立了认证委员会,1985 年改称合格评定委员会(CASCO),并决定单独建立质量保证技术委员会 TC176,专门研究质量保证领域内的标准化问题,并负责制定质量体系的国际标准。ISO 9000 族标准的修订工作就是由 TCl76 下属的分委员会负责相应标准的修订。

2. ISO 9000 族的构成

GB/T 19000 族标准可帮助各种类型和规模的组织建立并运行有效的质量管理体系。这些标准包括：

——GB/T 19000,表述质量管理体系基础知识并规定质量管理体系术语;

——GB/T 19001,规定质量管理体系要求,用于证实组织具有能力提供满足顾客要求和适用的法规要求的产品,目的在于增进顾客满意;

——GB/T 19004,提供考虑质量管理体系的有效性和效率两方面的指南。该标准的目的是改进组织业绩并达到顾客及其他相关方满意;

——GB/T 19011,提供质量和环境管理体系审核指南。

上述标准共同构成了一组密切相关的质量管理体系标准,在国内和国际贸易中促进相互理解。

二、建立和实施质量管理体系的方法步骤

建立和实施质量管理体系的方法步骤如下:

(1)确立顾客和其他相关方的需求和期望;

(2)建立组织的质量方针和质量目标;

(3)确定实现质量目标必需的过程和职责;

(4)确定和提供实现质量目标必需的资源;

(5)规定测量每个过程的有效性和效率的方法;

(6)应用这些测量方法确定每个过程的有效性和效率;

(7)确定防止不合格并消除其产生原因的措施;

(8)建立和应用持续改进质量管理体系的过程。

三、ISO 9000:2008 标准的质量管理原则

成功地领导和运作一个组织,需要采用系统和透明的方式进行管理。针对所有相关方的需求,实施并保持持续改进其业绩的管理体系,可使组织获得成功。质量管理是组织各项管理的内容之一。

本标准提出的八项质量管理原则被确定为最高管理者用于领导组织进行行业绩改进的指导原则。

(1)以顾客为关注焦点

组织依存于顾客。因此,组织应当理解顾客当前和未来的需求,满足顾客要求并争取超越顾客期望。

(2)领导作用

领导者应确保组织的目的与方向的一致。他们应当创造并保持良好的内部

环境,使员工能充分参与实现组织目标的活动。

(3)全员参与

各级人员都是组织之本,唯有其充分参与,才能使他们为组织的利益发挥其才干。

(4)过程方法

将活动和相关资源作为过程进行管理,可以更高效地得到期望的结果。

(5)管理的系统方法

将相互关联的过程作为体系来看待、理解和管理,有助于组织提高实现目标的有效性和效率。

(6)持续改进

持续改进总体业绩应当是组织的永恒目标。

(7)基于事实的决策方法

有效决策建立在数据和信息分析的基础上。

(8)与供方互利的关系

组织与供方相互依存,互利的关系可增强双方创造价值的能力。

上述八项质量管理原则形成了 GB/T 19000 族质量管理体系标准的基础。

第三章　材料质量控制

第一节　土

一、一般填土

(1)路基填料强度(CBR)最小值见表 3-1。

表 3-1　路基填料强度(CBR)最小值

填方类型	路床顶面以下深度(cm)	最小强度(%)	
		城市快速路、主干路	其他等级道路
路床	0～30	8.0	6.0
路基	30～80	5.0	4.0
路基	80～150	4.0	3.0
路基	>150	3.0	5.0

(2)不应使用淤泥、沼泽土、泥炭土、冻土、有机土以及含生活垃圾的土做路基填料。

(3)填方中使用房渣土、工业废渣等需经过试验,确认可靠并经过建设单位、设计单位同意后方可使用。

(4)土的可溶性盐含量不得大于 5%;550℃的有机质烧失量不得大于 5%,特殊情况不得大于 7%。对液限大于 50%、塑性指数大于 8% 的土,未经技术处理不得用作路基填料。

二、特殊土路基用土

(1)杂填土

1)房渣土用于填土时,不应含有腐木之类不稳定物质,其烧失量不应大于5%,最大粒径不应大于 10cm。

2)利用工业废渣填筑路基,应对废渣的稳定性、适用粒径和对地下水质污染影响通过试验研究,经技术鉴定后方可使用。

3)生活垃圾不得用作路基填料。若道路穿越生活垃圾堆积年数长久的地段时,经过试验分析,证实其确已充分分解而稳定时,方可不换土。

(2)盐渍土

盐渍土用作路基填料时,土中易溶盐容许含量:总含盐量不得大于5%,其中氯盐含量不得大于5%;硫酸盐含量不得大于2%;碳酸盐含量不得大于0.5%。施工时应注意含盐量的均匀性。

(3)膨胀土

强膨胀土不得做路基填料。中等膨胀土应经改性方可使用,但膨胀总率不得超过0.7%。塑性指数大于30的土应用石灰-水泥拌和后使用。

(4)湿陷性黄土

黄土用作路基填料时,其压实要求与一般黏性土相同。为保证填土质量,填筑用土要求使用充分扰动的土,大于10cm的土块必须打碎,并应注意掌握黄土的压实含水量。

第二节　石灰与水泥

一、石灰

(1)石灰的技术指标见表3-2。

表3-2　石灰技术指标

项目 \ 类别	钙质生石灰			镁质生石灰			钙质生石灰			镁质生石灰		
	等级											
	I	II	III	I	II	III	I	II	III	I	II	III
有效钙加氧化镁含量(%)	≥85	≥80	≥70	≥80	≥75	≥65	≥65	≥60	≥55	≥60	≥55	≥50
未消化残渣含量5mm圆孔筛的筛余(%)	≤7	≤11	≤17	≤10	≤14	≤20	—	—	—	—	—	—
含水量(%)	—	—	—	—	—	—	≤4	≤4	≤4	≤4	≤4	≤4
细度 0.71mm方孔筛的筛孔(%)	—	—	—	—	—	—	0	≤1	≤1	0	≤1	≤1
细度 0.125mm方孔筛的筛孔(%)	—	—	—	—	—	—	≤13	≤20	—	≤13	≤20	—
钙镁石灰的分类界限,氧化镁含量(%)	≤5			>5			≤4			>4		

（2）消石灰粉的技术指标见表3-3。

表 3-3　消石灰粉技术指标

项　　目	钙质消石灰粉			镁质消石灰粉			白云石消石灰粉		
	优等品	一等品	合格品	优等品	一等品	合格品	优等品	一等品	合格品
（CaO ＋ MgO）含量/（%），不小于	70	65	60	65	60	55	65	60	55
游离水/（%）	0.4～2	0.4～2	0.4～2	0.4～2	0.4～2	0.4～2	0.4～2	0.4～2	0.4～2
体积安定性	合格	合格	—	合格	合格	—	合格	合格	—
细度　0.90mm 筛的筛余/（%），不大于	0	0	0.5	0	0	0.5	0	0	0.5
0.125mm 筛的筛余/（%），不大于	3	10	15	3	10	15	3	10	5

（3）磨细生石灰，可不经消解直接使用；块灰应在使用前 2～3d 完成消解，未能消解的生石灰块应筛除，消解石灰的粒径不得大于 10mm。

（4）对储存较久或经过雨期的消解石灰应先经过试验根据活性氧化物的含量决定能否使用和使用办法。

二、通用硅酸盐水泥

（1）通用硅酸盐水泥的化学指标和物理指标应符合表 3-4 的规定。

表 3-4　通用硅酸盐水泥化学指标和物理指标

品　　种	代号	化学指标（质量分数）					物理指标	
		不溶物	烧失量	三氧化硫	氧化镁	氯离子	凝结时间	安定性
硅酸盐水泥	P·Ⅰ	≤0.75	≤3.0				$T_1 \geqslant 45min$	
	P·Ⅱ	≤1.50	≤3.5	≤3.5	≤5.0[a]		$T_2 \leqslant 390min$	
普通硅酸盐水泥	P·O	—	≤5.0					
矿渣硅酸盐水泥	P·S·A	—	—		≤6.0[b]	≤0.06[c]		沸煮法合格
	P·S·B	—	—	≤4.0	—		$T_1 \geqslant 45min$	
火山灰硅酸盐水泥	P·P						$T_2 \leqslant 600min$	
粉煤灰硅酸盐水泥	P·F			≤3.5	≤6.0[b]			
复合硅酸盐水泥	P·C							

注：1. 如果水泥压蒸试验合格，则水泥中氧化镁的含量（质量分数）允许放宽至 6.0%；

　　2. 如果水泥中氧化镁的含量（质量分数）大于 6.0% 时，需进行水泥压蒸安定性试验并合格；

　　3. 当有更低要求时，该指标由买卖双方确定；

　　4. T_1-初凝时间；T_2-终凝时间。

(2)硅酸盐水泥的强度等级分为六个等级;普通硅酸盐水泥的强度等级分为四个等级;矿渣硅酸盐水泥、火山灰硅酸盐水泥、粉煤灰硅酸盐水泥和复合硅酸盐水泥的强度等级分为六个等级,各等级水泥各龄期强度应不低于表 3-5 中数值。

表 3-5　通用硅酸盐水泥强度等级划分

品　　种	强度等级	抗压强度		抗折强度	
		3d	28d	3d	28d
硅酸盐水泥	42.5	17.0	42.5	3.5	6.5
	42.5R	22.0		4.0	
	52.5	23.0	52.5	4.0	7.0
	52.5R	27.0		5.0	
	62.5	28.0	62.5	5.0	8.0
	62.5R	32.0		5.0	
普通硅酸盐水泥	42.5	17.0	42.5	3.5	6.5
	42.5R	22.0		4.0	
	52.5	23.0	52.5	4.0	7.0
	52.5R	27.0		5.0	
矿渣硅酸盐水泥 火山灰硅酸盐水泥 粉煤灰硅酸盐水泥 复合硅酸盐水泥	32.5	10.0	32.5	2.5	5.5
	32.5R	15.0		3.5	
	42.5	15.0	42.5	3.5	6.5
	42.5R	19.0		4.0	
	52.5	21.0	52.5	4.0	7.0
	52.5R	23.0		4.5	

(3)硅酸盐水泥和普通硅酸盐水泥比表面积表示,不小于 $300m^2/kg$;矿渣硅酸盐水泥、火山灰质硅酸盐水泥、粉煤灰硅酸盐水泥和复合硅酸盐水泥以筛余表示,$80\mu m$ 方孔筛筛余不大于 10% 或 $45\mu m$ 方孔筛筛余不大于 30%。

三、砌筑水泥

(1)砌筑水泥的各等级各龄期强度应不低于表 3-6 中数值。

表 3-6　砌筑水泥强度(单位:MPa)

水泥等级	抗压强度		抗折强度	
	7d	28d	7d	28d
12.5	7.0	12.5	1.5	3.0
22.5	10.0	22.5	2.0	4.0

(2)保水率应不低于80%。

(3)初凝不早于60min,终凝不迟于12h。

(4)用沸煮法检验,应合格。

四、道路硅酸盐水泥

(1)水泥的强度等级按规定龄期的抗压和抗折强度划分,各龄期的抗压强度和抗折应不低于表3-7中的数值。

表 3-7 道路硅酸盐水泥的等级与各龄期强度(单位:MPa)

水泥等级	抗压强度		抗折强度	
	3d	28d	3d	28d
32.5	16.0	32.5	3.5	6.5
42.5	21.0	42.5	4.0	7.0
52.5	26.0	52.5	5.0	7.5

(2)道路硅酸盐水泥的各项技术要求应符合表3-8的规定。

表 3-8 道路硅酸盐水泥的技术要求

项 目	指 标
氧化镁含量(%),≤	5.0
三氧化硫含量(%),≤	3.5
烧失量(%),≤	3.0
比表面积(m²/kg)	300~450

第三节 掺 合 料

一、粉煤灰

(1)拌制混凝土和砂浆用粉煤灰应符合表3-9中技术要求。

表 3-9 拌制混凝土和砂浆用粉煤灰技术要求

项 目		技 术 要 求		
		Ⅰ级	Ⅱ级	Ⅲ级
细度(45μm方孔筛筛余,不大于(%)	F类粉煤灰 C类粉煤灰	12.0	25.0	45.0
需水量比,不大于(%)	F类粉煤灰 C类粉煤灰	95	105	115

（续）

项　　目		技 术 要 求		
		Ⅰ级	Ⅱ级	Ⅲ级
烧失量,不大于/(%)	F 类粉煤灰	5.0	8.0	15.0
	C 类粉煤灰			
含水量,不大于/(%)	F 类粉煤灰	1.0		
	C 类粉煤灰			
三氧化硫,不大于/(%)	F 类粉煤灰	3.0		
	C 类粉煤灰			
游离氧化钙,不大于/(%)	F 类粉煤灰	1.0		
	C 类粉煤灰	4.0		
安定性 雷氏夹沸煮后增加距离,不大于/mm	C 类粉煤灰	5.0		

（2）水泥活性混合材料用粉煤灰符合表 3-10 中技术要求。

表 3-10　水泥活性混合材料用粉煤灰技术要求

项　　目		技 术 要 求
烧失量,不大于/(%)	F 类粉煤灰	8.0
	C 类粉煤灰	
含水量,不大于/(%)	F 类粉煤灰	1.0
	C 类粉煤灰	
三氧化硫,不大于/(%)	F 类粉煤灰	3.5
	C 类粉煤灰	
游离氧化钙,不大于/(%)	F 类粉煤灰	1.0
	C 类粉煤灰	4.0
安定性 雷氏夹沸煮后增加距离,不大于/mm	C 类粉煤灰	5.0
强度活性指数,不小于/(%)	F 类粉煤灰	70.0
	C 类粉煤灰	

二、粒化高炉矿渣粉

矿渣粉应符合表 3-11 的技术指标规定。

表 3-11　矿渣粉主要性能指标及技术要求

项　目		级　别		
		S105	S95	S75
密度(g/cm²)	≥		2.8	
比表面积(m²/kg)	≥	500	400	300
活性指数(%)　　≥	7d	95	75	55
	28d	105	95	75
流动度比(%)	≤		95	
含水量(质量分数)(%)	≤		1.0	
三氧化硫(质量分数)(%)	≤		4.0	
氯离子(质量分数)(%)	≤		0.06	
烧失量(质量分数)(%)	≤		3.0	
玻璃体含量(质量分数)(%)	≥		85	
放射性			合格	

第四节　骨　　料

一、砂

（1）颗粒级配

砂的颗粒级配应符合表 3-12 的规定。

表 3-12　颗 粒 级 配

累计筛余/(%)　＼　级配区　方筛孔	1	2	3
9.50mm	0	0	0
4.75mm	10～0	10～0	10～0
2.36mm	35～5	25～0	15～0
1.18mm	65～35	50～10	25～0
600μm	85～71	70～41	40～16
300μm	95～80	92～70	85～55
150μm	100～900	100～90	100～900

注：1. 砂的实际颗粒级配与表中所列数字相比，除 4.75mm 和 600μm 筛档外，可以略有超出，但超出总量应小于 5%。

　　2. 1 区人工砂中 150μm 筛孔的累计筛余可以放宽到 100～85，2 区人工砂中 150μm 筛孔的累计筛可以放宽到 100～80，3 区人工砂中 150μm 筛孔的累计筛余可以放宽到 100～75。

・35・

（2）含泥量、石粉含量和泥块含量

1）天然砂的含量和泥块含量应符合表3-13的规定。

表3-13　含泥量和泥块含量

项　目	指　标		
	Ⅰ类	Ⅱ类	Ⅲ类
含泥量（按质量计）（%）	<1.0	<3.0	5.0
泥块含量（按质量计）（%）	0	<1.0	<2.0

2）人工砂的石粉含量和泥块含量应符合表3-14的规定。

表3-14　石粉含量

项　目			指　标		
			Ⅰ类	Ⅱ类	Ⅲ类
1	亚甲蓝试验	MB值<1.40或合格	石粉含量（按质量计）（%）	<3.0	<5.0	<7.0[1]
2			泥块含量（按质量计）（%）	0	<1.0	2.0
3		MB值≥1.40或不合格	石粉含量（按质量计）（%）	<1.0	<3.0	<5.0
4			泥块含量（按质量计）（%）	0	<1.0	2.0

注：根据使用地区和用途，在试验验证的基础上，可由供需双方协商确定。

（3）有害物质

砂不应混有草根、树叶、树枝、塑料、煤块、炉渣等杂物。砂中如含有云母、轻物质、有机物、硫化物及硫酸盐、氯盐等，其含量应符合规定。

（4）坚固性

1）天然砂采用硫酸钠溶液法进行试验，砂样经5次循环后其质量损失应符合表3-15的规定。

表3-15　坚固性指标

项　目	指　标		
	Ⅰ类	Ⅱ类	Ⅲ类
质量损失（%）　<	8	8	10

2）人工砂采用压碎指标法进行试验，压碎指标值应小于表 3-16 的规定。

表 3-16　压碎指标

项　目	指　标		
	Ⅰ类	Ⅱ类	Ⅲ类
单级最大压碎指标(%)　<	20	25	30

（5）表观密度、堆积密度、空隙率

砂表观密度、堆积密度、空隙率应符合如下规定：表观密度大于 2500 kg/m³；松散堆积密度大于 1350kg/m³；空隙率小于 47%。

（6）碱集料反应

经碱集料反应试验后，由砂制备的试件无裂缝、酥裂、胶体外溢等现象，在规定的试验龄期膨胀率应小于 0.10%。

二、石

（1）颗粒级配

卵石和碎石的颗粒级配应符合表 3-17 的规定。

表 3-17　颗粒级配

级配区 累计筛余(%) 方筛孔		2.36	4.75	9.50	16.0	19.0	26.5	31.5	37.5	53.0	63.0	75.0	90
连续粒级	5~10	95~100	80~100	0~15	0								
	5~16	95~100	85~100	30~60	0~10	0							
	5~20	95~100	90~100	40~80	—	0~10	0						
	5~25	95~100	90~100	—	30~70	—	0~5	0					
	5~31.5	95~100	90~100	70~90	—	15~45	—	0~5	0				
	5~40	—	95~100	70~90	—	30~65	—	—	0~5	0			

(续)

级配区 / 方筛孔	2.36	4.75	9.50	16.0	19.0	26.5	31.5	37.5	53.0	63.0	75.0	90
单粒粒级 10~20		95~100	85~100		0~15	0						
单粒粒级 16~31.5		95~100		85~100			0~10	0				
单粒粒级 20~40			95~100		80~100			0~10	0			
单粒粒级 31.5~63				95~100			75~100	45~75		0~10	0	
单粒粒级 40~80					95~100			70~100	30~60		0~10	0

（2）含泥量和泥块含量

卵石、碎石的含量和泥块含量应符合表 3-18 的规定。

表 3-18　含泥量和泥块含量

项　目	指　标		
	Ⅰ类	Ⅱ类	Ⅲ类
含泥量（按质量计）（%）	<0.5	<1.0	<1.6
泥块含量（按质量计）（%）	0	<0.5	<0.7

（3）针片状颗粒含量

卵石和碎石的针片状颗粒含量应符合表 3-19 的规定。

表 3-19　针片状颗粒含量

项　目	指　标		
	Ⅰ类	Ⅱ类	Ⅲ类
针片状颗粒（按质量计）（%）　<	5	15	25

（4）有害物质

卵石和碎石中不应混有草根、树叶、塑料、煤块和炉渣等杂物。

（5）坚固性

采用硫酸钠溶液法进行试验，卵石和碎石经 5 次循环后，其质量损失应符合表 3-20 的规定。

表 3-20　坚固性指标

项　目	指　标		
	Ⅰ类	Ⅱ类	Ⅲ类
质量损失(%)　　<	5	8	12

(6)强度

岩石抗压强度。在水饱和状态下,其抗压器强度火成岩应不小于 80MPa,变质岩应不小于 60MPa,水成岩应不小于 30MPa。

(7)表观密度、堆积密度、空隙率

表观密度、堆积密度、空隙率应符合如下规定:表观密度大于 2500kg/m³;松散堆积密度大于 1350kg/m³;空隙率小于 47%。

(8)碱集料反应

经碱集料反应试验后,由卵石、碎石制备的试件无裂缝、酥裂、胶体外溢等现象,在规定的试验龄期的膨胀率应小于 0.10%。

三、级配砂砾及级配砾石

(1)级配砂砾及级配砾石的颗粒范围和技术指标见表 3-21。

表 3-21　级配砂砾及级配砾石的颗粒范围和技术指标

项　目		通过质量百分率(%)		
		基层	底基层	
		砾石	砾石	砂砾
筛孔尺寸(mm)	53		100	100
	37.5	100	90～100	80～100
	31.5	90～100	81～94	
	19.0	73～88	63～81	
	9.5	49～69	45～66	40～100
	4.75	29～54	27～51	25～85
	2.36	17～37	16～35	
	0.6	8～20	8～20	8～45
	0.75	0～7②	0～7②	0～15
液限(%)<28		<28	<28	
塑性指数		<6(或 9①)	<6(或 9①)	<9

注:①示潮湿多雨地区塑性指数宜小于 6,其他地区塑性指数宜小于 9;

　　②示对于无塑性的混合料,小于 0.075mm 的颗粒含量接近高限。

(2)集料压碎值指标见表 3-22。

表 3-22　级配砂砾及级配砾石压碎值

项　　目	压　碎　值	
	基层	底基层
城市快速路、主干路	＜26％	＜30％
次干路	＜30％	＜35％
次干路以下道路	＜35％	＜40％

(3)级配砂砾及级配砾石应符合下列要求:

1)天然砂砾应质地坚硬,含泥量不应大于砂质量(粒径小于 5mm)的 10％,砾石颗粒中细长及扁平颗粒的含量不应超过 20％。

2)级配砾石做次干路及其以下道路底基层时,级配中最大粒径宜小于 53mm,做基层时最大粒径不应大于 37.5mm。

四、级配碎石及级配碎砾石

(1)级配碎石及级配碎砾石的颗粒范围和技术指标见表 3-23。

表 3-23　级配碎石及级配碎砾石的颗粒范围和技术指标

项　　目		通过质量百分率(％)			
		基层		底基层③	
		次干路及以下道路	城市快速路、主干路	次干路及以下道路	城市快速路、主干路
筛孔尺寸(mm)	53	—	—	100	100
	37.5	100	—	85～100	100
	31.5	90～100	100	69～88	83～100
	19.0	73～88	85～100	40～65	54～84
	9.5	49～69	52～74	19～43	29～59
	4.75	29～54	29～54	10～30	17～45
	20.36	17～37	17～37	8～25	11～35
	0.6	8～20	8～20	6～18	6～21
	0.75	0～7②	0～7②	0～10	0～10
液限(％)＜28		＜28	＜28	＜28	
塑性指数		＜6(或 9①)	＜6(或 9①)	＜6(或 9①)	＜6(或 9①)

注:①示潮湿多雨地区塑性指数宜小于 6,其他地区塑性指数宜小于 9;

　　②示对于无塑性的混合料,小于 0.075mm 的颗粒含量接近高限;

　　③示底基层所列为未筛分碎石颗粒组成范围。

（2）集料压碎值指标见本节第三条级配砂砾及级配砾石要求。

（3）级配碎石及级配碎砾石应符合下列要求：

1）轧制碎石的材料可为各种类型的岩石（软质岩石除外）、砾石。轧制碎石的砾石粒径应为碎石最大粒径的 3 倍以上，碎石中不应有黏土块、植物根叶、腐殖质等有害物质。

2）碎石中针片状颗粒的总含量不应超过 20％。

3）碎石或碎砾石应为多棱角块体，软弱颗粒含量应小于 5％；扁平细长碎石含量应小于 20％。

第五节　混　凝　土

一、水泥

（1）配制混凝土所用的水泥，可采用硅酸盐水泥、普通硅酸盐水泥、火山灰硅酸盐水泥或粉煤灰硅酸盐水泥。如有要求时可采用其他品种水泥。

（2）选用水泥强度等级时，应能使所配制的混凝土强度等级符合设计和施工要求，且收缩小、和易性好，节约水泥。配制 C30 以下的混凝土，水泥强度等级宜用混凝土强度等级的 1.2～2.2 倍；配制 C30 以上的混凝土，水泥强度等级宜用混凝土强度等级的 1.0～1.5 倍。

（3）水泥的性能指标应符合现行国家有关标准的规定。水泥进场应有出厂合格证或进场试验报告，并应对其品种、强度等级、包装或散装仓号、出厂日期等检查验收。对用于重要结构的水泥及对水泥质量有怀疑或水泥出厂超过三个月时（快硬硅酸盐水泥超过一个月），应进行复查，并按试验结果使用。

（4）不同品种、强度等级和出厂日期的水泥应分别堆放，袋装水泥堆垛高度不宜超过 10 袋，散装水泥应采用水泥罐或散装水泥仓库储存。

（5）不同强度等级、不同品种、不同厂家的水泥不得混合使用。

二、骨料

（1）混凝土所用的细骨料，一般应采用质地坚硬、级配良好、颗粒洁净、粒径小于 5mm 的天然砂（河砂、山砂）。各类砂应分批检验，各项指标合格时方可使用。

（2）混凝土用的粗骨料，应采用坚硬的卵石或碎石，并应按产地、类别、加工方法和规格等不同情况，分批进行检验，集中生产时每批不宜超过 400m³，分散生产时，每批不宜超过 200m³。

三、水

拌制混凝土宜采用饮用水。当采用其他来源水时,水质必须符合下列规定:

(1)水中不应含有影响水泥正常凝结与硬化的有害杂质或油脂,糖类及游离酸类等。

(2)采用地表水、地下水等拌制混凝土前,应按《混凝土用水标准》JGJ 63 的规定,进行水质检验。合格后方可使用。

(3)不得使用海水拌制钢筋混凝土和预应力混凝土。

四、外加剂

混凝土外加剂是混凝土改性的一种重要方法和技术,掺少量外加剂可以改善新拌混凝土的工作性能,提高硬化混凝土的物理力学性能和耐久性。

混凝土外加剂按其主要使用功能分为四类:改善混凝土拌合物流变性能的外加剂,包括各种减水剂和泵送剂等;调节混凝土凝结时间、硬化性能的外加剂包括缓凝剂、促凝剂和速凝剂等;改善混凝土耐久性的外加剂包括引气剂、防水剂、阻锈剂和矿物外加剂等;改善混凝土其他性能的外加剂包括膨胀剂、防冻剂、着色剂等。

外加剂使用应符合以下规定:

(1)所采用的外加剂应是经过有关部门检验并附有合格证明的产品,其质量应符合现行国家标准《混凝土外加剂》GB 8076 标准的规定。

(2)外加剂的品种及掺量应根据对混凝土的性能要求、施工方法、气候条件、混凝土所采用的原材料及配合比等因素,经试验并通过技术、经济比较确定。

(3)当使用一种以上的外加剂时,外加剂应是彼此相容的,并按正确的顺序加入到混凝土拌合物中。

(4)不同品种的外加剂应做标识,分别存储,在运输与存储时不得混入杂物和污染。

第六节 钢 筋

一、热轧光圆钢筋

(1)牌号和化学成分

1)钢筋牌号及化学成分(熔炼分析)应符合表3-24的规定。

表 3-24　热轧光圆钢筋牌号及化学成分

牌号	化学成分(质量分数)(%)　不大于				
	C	Si	Mn	P	S
HPB235	0.22	0.30	0.65	0.045	0.050
HPB300	0.25	0.55	1.50		

2)钢中残余元素铬、镍、铜含量应各不大于 0.30%,供方如能保证可不作分析。

3)钢筋的成品化学成分允许偏差应符合《钢的成品化学成分允许偏差》GB/T 222 的规定。

(2)力学性能、工艺性能

1)钢筋的屈服强度 R_{eL}、抗拉强度 R_m、断后伸长率 A、最大力总伸长率 A_{gt} 等力学性能特征值应符合表 3-25 的规定。表 3-25 所列各力学性能特征值,可作为交货检验的最小保证值。

表 3-25　热轧光圆钢筋力学性能及工艺特性

牌号	屈服强度 (MPa)	抗拉强度 (MPa)	断后伸长率 (%)	最大力总 伸长率(%)	冷弯试验180° d-弯芯直径 a-钢筋公称直径
	不小于				
HPB235	235	370	25.0	10.0	$d=a$
HPB300	300	420			

2)根据供需双方协议,伸长率类型可从 A 或 A_{gt} 中选定。如伸长率类型未经协议确定,则伸长率采用 A,仲裁检验时采用 A_{gt}。

3)弯曲性能

按表 3-25 规定的弯芯直径弯曲 180° 后,钢筋受弯曲部位表面不得产生裂纹。

二、热轧带肋钢筋

(1)力学性能

1)钢筋的屈服强度 R_{eL}、抗拉强度 R_m、断后伸长率 A、最大力总伸长率 A_{gt} 等力学性能特征值应符合表 3-26 的规定。表 3-26 所列各力学性能特征值,可作为交货检验的最小保证值。

表 3-26　热轧带肋钢筋力学性能

牌号	屈服强度 （MPa）	抗拉强度 （MPa）	断后伸长率 （%）	最大力总伸长率 （%）
	不小于			
HRB335 HRBF335	335	455	17	
HRB400 HRBF400	400	540	16	7.5
HRB500 HRBF500	500	630	15	

2）直径 28～40mm 各牌号钢筋的断后伸长率 A 可降低 1%；直径大于 40mm 各牌号钢筋的断后伸长率 A 可降低 2%。

3）有较高要求的抗震结构适用牌号为：在表 3-26 中已有牌号后加 E（例如：HRB400E、HRBF400E）的钢筋。该类钢筋除应满足以下①、②、③的要求外，其他要求与相对应的已有牌号钢筋相同。

①钢筋实测抗拉强度与实测屈服强度之比 $R_m^{\circ}/R_{eL}^{\circ}$ 不小于 1.25。

②钢筋实测屈服强度与表 3-26 规定的屈服强度特征值之比 R_{eL}°/R_{eL} 不大于 1.30。

③钢筋的最大力总伸长率 A_{gt} 不小于 9%。

注：R_m° 为钢筋实测抗拉强度；R_{eL}° 为钢筋实测屈服强度。

4）对于没有明显屈服强度的钢，屈服强度特征值 R_{eL} 应采用规定非比例延伸强度 $R_{p0.2}^{\circ}$。

5）根据供需双方协议，伸长率类型可从 A 或 A_{gt} 中选定。如伸长率类型未经协议确定，则伸长率采用 A，仲裁检验时采用 A_{gt}。

（2）工艺性能

1）弯曲性能。按表 3-27 规定的弯芯直径弯曲 180°后，钢筋受弯曲部位表面不得产生裂纹。

表 3-27　热轧带肋钢筋工艺性能（单位：mm）

牌号	公称直径 d	弯芯直径
HRB335 HRBF335	6～25	3d
	28～40	4d
	>40～50	5d

（续）

牌号	公称直径 d	弯芯直径
HRB400 HRBF400	6～25	4d
	28～40	5d
	>40～50	6d
HRB500 HRBF500	6～25	6d
	28～40	7d
	>40～50	8d

2）反向弯曲性能。根据需方要求，钢筋可进行反向弯曲性能试验。

①反向弯曲试验的弯芯直径比弯曲试验相应增加一个钢筋公称直径。

②反向弯曲试验。先正向弯曲 90°后再反向弯曲 20°。两个弯曲角度均应在去载之前测量。经反向弯曲试验后，钢筋受弯曲部位表面不得产生裂纹。

（3）疲劳性能

如需方要求，经供需双方协议，可进行疲劳性能试验。疲劳试验的技术要求和试验方法由供需双方协商确定。

（4）焊接性能

1）钢筋的焊接工艺及接头的质量检验与验收应符合相关行业标准的规定。

2）普通热轧钢筋在生产工艺、设备有重大变化及新产品生产时进行型式检验。

3）细晶粒热轧钢筋的焊接工艺应经试验确定。

（5）晶粒度

细晶粒热轧钢筋应做晶粒度检验，其晶粒度不粗于 9 级，如供方能保证可不做晶粒度检验。

三、预应力混凝土用钢丝

（1）力学性能

1）冷拉钢丝的力学性能应符合表 3-28 的规定。规定非比例伸长应力 $\sigma_{P0.2}$ 值不小于公称抗拉强度的 75％。除抗拉强度、规定非比例伸长应力外，对压力管道用钢丝还需进行断面收缩率、扭转次数、松弛率的检验；对其他用途钢丝还需进行断后伸长率、弯曲次数的检验。

表 3-28　冷拉钢丝的力学性能

公称直径 d_n(mm)	抗拉强度 σ_b(MPa) 不小于	规定非比例伸长应力 $\sigma_{P0.2}$(MPa) 不小于	最大力下总伸长率 ($L_0=200$mm) δ_{gt}(%) 不小于	弯曲次数 (次/180°) 不小于	弯曲半径 R(mm)	断面收缩率 ψ(%) 不小于	每210mm扭距的扭转次数 n 不小于	初始应力相当于70%公称抗拉强度时,1000h后应力松弛 r(%) 不大于
3.00	1470	1100		4	7.5	—	—	
	1570	1180		4	10		8	
4.00	1670	1250				35	8	
5.00	1770	1330	1.5	4	15		8	8
6.00	1470	1100		5	15		7	
7.00	1570	1180		5	20	30	6	
	1670	1250		5	20			
8.00	1770	1330		5	20		5	

　　2)消除应力的光圆及螺旋肋钢丝的力学性能应符合表 3-29 的规定。规定非比例伸长应力 $\sigma_{P0.2}$ 值对低松弛钢丝应不小于公称抗拉强度的 88%,对普通松弛钢丝应不小于公称抗拉强度的 85%。

表 3-29　消除应力光圆及螺旋肋钢丝的力学性能

公称直径 d_n(mm) 不小于	抗拉强度 σ_b(MPa) 不小于	规定非比例伸长应力 $\sigma_{P0.2}$(MPa) 不小于		最大力下总伸长率 ($L_0=200$mm) σ_{gt}(%) 不小于	弯曲次数 (次/180°) 不小于	弯曲半径 R(mm)	应力松弛性能		
		WLR	WNR				初始应力相当于公称抗拉强度的百分数(%)	1000h后应力松弛率 r(%) 不大于	
								WLR	WNR
								对所有规格	
4.00	1470	1290	1250		3	10			
	1570	1380	1330						
4.80	1670	1470	1410		4	15			
	1770	1560	1500						
5.00	1860	1640	1580				60	1.0	4.5
6.00	1470	1290	1250		4	15			
6.25	1570	1380	1330	3.5	4	20			
	1670	1470	1410		4	20	70	2.5	8
7.00	1770	1560	1500		4	20			
8.00	1470	1290	1250		4	20	80	4.5	12
9.00	1570	1380	1330		4	25			
10.00	1470	1290	1250		4	25			
12.00					4	30			

3)消除应力的刻痕钢丝的力学性能应符合表 3-30 规定。规定非比例伸长应力 $\sigma_{P0.2}$ 值对低松弛钢丝应不小于公称抗拉强度的 88%,对普通松弛钢丝应不小于公称抗拉强度的 85%。

表 3-30　消除应力的刻痕钢丝的力学性能

公称直径 d_n(mm)	抗拉强度 σ_b(MPa) 不小于	规定非比例伸长应力 $\sigma_{P0.2}$(MPa) 不小于		最大力下总伸长率 ($L_0=200mm$) σ_{gt}(%) 不小于	弯曲次数 (次/180°) 不小于	弯曲半径 R(mm)	应力松弛性能		
							初始应力相当于公称抗拉强度的百分数(%)	1000h后应力松弛率 r(%) 不大于	
		WLR	WNR					WLR	WNR
							对所有规格		
≤5.0	1470	1290	1250	3.5	3	15	60	1.5	4.5
	1570	1380	1330						
	1670	1470	1410						
	1770	1560	1500						
	1860	1640	1580				70	2.5	8
>5.0	1470	1290	1250			20	80	4.5	12
	1570	1380	1330						
	1670	1470	1410						
	1770	1560	1500						

4)为便于日常检验,表 3-28 中最大力下的总伸长率可采用 $L_0=200mm$ 的断后伸长率代替,但其数值应不少于 1.5%;表 3-29 和表 3-30 中最大力下的总伸长率可采用 $L_0=200mm$ 的断后伸长率代替,但其数值应不小于 3.0%。仲裁试验以最大力下总伸长率为准。

5)每一交货批钢丝的实际强度不应高于其公称强度级 200MPa。

6)钢丝弹性模量为(205±10)GPa,但不作为交货条件。

7)根据供货协议,可以供应表 3-28、表 3-29、表 3-30 以外其他强度级别的钢丝,其力学性能按协议执行。

8)允许使用推算法确定 1000h 松弛值。

9)供轨枕用钢丝,供方应进行镦头强度检验,镦头强度不低于母材公称抗拉强度的 95%,其他需镦头锚固使用的应在合同中注明,参照本条款执行。

(2)消除应力钢丝的伸直性

取弦长为 1m 的钢丝,放在一平面上,其弦与弧内侧最大自然矢高,刻痕钢丝不大于 25mm,光圆及螺旋肋钢丝不大于 20mm。

四、预应力混凝土用钢绞线

预应力混凝土用钢绞线的力学性能指标在此以 1×2 结构钢绞线为例进行介绍。1×2 结构钢绞线的力学性能应符合表 3-31 要求。

表 3-31 1×2 结构钢绞线力学性能

钢绞线结构	钢绞线公称直径 D_n(mm)	抗拉强度 R_m(MPa) 不小于	整根钢绞线的最大力 F_m(kN) 不小于	规定非比例延伸力 $F_{p0.2}$(kN) 不小于	最大力总伸长率 ($L_0 \geqslant 400mm$) A_{gt}(%) 不小于	应力松弛性能	
						初始负荷相当于公称最大力的百分数(%)	1000h 后应力松弛率 r(%) 不大于
1×2	5.00	1570	15.4	13.9	对所有规格	对所有规格	对所有规格
		1720	16.9	15.2			
		1860	18.3	16.5			
		1960	19.2	17.3			
	5.80	1570	20.7	18.6		60	1.0
		1720	22.7	20.4			
		1860	24.6	22.1			
		1960	25.9	23.3	3.5	70	2.5
	8.00	1470	36.9	33.2			
		1570	39.4	35.5			
		1720	43.2	38.9		80	4.5
		1860	46.7	42.0			
		1960	49.2	44.3			
	10.00	1470	57.8	52.0			
		1570	61.7	55.5			
		1720	67.6	60.8			
		1860	73.1	65.8			
		1960	77.0	69.3			
	12.00	1470	83.1	74.8			
		1570	88.7	97.8			
		1720	97.2	87.5			
		1860	105	94.5			

注:规定非比例延伸力 $F_{p0.2}$ 值不小于整根钢绞线公称最大力 F_m 的 90%。

五、预应力混凝土用热处理钢筋

(1)力学性能如表 3-32 所示。

表 3-32　热处理钢筋的力学性能

公称直径（mm）	牌号	屈服强度 $\sigma_{0.2}$（MPa）	抗拉强度 σ_b（MPa）	伸长率 δ_{10}（%）
			不小于	
6	40Si2Mn			
8.2	48Si2Mn	1325	1470	6
10	45Si2Sr			

(2)中国的热处理钢筋的规格为直径 6、8.2、10mm 三种，抗拉强度 $\sigma_b \geqslant 1500$ 兆帕，条件屈服点 $\sigma_{0.2} \geqslant 1350$MPa，伸长率 $\delta_{10} \geqslant 6\%$。由于这种钢筋没有明显的屈服点，一般检验时只考核抗拉强度和伸长率。

(3)热处理钢筋的设计强度相当于标准强度的 0.8，先张法和后张法（见预应力混凝土结构）预应力结构张拉控制应力分别为标准强度的 0.7 和 0.65。

(4)钢筋表面轧有通长的纵筋和均匀分布的横肋，以增加与混凝土的黏结。钢筋卷成直径 1.7～2.0m 的弹性盘条供应，开盘后即自行伸直。使用热处理钢筋时可根据要求长度切割，不能用电焊切割，也不能焊接，以免引起强度降低或脆断。

(5)热处理钢筋以较高的含硅量（Si：1.5%～1.8%）来提高抗应力腐蚀性能。但它仍与其他高强度钢材一样地具有较高的应力腐蚀敏感性。因此在运输、储存及使用过程中，应注意避免雨淋、氯化物或酸性介质侵蚀、防止刻痕、电打火、预应力孔道积水及灌浆不满等不利现象，以防止钢筋发生低应力脆断及滞后断裂。

第四章 城镇道路工程

第一节 质量控制

一、施工准备

(1)开工前,建设单位应召集施工、监理、设计等单位有关人员,由设计人员进行设计交底,并形成文件。

(2)开工前,建设单位应向施工单位提供施工现场及其毗邻区域内各种地下管线等建(构)筑物的现况详实资料和地勘、气象、水文观测资料,并约请相关设施管理单位向施工、监理单位的有关技术管理人员进行详细的交底;研究确定施工区域内地上、地下管线等建(构)筑物的拆移或保护、加固方案,形成文件,并予以实施。

(3)开工前,建设单位应组织设计、勘测单位向施工单位移交现场测量控制桩、水准点,并形成文件。施工单位应结合实际情况,制定施工测量方案,建立测量控制网、线、点。

(4)施工单位应根据建设单位提供的资料,组织有关施工技术管理人员对施工现场进行全面详尽、深入的调查;熟悉现场地形、地貌、环境条件;掌握水、电、劳动力、设备等资源供应条件;核对施工范围,核实施工影响范围内的管线、建(构)筑物、河湖、绿化、杆线、文物古迹等情况。

(5)开工前施工单位应组织有关施工技术人员对施工图进行认真审查,发现问题应及时与设计人联系进行变更,并形成文件。

(6)开工前施工单位应编制施工组织设计。施工组织设计应根据合同、标书、设计文件和有关施工的法规、标准、规范、规程及现场实际条件编制。内容应包括:施工部署、施工方案、保证质量和安全的保障体系与技术措施、必要的专项施工设计,以及环境保护、交通疏导等。

(7)施工前,应根据施工组织设计确定的质量保证计划,确定工程质量控制的单位工程(子单位工程)、分部工程(子分部工程)、分项工程和检验批,报监理工程师批准后执行,并作为施工质量控制的基础。

(8)开工前应结合工程特点对现场作业人员进行技术安全培训,对特殊工种进行资格培训。

二、路基

1. 一般规定

(1)施工前,应对道路中线控制桩、边线桩及高程控制桩等进行复核,确认无误后方可施工。

(2)当施工中破坏地面原有排水系统时,应采取有效处理措施。

(3)施工前,应根据工程地质勘察报告,依据工程需要按现行国家标准《土工试验方法标准》(GB/T 50123—1999)的规定,对路基土进行天然含水量、液限、塑限、标准击实、CBR 试验等,必要时应做颗粒分析、有机质含量、易溶盐含量、冻膨胀和膨胀量等试验。

(4)施工前,应根据工程规模、环境条件,修筑临时施工道路。临时施工道路应满足施工机械调运和行车安全要求,且不得妨碍施工。

(5)城镇道路施工范围内的新建地下管线、人行地道等地下构筑物宜先行施工。对埋深较浅的既有地下管线,作业中可能受损时,应向建设单位、设计单位提出加固或挪移措施方案,并办理手续,予以实施。

2. 施工排水与降水

(1)施工前,应根据工程地质、水文、气象资料、施工工期和现场环境编制排水与降水方案。在施工期间排水设施应及时维修、清理,保证排水通畅。

(2)施工排水与降水应保证路基土壤天然结构不受扰动,保证附近建(构)筑物的安全。

(3)施工排水与降水设施,不得破坏原有地面排水系统,且宜与现况地面排水系统及道路工程永久排水系统相结合。

(4)采用明沟排水,排水沟的断面及纵坡应根据地形、土质和排水量确定。当需用排水泵时,应根据施工条件、渗水量、扬程与吸程要求选择。施工排出水,应引向离路基较远的地点。

(5)在细砂、粉砂土中降水时,应采取防止流砂的措施。

3. 土方路基

(1)路基施工前,应将现状地面上的积水排除、疏干,将树根坑、井穴、坟坑等进行技术处理,并将地面大致整平。

(2)人、机配合土方作业,必须设专人指挥。机械作业时,配合作业人员严禁处在机械作业和走行范围内。配合人员在机械走行范围内作业时,机械必须停止作业。

（3）路基填、挖接近完成时，应恢复道路中线、路基边线，进行整形，并碾压成活。

（4）遇有翻浆，必须采取处理措施。当采用石灰土处理翻浆时，土壤宜就地取材。

（5）使用房碴土、粉砂土等，应经试验确定。

（6）弃土、暂存土均不得妨碍各类地下管线等构筑物的正常使用与维护，且避开建筑物、围墙、架空线等。严禁占压、损坏、掩埋各种检查井、消火栓等设施。

（7）压实应符合下列要求：

1）压实应先轻后重、先慢后快、均匀一致。压路机最大速度不宜超过4km/h。

2）填土的压实遍数，应按压实度要求，经现场试验确定。

3）压实过程中应采取措施保护地下管线、构筑物安全。

4）碾压应自路基边缘向中央进行，压路机轮外缘距路基边应保持安全距离，压实度应达到要求，且表面应无显著轮迹、翻浆、起皮、波浪等现象。

5）压实应在土壤含水量接近最佳含水量值的±2%时进行。

（8）旧路加宽时，填土宜选用与原路基土壤相同的土壤或透水性较好的土壤。

4. 石方路基

（1）开挖路堑发现岩性有突变时，应及时报请设计单位与变更设计。

（2）石方填筑路基应符合下列规定：

1）修筑填石路堤应进行地表清理，先码砌边部，然后逐层水平填筑石料，确保边坡稳定。

2）施工前应先通过修筑试验段，确定能达到最大压实干密度的松铺厚度与压实机械组合，及相应的压实遍数、沉降差等施工参数。

3）填石路堤宜选用12t以上的振动压路机、25t以上的轮胎压路机或2.5t以上的夯锤压（夯）实。

4）路基范围内管线、构筑物四周的沟槽宜回填土料。

5. 路肩

（1）路肩应与路基、基层、面层等各层同步施工。

（2）路肩应平整、坚实，直线段肩线直顺，曲线段顺畅。

6. 构筑物处理

（1）路基范围内有既有地下管线等构筑物时，施工应符合下列规定：

1)施工前,应根据管线等构筑物顶部与路床的高差,结合构筑物结构状况,分析、评估其受施工影响程度,采取相应的保护措施。

2)构筑物拆改或加固保护处理措施完成后,应进行隐蔽验收,确认符合要求、形成文件后,方可进行下一工序施工。

3)施工中,应保持构筑物的临时加固设施处于有效工作状态。

4)对构筑物的永久性加固,应在达到规定强度后,方可承受施工荷载。

(2)沟槽回填土施工应符合下列规定:

1)回填土应保证涵洞(管)、地下建(构)筑物结构安全和外部防水层及保护层不受破坏。

2)预制涵洞的现浇混凝土基础强度及预制件装配接缝的水泥砂浆强度达5MPa后,方可进行回填。

3)涵洞两侧应同时回填,两侧填土高差不得大于30cm。

4)对有防水层的涵洞靠防水层部位应回填细粒土,填土中不得含有碎石、碎砖及大于10cm的硬块。

6)土壤最佳含水量和最大干密度应经试验确定。

7)回填过程不得劈槽取土,严禁掏洞取土。

7. 特殊土路基

(1)特殊土路基的加固处理施工前应做好下列准备工作:

1)进行详细的现场调查,依据工程地质勘察报告核查特殊土的分布范围、埋置深度和地表水、地下水状况,根据设计文件、水文地质资料编制专项施工方案。

2)做好路基施工范围内的地面、地下排水设施,并保证排水通畅。

3)进行土工试验,提供施工技术参数。

4)选择适宜的季节进行路基加固处理施工。

(2)软土路基施工应符合下列规定:

1)软土路基施工应列入地基固结期。应按设计要求进行预压,预压期内除补填因加固沉降引起的补方外,严禁其他作业。

2)施工前应修筑路基处理试验路段,获取各种施工参数。

3)当软土层厚度小于3.0m,且位于水下或为含水量极高的淤泥时,可使用抛石挤淤。

4)施工中,施工单位应按设计与施工设计要求记录各项控制观测数值,并与设计单位、监理单位及时勾通反馈有关工程信息指导施工。路堤完工后,应观测沉降值与位移至符合设计规定并稳定后,方可进行后续施工。

(3)湿陷性黄土路基施工应符合下列规定:

1)施工前应作好施工期拦截、排除地表水的措施,且宜与设计规定的拦截、排除、防止地表水下渗的设施结合。

2)路基内的地下排水构筑物与地面排水沟渠必须采取防渗措施。

3)施工中应详探道路范围内的陷穴,当发现设计有遗漏时,应及时报建设单位、设计单位,进行补充设计。

4)路堤边坡应整平夯实,并采取防止路面水冲刷措施。

(4)盐渍土路基施工应符合下列规定:

1)过盐渍土、强盐渍土不得作路基填料。弱盐渍土可用于城市快速路、主干路路床 1.5m 以下范围填土,也可用于次干路及其他道路路床 0.8m 以下填土。

2)施工中应对填料的含盐量及其均匀性加强监控,路床以下每 1000m³ 填料、路床部分每 500m³ 填料至少应作一组试件(每组取 3 个土样),不足上列数量时,也应做一组试件。

3)用石膏土作填料时,应先破坏其蜂窝状结构。石膏含量可不限制,但应控制压实度。

4)地表为过盐渍土、强盐渍土时,路基填筑前应按设计要求将其挖除,土层过厚时,应设隔离层,并宜设在距路床下 0.8m 处。

5)盐渍土路基应分层填筑、夯实,每层虚铺厚度不宜大于 20cm。

6)盐渍土路堤施工前应测定其基底(包括护坡道)表土的含盐量、含水量和地下水位,分别按设计规定进行处理。

(5)膨胀土路基施工应符合下列规定:

1)施工应避开雨期,且保持良好的路基排水条件。

2)应采取分段施工。各道工序应紧密衔接,连续施工,逐段完成。

5)在路堤与路堑交界地段,应采用台阶方式搭接,每阶长度不得小于 2m,并碾压密实。

6)路基完成施工后应及时进行基层施工。

(6)冻土路基施工应符合下列规定:

1)路基范围内的各种地下管线基础应设置于冻土层以下。

2)填方地段路堤应预留沉降量,在修筑路面结构之前,路基沉降应基本趋于稳定。

3)路基受冰冻影响部位,应选用水稳定性和抗冻稳定性均较好的粗粒土,碾压时的含水量偏差应控制在最佳含水量±2%范围内。

4)当路基位于永久冻土的富冰冻土、饱冰冻土或含冰层地段时,必须保持路基及周围的冻土处于冻结状态,且应避免施工时破坏土基热流平衡。排水沟与路基坡脚距离不得小于 2m。

5)冻土区土层为冻融活动层,设计无地基处理要求时,应报请设计部门进行补充设计。

三、基层

1. 一般规定

(1)石灰稳定土类材料宜在冬期开始前30～45d完成施工,水泥稳定土类材料宜在冬期开始前15～30d完成施工。

(2)高填土路基与软土路基,应在沉降值符合设计规定且沉降稳定后,方可施工道路基层。

(3)稳定土类道路路基材料配合比中,石灰、水泥等稳定剂计量应以稳定剂质量占全部土(粒料)的干质量百分率表示。

(4)基层材料的摊铺宽度应为设计宽度两侧加施工必要附加宽度。

(5)基层施工中严禁用贴薄层方法整平修补表面。

2. 石灰稳定土类基层

(1)在城镇人口密集区,应使用厂拌石灰土,不得使用路拌石灰土。

(2)厂拌石灰土摊铺应符合下列规定:

1)路床应湿润。

2)压实系数应经试验确定。现场人工摊铺,压实系数宜为1.65～1.70。

3)石灰土宜采用机械摊铺。每次摊铺长度宜为一个碾压段。

4)摊铺掺有粗集料的石灰土时,粗集料应均匀。

(3)碾压应符合下列规定:

1)铺好的石灰土应当天碾压成活。

2)碾压时的含水量宜在最佳含水量的±2%范围内。

3)直线和不设超高的平曲线段,应由两侧向中心碾压;设超高的平曲线段,应由内侧向外侧碾压。

4)初压时,碾速以1.5～1.7km/h为宜,灰土初步稳定后,以2.0～2.5km/h为宜。

5)人工摊铺时,宜先用6～8t压路机碾压,灰土初步稳定,找补整形后,方可用重型压路机碾压。

6)当采用碎石嵌丁封层时,嵌丁石料应在石灰土底层压实度达到85%时撒铺,然后继续碾压,使其嵌入底层,并保持表面有棱角外露。

(4)纵、横接缝均应设直茬。接缝应符合下列规定:

1)纵向接缝宜设在路中线处。接缝应做成阶梯形,梯级宽不得小于1/2层厚。

2)横向接缝应尽量减少。

(5)石灰土养护应符合下列规定：

1)石灰土成活后应立即洒水（或覆盖）养护，保持湿润，直至上部结构施工为止。

2)石灰土碾压成活后可采取喷洒沥青透层油养护，宜在其含水量为10％左右时进行。

3)石灰土养护期应封闭交通。

3. 石灰、粉煤灰稳定砂砾基层

(1)摊铺除遵守本条第2款第(2)项的有关规定外，尚应符合下列规定：

1)混合料在摊铺前其含水量宜为最佳含水量的±2％。

2)混合料每层最大压实厚度为20cm，且不宜小于10cm。

3)摊铺中发生粗、细集料离析时，应及时翻拌。

(2)碾压应符合本条第2款第(3)项的有关规定。

(3)养护应符合下列规定：

1)混合料基层，应在潮湿状态下养护。养护期视季节而定，常温下不宜少于7d。

2)采用洒水养护时，应及时洒水，保持混合料湿润；采用喷洒沥青乳液养护时，应及时在乳液面撒嵌丁料。

3)养护期间宜封闭交通。需通行的机动车辆应限速，严禁履带车辆通行。

4. 石灰、粉煤灰、钢渣稳定土类基层

(1)混合料应由搅拌厂集中拌制。

(2)混合料摊铺、碾压、养护应符合本条第2款的有关规定。

5. 水泥稳定土类基层

(1)城镇道路中使用水泥稳定土类材料，宜集中拌制。

(2)摊铺应符合下列规定：

1)施工前应通过试验确定压实系数。水泥土的压实系数宜为1.53～1.58；水泥稳定砂砾的压实系数宜为1.30～1.35。

2)宜采用专用摊铺机械摊铺。

3)水泥稳定土类材料自搅拌至摊铺完成，不得超过3h。应按当班施工长度计算用料量。

4)分层摊铺时，应在下层养护7d后，方可摊铺上层材料。

(3)碾压应符合下列规定：

1)应在含水量等于或略大于最佳含水量时进行。碾压找平应符合本条第2

款第(3)项的有关规定。

2)宜用 12～18t 压路机作初步稳定碾压,混合料初步稳定后用大于 18t 的压路机碾压,至表面平整、无明显轮迹,且达到要求的压实度。

3)水泥稳定土类材料,宜在水泥初凝时间到达前碾压成活。

4)当使用振动压路机时,应符合环境保护和周围建筑物及地下管线、构筑物的安全要求。

(4)接缝应符合本条第 2 款第(4)项的有关规定。

(5)养护应符合下列规定:

1)基层宜采用洒水养护,保持湿润。采用乳化沥青养护,应在其上撒布适量石屑。

2)养护期间应封闭交通。

3)常温下成活后应经 7d 养护,方可在其上铺路面层。

6. 级配砂砾及级配砾石基层

(1)级配砂砾及级配砾石可作为城市次干路及其以下道路基层。

(2)摊铺应符合下列规定:

1)压实系数应通过试验段确定。每层摊铺虚厚不宜超过 30cm。

2)砂砾应摊铺均匀一致,发生粗、细骨料集中或离析现象时,应及时翻拌均匀。

3)摊铺长至少一个碾压段 30～50m。

(3)碾压成活应符合下列规定:

1)碾压前应洒水,洒水量使全部砂砾湿润,且不导致其层下翻浆。

2)碾压过程中应保持砂砾湿润。

3)碾压时应采用 12t 以上压路机进行,初始碾速宜为 25～30m/min,砂砾初步稳定后,碾速宜控制在 40m/min,碾压至轮迹不大于 5mm,砂石表面平整、坚实,无松散和粗、细集料集中等现象。

4)上层铺筑前,不得开放交通。

7. 级配碎石及级配碎砾石基层

(1)摊铺应符合下列规定:

1)宜采用机械摊铺符合级配要求的厂拌级配碎石或级配碎砾石。

2)压实系数应通过试验段确定,人工摊铺宜为 1.40～1.50;机械摊铺宜为 1.25～1.35。

3)摊铺碎石每层应按虚厚一次铺齐,颗粒分布应均匀,厚度一致,不得多次找补。

4)已摊平的碎石,碾压前应断绝交通,保持摊铺层清洁。

（2）碾压除遵守本条第 2 款的有关规定外，尚应符合下列规定：

1）碾压前和碾压中应先适量洒水。

2）碾压中对过碾现象部位，应进行换填处理。

（3）成活应符合下列规定：

1）碎石压实后及成活中应适量洒水。

2）视压实碎石的缝隙撒布嵌缝料。

3）宜采用 12t 以上的压路机碾压成活，碾压至缝隙嵌挤密实，稳定坚实，表面平整，轮迹小于 5mm。

4）未铺装上层前，对已成活的碎石基层应保持养护，不得开放交通。

四、沥青混合料面层

1. 一般规定

（1）施工中应根据面层厚度和沥青混合料的种类、组成、施工季节，确定铺筑层次及各分层厚度。

（2）沥青混合料面层不得在雨、雪天气及环境最高温度低于 5℃时施工。

（3）当采用旧沥青路面作为基层加铺沥青混合料面层时，应对原有路面进行处理、整平或补强，符合设计要求，并应符合下列规定：

1）符合设计强度、基本无损坏的旧沥青路面经整平后可作基层使用。

2）旧路面有明显损坏，但强度能达到设计要求的，应对损坏部分进行处理。

3）填补旧沥青路面，凹坑应按高程控制、分层铺筑，每层最大厚度不宜超过 10cm。

（4）不同料源、品种、规格的原材料应分别存放，不得混存。

（5）基层施工透层油或下封层后，应及时铺筑面层。

2. 热拌沥青混合料面层

（1）热拌沥青混合料宜由有资质的沥青混合料集中搅拌站供应。

（2）用成品仓贮存沥青混合料，贮存期混合料降温不得大于 10℃。贮存时间普通沥青混合料不得超过 72h；改性沥青混合料不得超过 24h；SMA 混合料限当日使用；OGFC 应随拌随用。

（3）热拌沥青混合料的摊铺应符合下列规定：

1）热拌沥青混合料应采用机械摊铺。城市快速路、主干路宜采用两台以上摊铺机联合摊铺。每台机器的摊铺宽度宜小于 6m。表面层宜采用多机全幅摊铺，减少施工接缝。

2）摊铺机应具有自动或半自动方式调节摊铺厚度及找平的装置、可加热的振动熨平板或初步振动压实装置、摊铺宽度可调整等功能，且受料斗斗容应能保证更换运料车时连续摊铺。

3)采用自动调平摊铺机摊铺最下层沥青混合料时,应使用钢丝或路缘石、平石控制高程与摊铺厚度,以上各层可用导梁引导高程控制,或采用声呐平衡梁控制方式。经摊铺机初步压实的摊铺层应符合平整度、横坡的要求。

4)沥青混合料的最低摊铺温度应根据气温、下卧层表面温度、摊铺层厚度与沥青混合料种类经试验确定。城市快速路、主干路不宜在气温低于10℃条件下施工。

5)沥青混合料的松铺系数应根据混合料类型、施工机械和施工工艺等应通过试验段确定,试验段长不宜小于100m。

6)摊铺沥青混合料应均匀、连续不间断,不得随意变换摊铺速度或中途停顿。熨平板按所需厚度固定后不得随意调整。

7)摊铺层发生缺陷应找补,并停机检查,排除故障。

8)路面狭窄部分、平曲线半径过小的匝道小规模工程可采用人工摊铺。

(4)热拌沥青混合料的压实应符合下列规定:

1)应选择合理的压路机组合方式及碾压步骤,以达到最佳碾压结果。沥青混合料压实宜采用钢筒式静态压路机与轮胎压路机或振动压路机组合的方式压实。

2)压实应按初压、复压、终压(包括成形)三个阶段进行,压路机应以慢而均匀的速度碾压。

3)初压应符合下列要求:

①初压温度应以能稳定混合料,且不产生推移、发裂为度。

②碾压应从外侧向中心碾压,碾速稳定均匀。

③初压应采用轻型钢筒式压路机碾压1～2遍。初压后应检查平整度、路拱,必要时应修整。

4)复压应紧跟初压连续进行。

5)终压温度应符合设计要求的有关规定。终压宜选用双轮钢筒式压路机,碾压至无明显轮迹为止。

(5)SMA混合料的压实应符合下列规定:

1)SMA混合料宜采用振动压路机或钢筒式压路机碾压。

2)SMA混合料不宜采用轮胎压路机碾压。

3)OGFC混合料宜用12t以上的钢筒式压路机碾压。

(6)碾压过程中碾压轮应保持清洁,可对钢轮涂刷隔离剂或防粘剂,严禁刷柴油。当采用向碾压轮喷水(可添加少量表面活性剂)的方式时,必须严格控制喷水量应成雾状,不得漫流。

（7）压路机不得在未碾压成形路段上转向、调头、加水或停留。在当天成形的路面上，不得停放各种机械设备或车辆，不得散落矿料、油料等杂物。

（8）接缝应符合下列规定：

1）沥青混合料面层的施工接缝应紧密、平顺。

2）上、下层的纵向热接缝应错开 15cm；冷接缝应错开 30～40cm。相邻两幅及上、下层的横向接缝均应错开 1m 以上。

3）表面层接缝应采用直茬，以下各层可采用斜接茬，层较厚时也可做阶梯形接茬。

4）对冷接茬施作前，应对茬面涂少量沥青并预热。

（9）热拌沥青混合料路面应待摊铺层自然降温至表面温度低于 50℃后，方可开放交通。

（10）沥青混合料面层完成后应加强保护，控制交通，不得在面层上堆土或拌制砂浆。

3. 冷拌沥青混合料面层

（1）冷拌沥青混合料适用于支路及其以下道路的面层、支路的表面层，以及各级道路沥青路面的基层、连接层或整平层。冷拌改性沥青混合料可用于沥青路面的坑槽冷补。

（2）冷拌沥青混合料宜采用乳化沥青或液体沥青拌制，也可采用改性乳化沥青。

（3）冷拌沥青混合料宜采用厂拌，机械摊铺时，应采取防止混合料离析措施。

（4）当采用阳离子乳化沥青搅拌时，宜先用水湿润集料。

（5）已拌好的混合料应立即运至现场摊铺，并在乳液破乳前结束。在搅拌与摊铺过程中已破乳的混合料，应予废弃。

（6）冷拌沥青混合料摊铺后宜采用 6t 压路机初压初步稳定，再用中型压路机碾压。当乳化沥青开始破乳，混合料由褐色转变成黑色时，改用 12～15t 轮胎压路机复压，将水分挤出后暂停碾压，待水分基本蒸发后继续碾压至轮迹小于 5mm，表面平整，压实度符合要求为止。

（7）冷拌沥青混合料路面的上封层应在混合料压实成型，且水分完全蒸发后施工。

（8）冷沥青混合料路面施工结束后宜封闭交通 2～6h，并应做好早期养护。开放交通初期车速不得超过 20km/h，不得在其上刹车或掉头。

4. 透层、粘层、封层

（1）透层施工应符合下列规定：

1）沥青混合料面层的基层表面应喷洒透层油，在透层油完全渗透入基层后方可铺筑面层。

2）施工中应根据基层类型选择渗透性好的液体沥青、乳化沥青做透层油。

3）用作透层油的基质沥青的针入度不宜小于100。液体沥青的黏度应通过调节稀释剂的品种和掺量经试验确定。

4）透层油的用量与渗透深度宜通过试洒确定。

5）用于石灰稳定土类或水泥稳定土类基层的透层油宜紧接在基层碾压成形后表面稍变干燥，但尚未硬化的情况下喷洒，且宜在透层油撒布后1～2d铺筑沥青混合料。洒布透层油后，应封闭各种交通。

6）透层油宜采用沥青洒布车或手动沥青洒布机喷洒。洒布设备喷嘴应与透层沥青匹配，喷洒应呈雾状，洒布管高度应使同一地点接受2～3个喷油嘴喷洒的沥青不得出现花白条。

7）透层油应洒布均匀，有花白遗漏应人工补洒，喷洒过量的应立即撒布石屑或砂吸油，必要时作适当碾压。

8）透层油洒布后的养护时间应根据透层油的品种和气候条件由试验确定。液体沥青中的稀释剂全部挥发或乳化沥青水分蒸发后，应及时铺筑沥青混合料面层。

（2）粘层施工应符合下列规定：

1）双层式或多层式热拌热铺沥青混合料面层，上、下层间铺筑间隔期已铺层面层受污染时，或间隔期较长，或在水泥混凝土路面、沥青稳定碎石基层、旧沥青路面层上加铺沥青混合料层时，应在既有结构和路缘石、检查井等构筑物与沥青混合料层连接面喷洒粘层油。

2）粘层油宜采用快裂或中裂乳化沥青、改性乳化沥青，也可采用快、中凝液体石油沥青。所使用的基质沥青标号宜与主层沥青混合料相同。

3）粘层油品种和用量应根据下卧层的类型通过试洒确定。

4）粘层油宜在摊铺面层当天洒布。

5）粘层油喷洒应符合本款第（1）项的有关规定。

（3）封层施工应符合下列规定：

1）封层油宜采用改性沥青或改性乳化沥青。集料应质地坚硬、耐磨、洁净、粒径级配应符合要求。

2）用于稀浆封层的混合料，其配比应经设计、试验，符合要求后方可使用。

3）下封层宜采用层铺法表面处治或稀浆封层法施工。沥青（乳化沥青）和集料用量应根据配合比设计确定。

4）沥青应撒布均匀、不露白，封层应不透水。

（4）当气温在10℃及以下，风力大于5级及以上时，不得喷洒透层、粘层、封层油。

五、沥青贯入式与沥青表面处治面层

1. 一般规定

(1)施工前应将基层清扫干净,并对路缘石、检查井等采取防止喷洒沥青污染的措施。

(2)各工序应紧密衔接,当日的作业段宜当日完成。

(3)沥青贯入式与沥青表面处治面层,宜在干燥和较热的季节施工,并宜在日最高温度低于15℃到来以前半个月结束。

(4)各层集料必须保持干燥、洁净,喷洒沥青宜在3级(含)风以下进行。

(5)沥青贯入式面层与表面处治面层碾压定形后,应通过有序开放交通,并控制车速碾压成型。开放交通后发现泛油时,应撒嵌缝料处理。

2. 沥青贯入式面层

(1)沥青贯入式面层宜作城市次干路以下道路面层使用。其主石料层厚应根据碎石的粒径确定,厚度不宜超过10cm。

(2)沥青贯入式面层应按贯入深度并根据实践经验与试验,选择主层及其他各层的集料粒径与沥青用量。主层集料中大于颗粒范围中值的不得小于50%。

(5)主层粒料的摊铺应符合本节第三条第7款第(1)项的有关规定。

(6)各层沥青的洒布应符合本节第四条第4款第(1)项的有关规定。

(7)沥青或乳化沥青的浇洒温度应根据沥青标号及气温情况选择。

(8)嵌缝料撒布后应立即用8~12t钢筒式压路机碾压,碾压时应随压随扫,使嵌缝料均匀嵌入。至压实密度大于等于2.15t/m³为止。严禁车辆通行。

(9)终碾后即可开放交通,且应设专人指挥交通,以使面层全部宽度均匀压实。面层完全成型前,车速度不得超过20km/h。

(10)沥青贯入式面层应进行初期养护。泛油时应及时处理。

(11)沥青贯入式结构作道路基层或联结层时,可不撒表面封层料。

3. 沥青表面处治面层

(1)在清扫干净的碎石或砾石路面上铺筑沥青表面处治面层时,应喷洒透层油。

(2)施工沥青表面处治面层,宜采用沥青洒布车及集料撒布机联合作业。喷洒沥青,应保持稳定速度和喷洒量,洒布宽度应均匀。

(3)沥青表面处治施工各工序应紧密衔接,撒布各层沥青后均应立即用集料撒布机撒布相应的集料。每个作业段长度应根据施工能力确定,并在当天完成。人工撒布集料时,应等距离划分段落备料。

(4)沥青表面处治面层的沥青撒布温度应根据气温及沥青标号选择,石油沥青宜为 130～170℃,乳化沥青乳液温度不宜超过 60℃。洒布车喷洒沥青纵向搭接宽度宜为 10～15cm,撒布各层沥青的搭接缝应错开。

(5)碾压应符合本节第七条第 7 款第(2)项的有关规定。嵌缝料应采用轻、中型压路机边碾压、边扫墁,及时追补集料,集料表面不得撒落沥青。

(6)沥青表面处治应在碾压结束后开放交通,初期管理与养护应符合相关规定。

(7)沥青表面处治施工后,初期养护用料宜为 S12(5～10mm)碎石或 S14(3～5mm)石屑、粗砂或小砾石,用量宜为 $2～3m^3/1000m^2$。

六、水泥混凝土面层

1. 施工准备

(1)施工前,应按设计规定划分混凝土板块,板块划分应从路口开始,必须避免出现锐角。曲线段分块,应使横向分块线与该点法线方向一致。直线段分块线应与面层胀、缩缝结合,分块距离宜均匀。分块线距检查井盖的边缘,宜大于 1m。

(2)混凝土摊铺前,应完成下列准备工作:

1)混凝土施工配合比已获监理工程师批准,搅拌站经试运转,确认合格。

2)模板支设完毕,检验合格。

3)混凝土摊铺、养护、成形等机具试运行合格。专用器材已准备就绪。

4)运输与现场浇筑通道已修筑,且符合要求。

2. 模板与钢筋

(1)模板应符合下列规定:

1)模板应与混凝土的摊铺机械相匹配。模板高度应为混凝土板设计厚度。

2)钢模板应直顺、平整,每 1m 设置 1 处支撑装置。

3)木模板直线部分板厚不宜小于 5cm,每 0.8～1m 设 1 处支撑装置;弯道部分板厚宜为 1.5～3cm,每 0.5～0.8m 设 1 处支撑装置,模板与混凝土接触面及模板顶面应刨光。

(2)模板安装应符合下列规定:

1)支模前应核对路面标高、面板分块、胀缝和构造物位置。

2)模板应安装稳固、顺直、平整,无扭曲,相邻模板连接应紧密平顺,不得错位。

3)严禁在基层上挖槽嵌入模板。

4)使用轨道摊铺机应采用专用钢制轨模。

5)模板安装完毕,应进行检验,合格方可使用。

(3)钢筋安装应符合下列规定:

1)钢筋安装前应检查其原材料品种、规格与加工质量,确认符合设计规定。

2)钢筋网、角隅钢筋等安装应牢固、位置准确。钢筋安装后应进行检查,合格后方可使用。

3)传力杆安装应牢固、位置准确。胀缝传力杆应与胀缝板、提缝板一起安装。

(4)混凝土抗压强度达 8.0MPa 及以上方可拆模。

3. 混凝土搅拌与运输

(1)面层用混凝土宜通过比对,优选具备资质、混凝土质量稳定的集中搅拌站供应。

(2)混凝土搅拌应符合下列规定:

1)混凝土的搅拌时间应按配合比要求与施工对其工作性能要求经试拌、确定最佳搅拌时间。每盘最长总搅拌时间宜为 80~120s。

2)外加剂宜稀释成溶液,均匀加入进行搅拌。当同时掺用引气剂时,宜通过试验适当增大引气剂掺量,以达到规定含气量。

3)混凝土应搅拌均匀,出仓温度应符合施工要求。

4)搅拌钢纤维混凝土,除应满足上述要求外,尚应符合下列要求:

①当钢纤维体积率较高,搅拌物较干时,搅拌设备一次搅拌量不宜大于其额定搅拌量的 80%。

②钢纤维混凝土的投料次序、方法和搅拌时间,应以搅拌过程中钢纤维不产生结团和满足使用要求通过试拌确定。

③钢纤维混凝土严禁用人工搅拌。

(3)施工中应根据运距、混凝土搅拌能力、摊铺能力确定运输车辆的数量与配置。

(4)不同摊铺工艺的混凝土搅拌物从搅拌机出料到运输、铺筑完毕的允许最长时间应符合表 4-1 的规定。

表 4-1　混凝土拌合物出料到运输、铺筑完毕允许最长时间

施工气温＊(℃)	到运输完毕允许最长时间(h)		到铺筑完毕允许最长时间(h)	
	滑模、轨道	三轴、小机具	滑模、轨道	三轴、小机具
5~9	2.0	1.5	2.5	2.0
10~19	1.5	1.0	2.0	1.5
20~29	1.0	0.75	1.5	1.25
30~35	0.75	0.50	1.25	1.0

注:表中＊指施工时间的日间平均气温,使用缓凝剂延长凝结时间后,本表数值可增加 0.25~0.5h。

4. 混凝土铺筑

(1)混凝土铺筑前应检查下列项目：

1)基层或砂垫层表面、模板位置、高程等符合设计要求。模板支撑接缝严密、模内洁净、隔离剂涂刷均匀。

2)钢筋、预埋胀缝板的位置正确，传力杆等安装符合要求。

3)混凝土搅拌、运输与摊铺设备，状况良好。

(2)混凝土面层应拉毛、压痕或刻痕，其平均纹理深度应为1～2mm。

(3)横缝施工应符合下列规定：

1)胀缝间距应符合设计规定，缝宽宜为20mm。在与结构物衔接处、道路交叉和填挖土方变化处，应设胀缝。

2)胀缝上部的预留填缝空隙，宜用提缝板留置。提缝板应直顺，与胀缝板密合、垂直于面层。

3)缩缝应垂直板面，宽度宜为4～6mm。切缝深度：设传力杆时，不得小于面层厚三分之一，且不得小于70mm；不设传力杆时不得小于面层厚四分之一，且不得小于60mm。

4)机切缝时，宜在水泥混凝土强度达到设计强度25％～30％时进行。

(4)施工现场的气温高于30℃、搅拌物温度在30～35℃、空气相对湿度小于80％时，搅拌物中宜掺缓凝剂、保塑剂或缓凝减水剂等。切缝应视混凝土强度的增长情况，比常温施工适度提前。铺筑现场宜设遮阳棚。

(5)当混凝土面层施工采取人工抹面时，遇有5级及以上风应停止施工。

5. 面层养护与填缝

(1)水泥混凝土面层成活后，应及时养护。可选用保湿法和塑料薄膜覆盖等方法养护。气温较高时，养护不宜少于14d；低温时，养护期不宜少于21d。

(2)昼夜温差大的地区，应采取保温、保湿的养护措施。

(3)养护期间应封闭交通、不得堆放重物；养护终结，应及时清除面层养护材料。

(4)混凝土板在达到设计强度的40％以后，方可允许行人通行。

(5)填缝应符合下列规定：

1)混凝土板养护期满后应及时填缝，缝内遗留的砂石、灰浆等杂物，应剔除干净。

2)应按设计要求选择填缝料，并根据填料品种制定工艺技术措施。

3)浇注填缝料必须在缝槽干燥状态下进行，填缝料应与混凝土缝壁黏附紧密，不渗水。

4)填缝料的充满度应根据施工季节而定，常温施工应与路面平，冬期施工，宜略低于板面。

(6)面层混凝土弯拉强度达到设计强度，且填缝完成后，方可开放交通。

七、铺砌式面层

1. 料石面层

（1）开工前，应选用符合设计要求的料石。当设计无要求时，宜优先选择花岗岩等坚硬、耐磨、耐酸石材，石材应表面平整、粗糙。

（2）铺砌应采用干硬性水泥砂浆，虚铺系数应经试验确定。

（3）铺砌控制基线的设置距离，直线段宜为 5～10m，曲线段应视情况适度加密。

（4）当采用水泥混凝土做基层时，铺砌面层胀缝应与基层胀缝对齐。

（5）铺砌中砂浆应饱满，且表面平整、稳定、缝隙均匀。与检查井等构筑物相接时，应平整、美观，不得反坡。不得用在料石下填塞砂浆或支垫方法找平。

（6）伸缩缝材料应安放平直，并应与料石粘贴牢固。

（7）在铺装完成并检查合格后，应及时灌缝。

（8）铺砌面层完成后，必须封闭交通，并应湿润养护，当水泥砂浆达到设计强度后，方可开放交通。

2. 预制混凝土砌块面层

（1）预制砌块表面应平整、粗糙。

（2）混凝土预制砌块应具有出厂合格证、生产日期和混凝土原材料、配合比、弯拉、抗压强度试验结果资料。铺装前应进行外观检查与强度试验抽样检验。

（3）混凝土砌块铺砌与养护应符合本条第 1 款的有关规定。

八、广场与停车场面层

（1）施工中应合理划分施工单元，安排施工道路与社会交通疏导。

（2）施工中宜以广场与停车场中的雨水口及排水坡度分界线的高程控制面层铺装坡度。面层与周围建（构）筑物、路口应接顺，不得积水。

（3）采用铺砌式面层应符合本节第七条的有关规定。

（4）采用沥青混合料面层应符合本节第四条的有关规定。

（5）采用现浇混凝土面层应符合本节第六条的有关规定。

（6）广场中盲道铺砌，应符合本节第九条的有关规定。

九、人行道铺筑

1. 一般规定

（1）人行道应与相邻建（构）筑物接顺，不得反坡。

(2)有特殊要求的人行道,应按设计要求及现场条件制定铺装方案及验收标准。

2. 料石与预制砌块铺砌人行道面层

(1)料石、预制砌块宜由预制厂生产,并应提供强度、耐磨性能试验报告及产品合格证。

(2)预制人行道料石、砌块进场后,应经检验合格后方可使用。

(3)预制人行道料石、砌块铺装应符合本节第七条的有关规定。

(4)盲道铺砌除应符合本节第七条的有关规定外,尚应符遵守下列规定:

1)行进盲道砌块与提示盲道砌块不得混用。

2)盲道必须避开树池、检查井、杆线等障碍物。

(5)路口处盲道应铺设为无障碍形式。

3. 沥青混合料铺筑人行道面层

(1)施工中应根据场地环境条件选择适宜的沥青混合料摊铺方式与压实机具。

(2)沥青混凝土铺装层厚不得小于3cm,沥青石屑、沥青砂铺装层厚不得小于2cm。

(3)压实度不得小于95%。表面应平整,无明显轮迹。

(4)施工中尚应符合本节第四条的有关规定。

十、人行地道结构

1. 一般规定

(1)新建城镇道路范围内的地下人行地道,宜与道路同步配合施工。

(2)人行地道宜整幅施工。分幅施工时,临时道路宽度应满足现况交通的要求,且边坡稳定。需支护时,应在施工前对支护结构进行施工设计。

(3)人行地道地基承载力必须符合设计要求。地基承载力应经检验确认合格。

(4)人行地道两侧的回填土,应在主体结构防水层的保护层完成,且保护层砌筑砂浆强度达到3MPa后方可进行。地道两侧填土应对称进行,高差不宜超过30cm。

(5)变形缝(伸缩缝、沉降缝)止水带安装应位置准确、牢固,缝宽及填缝材料应符合要求。

(6)为人行地道服务的地下管线,应与人行地道主体结构同步配合施工,并符合国家现行有关标准的规定。

2. 现浇钢筋混凝土人行地道

(1)基础结构下应设混凝土垫层。垫层混凝土宜为 C15 级,厚度宜为 10~15cm。

(2)人行地道外防水层作业应符合下列规定:

2)结构底部防水层应在垫层混凝土强度达到 5MPa 后铺设,且与地道结构粘贴牢固。

3)防水材料纵横向搭接长度不得小于 10cm,应粘接密实、牢固。

4)人行地道基础施工不得破坏防水层。地道侧墙与顶板防水层铺设完成后,应在其外侧作保护层。

(3)混凝土浇筑前,钢筋、模板应经验收合格。模板内污物、杂物应清理干净,积水排干,缝隙堵严。

(4)浇筑混凝土自由落差不得大于 2m。侧墙混凝土宜分层对称浇筑,两侧墙混凝土高差不宜大于 30cm,宜 1 次浇筑完成。浇筑混凝土应分层进行。

(5)振捣混凝土应振捣密实。

(6)混凝土成型后应根据环境条件选用适宜的养护方法进行养护。

(7)人行地道的变形缝安装应垂直,变形缝埋件(止水带)应处于所在结构的中心部位。严禁用铁钉、铁丝等穿透变形带材料,固定止水带。

(8)结构混凝土达到设计规定强度,且保护防水层的砌体砂浆强度达到 3MPa 后,方可回填土。

3. 预制安装钢筋混凝土结构人行地道

(1)预制钢筋混凝土墙板、顶板、梁、柱等构件应有生产日期、出厂检验合格标识与产品合格证及相应的钢筋、混凝土原材料检测、试验资料。安装前应进行检验,确认合格。

(2)预制构件运输应支撑稳定,不得损伤构件。构件混凝土强度不得低于设计强度的 70%。

(3)预制构件的存放场地,应平整坚实,排水顺畅。构件应分类存放,支垫正确、稳固,方便吊运。

(4)起吊点应符合设计规定,设计未规定时,应经计算确定。构件起吊时,绳索与构件水平面所成角度不宜小于 60°。

(5)构件安装应符合下列规定:

1)基础杯口混凝土达到设计强度的 75% 以后,方可进行安装。

2)安装前应将构件与连接部位凿毛清扫干净。杯槽应按高程要求铺设水泥砂浆。

3)构件安装时,混凝土的强度不得低于设计强度的 75%;预应力混凝土构件和孔道灌浆的强度应符合设计规定,设计未规定时,不得低于砂浆设计强度 75%。

4)在有杯槽基础上安装墙板就位后,应用楔块固定。无杯槽基础上安装墙板,墙板就位后,应采用临时支撑固定牢固。

5)墙板安装应位置准确、直顺与相邻板板面平齐,板缝与变形缝一致。

6)板缝及杯口混凝土达到规定强度或墙板与基础焊接牢固,验收合格,且盖板安装完毕后,方可拆除支撑。

7)顶板安装应使顶板板缝与墙板缝错开。

(6)杯口浇筑宜在墙体接缝填筑完毕后进行。杯口混凝土达到设计强度的 75% 以上,且保护防水层砌体的砂浆强度达到 3MPa 后,方可回填土。

(7)人行地道底板的垫层、钢筋混凝土、外防水层、变形(止水、沉降)缝施工应符合本节第 2 款的有关规定。

4. 砌筑墙体、钢筋混凝土顶板结构人行地道

(1)墙体砌筑应符合下列规定:

1)施工中宜采用立杆、挂线法控制砌体的位置、高程与垂直度。

2)砌筑砂浆的强度应符合设计要求。

3)墙体每日连续砌筑高度不宜超过 1.2m。分段砌筑时,分段位置应设在基础变形缝部位。相邻砌筑段高差不宜超过 1.2m。

4)沉降缝嵌缝板安装应位置准确、牢固,缝板材料符合设计规定。

5)砌块应上下错缝、丁顺排列、内外搭接,砂浆应饱满。

(2)人行地道的现浇混凝土垫层、钢筋混凝土底板、外防水层、变形(止水、沉降)缝和顶板施工应符合本条第 2 款的有关规定。

(3)使用石料砌筑时,除应符合本款第(1)项的有关规定外,尚应根据石料品种、规格制定专项补充措施。

十一、挡土墙

1. 一般规定

(1)挡土墙基础地基承载力必须符合设计要求,且经检测验收合格后方可进行后续工序施工。

(2)施工中应按设计规定施作挡土墙的排水系统、泄水孔、反滤层和结构变形缝。

(3)当挡土墙墙面需立体绿化时,应报请建设单位、设计单位,补充防止挡土墙基础浸水下沉的设计。

(4)挡土墙顶设帽石时,帽石安装应平顺、坐浆饱满、缝隙均匀。

2. 现浇钢筋混凝土挡土墙

模板、钢筋、混凝土施工应符合本节第十条第 2 款的有关规定。

3. 装配式钢筋混凝土挡土墙

(1)现浇混凝土基础施工,应符合本节第十条第 2 款的有关规定。

(2)挡土墙板安装除应符合本节第十条第 3 款的有关规定外,尚应符合下列规定:

1)预制墙板的拼缝应与基础变形缝吻合。

2)墙板与基础采用焊接连接时,安装前应检查预埋件位置;墙板安装定位后,应及时焊接牢固,并对焊缝进行防腐处理。

3)墙板与基础采用混凝土湿接头连接时,应符合本节第十条第 3 款的有关规定。

(3)墙板灌缝应插捣密实,板缝外露面宜用相同强度的水泥砂浆勾缝,勾缝应密实、平顺。

4. 砌体挡土墙

砌筑挡土墙施工应符合本节第十条第 4 款的有关规定。

5. 加筋土挡土墙

(1)现浇混凝土基础施工,应符合本节第十条第 2 款的有关规定。

(2)施工前应对筋带材料进行拉拔、剪切、延伸性能复试,其指标符合设计规定方可使用。采用钢质拉筋时,应按设计规定作防腐处理。

(3)安装挡墙板,应向路堤内倾斜,其斜度应符合设计要求。

(4)施工中应控制加筋土的填土层厚及压实度。每层虚铺厚度不宜大于 25cm,压实度应符合设计规定,且不得小于 95%。

(5)筋带位置、数量必须符合设计规定。填土中设有土工布时,土工布搭接宽度宜为 30～40cm,并应按设计要求留出折回长度。

(6)施工中应对每层填土检测压实度,并按施工方案要求观测挡墙板位移。

(7)挡土墙投入使用后,应对墙体变形进行观测,确认符合要求。

十二、附属构筑物

1. 路缘石

(1)路缘石宜由加工厂生产,并应提供产品强度、规格尺寸等技术资料及产品合格证。

(2)路缘石宜采用石材或预制混凝土标准块。路口、隔离带端部等曲线段路缘石,宜按设计弧形加工预制,也可采用小标准块。

(3)石质路缘石应采用质地坚硬的石料加工,强度应符合设计要求,宜选用花岗石。

（4）路缘石基础宜与相应的基层同步施工。

（5）安装路缘石的控制桩，直线段桩距宜为 10～15m；曲线段桩距宜为 5～10m；路口处桩距宜为 1～5m。

（6）路缘石应以干硬性砂浆铺砌，砂浆应饱满、厚度均匀。路缘石砌筑应稳固、直线段顺直、曲线段圆顺、缝隙均匀；路缘石灌缝应密实，平缘石表面应平顺不阻水。

（7）路缘石背后宜浇筑水泥混凝土支撑，并还土夯实。还土夯实宽度不宜小于 50cm，高度不宜小于 15cm，压实度不得小于 90％。

（8）路缘石宜采用 M10 水泥砂浆灌缝。灌缝后，常温期养护不得少于 3d。

2. 雨水支管与雨水口

（1）雨水支管应与雨水口配合施工。

（2）雨水支管、雨水口位置应符合设计规定，且满足路面排水要求。当设计规定位置不能满足路面排水要求时，应在施工前办理变更设计。

（3）雨水支管、雨水口基底应坚实，现浇混凝土基础应振捣密实，强度符合设计要求。

（4）砌筑雨水口应符合下列规定：

1）雨水管端面应露出井内壁，其露出长度不得大于 2cm。

2）雨水口井壁应表面平整，砌筑砂浆应饱满，勾缝应平顺。

3）雨水管穿井墙处，管顶应砌砖券。

4）井底应采用水泥砂浆抹出雨水口泛水坡。

（5）雨水支管敷设应直顺，不得错口、反坡、凹兜。检查井、雨水口内的外露管端面应完好，不得将断管端置入雨水口。

（6）雨水支管与雨水口四周回填应密实。处于道路基层内的雨水支管应做 360°混凝土包封，且在包封混凝土达至设计强度 75％前不得放行交通。

（7）雨水支管与既有雨水干线连接时，宜避开雨期。施工中，需进入检查井时，必须采取防缺氧、防有毒和有害气体的安全措施。

3. 排水沟或截水沟

（1）排水沟或截水沟应与道路配合施工。位置、高程应符合设计要求。

（2）土沟不得超挖，沟底、边坡应夯实，严禁用虚土贴底、贴坡。

（3）砌体和混凝土水沟的土基应夯实。

（4）砌体沟应座浆饱满、勾缝密实，不得有通缝。沟底应平整，无反坡、凹兜现象；边坡应表面平整，与其他排水设施的衔接应平顺。

（5）混凝土水沟的混凝土应振捣密实，强度应符合设计要求，外露面应平整。

（6）盖板沟的预制盖板，混凝土振捣应密实，混凝土强度应符合设计要求，配筋位置应准确，表面无蜂窝、无缺损。

4. 倒虹管及涵洞

（1）遇地下水时，应将地下水降至槽底以下 50cm，直到倒虹管与涵洞具备抗浮能力，且满足施工要求后，方可停止降水。

（2）倒虹管施工应符合下列规定：

1）管道水平与斜坡段交接处，应采用弯头连接。

2）主体结构建成后，闭水试验应在倒虹管充水 24h 后进行，测定 30min 渗水量。渗水量不得大于设计计算值。

（3）矩形涵洞施工应符合本节第十条的有关规定。

5. 护坡

（1）护坡宜安排在枯水或少雨季节施工。

（2）施工护坡所用砌块、石料、砂浆、混凝土等均应符合设计要求。

（3）护坡砌筑应按设计坡度挂线，并应按本节第十条第 4 款的有关规定施工。

6. 隔离墩

（1）隔离墩宜由有资质的生产厂供货。现场预制时宜采用钢模板，拼装严密、牢固，混凝土拆模时的强度不得低于设计强度的 75%。

（2）隔离墩吊装时，其强度应符合设计规定，设计无规定时不得低于设计强度的 75%。

（3）安装必须稳固，座浆饱满；当采用焊接连接时，焊缝应符合设计要求。

7. 隔离栅

（1）隔离网、隔离栅板应由有资质的工厂加工，其材质、规格型式及防腐处理均应符合设计要求。

（2）固定格离栅的混凝土柱宜采用预制件。金属柱和连接件规格、尺寸、材质应符合设计规定，并应做防腐处理。

（3）隔离栅立柱应与基础连接牢固，位置应准确。

（4）立柱基础混凝土达到设计强度 75% 后，方可安装隔离栅板（网）片。隔离网、隔离栅板应与立柱连接牢固，框架、网面平整，无明显凹凸现象。

8. 护栏

（1）护栏应由有资质的工厂加工。护栏的材质、规格型式及防腐处理应符合设计要求。加工件表面不得有剥落、气泡、裂纹、疤痕、擦伤等缺陷。

（2）护栏立柱应埋置于坚实的土基内，埋设位置应准确，深度应符合设计规定。

（3）护栏的栏板、波形梁应与道路竖曲线相协调。

（4）护栏的波形梁的起、讫点和道口处应按设计要求进行端头处理。

9. 声屏障

（1）声屏障所用材质与单体构件的结构形式、外形尺寸、隔音性能应符合设计要求。

（2）砌体声屏障施工应符合下列规定：

1）混凝土基础及砌筑施工应符合本节第十条第2、4款的有关规定。

2）施工中的临时预留洞净宽度不得大于1m。

3）当砌体声屏障处于潮湿或有化学侵蚀介质环境中时，砌体中的钢筋采取防腐措施。

（3）金属声屏障施工应符合下列规定：

1）焊接必须符合设计要求和国家现行有关标准的规定。焊接不得有裂缝、夹渣、未熔合和未填满弧坑等缺陷。

2）基础为砌体或水泥混凝土时，其施工应符合本款第（2）项的有关规定。

3）屏体与基础的连接应牢固。

4）采用钢化玻璃屏障时，其力学性能指标应符合设计要求。屏障与金属框架应镶嵌牢固、严密。

10. 防眩板

（1）防眩板的材质、规格、防腐处理、几何尺寸及遮光角应符合设计要求。

（2）防眩板应由有资质的工厂加工，镀锌（铝）量应符合设计要求。防眩板表面应色泽均匀，不得有气泡、裂纹、疤痕、端面分层等缺陷。

（3）防眩板安装应位置准确，焊接或栓接应牢固。

（4）防眩板与护栏配合设置时，混凝土护栏上预埋连接件的间距宜为50cm。

（5）路段与桥梁上防眩设施衔接应直顺。

（6）施工中不得损伤防眩板的金属镀层，出现损伤应在24h之内进行修补。

第二节　质　量　验　收

一、路基

1. 土方路基（路床）质量检验

土方路基（路床）质量检验应符合下列规定：

1）主控项目

①路基压实度应符合表4-2的规定。

表 4-2　路基填料的最小强度

填挖类型	路床顶面以下深度(cm)	道路类别	压实度(%)(重型击实)	检验频率		检验方法
				范围	点数	
挖方	0～30	城市快速路、主干路	≥95			
		次干路	≥93			
		支路及其他小路	≥90			
填方	0～80	城市快速路、主干路	≥95	1000m²	每层3点	环刀法、灌水法或灌砂法
		次干路	≥93			
		支路及其他小路	≥90			
	>80～150	城市快速路、主干路	≥93			
		次干路	≥90			
		支路及其他小路	≥90			
	>150	城市快速路、主干路	≥90			
		次干路	≥90			
		支路及其他小路	≥87			

检查数量：每1000m²、每压实层抽检1组(3点)。

检验方法：查检验报告(环刀法、灌砂法或灌水法)。

②弯沉值，不应大于设计规定。

检查数量：每车道、每20m测1点。

检验方法：弯沉仪检测。

2)一般项目

①土路基允许偏差应符合表4-3的规定。

表 4-3　土路基允许偏差

项目		允许偏差	检验频率			检验方法
			范围(m)	点数		
路床纵断高程(mm)		−20 +10	20	1		用水准仪测量
路床中线偏位(mm)		≤30	100	2		用经纬仪、钢尺量取最大值
平整度	路基各压实层	≤20	20	路宽(m)	<9　1 9～15　2 >15　3	用3m直尺和塞尺连续量两尺取较大值
	路床	≤15				
路床宽度(mm)		不小于设计值+B	40	1		用钢尺量
路床横坡		±0.3%且不反坡	20	路宽(m)	<9　2 9～15　4 >15　6	用水准仪测量
边坡		不陡于设计值	20	2		用坡度尺量，每侧1点

注：B为施工时必要的附加宽度。

②路床应平整、坚实,无显著轮迹、翻浆、波浪、起皮等现象,路堤边坡应密实、稳定、平顺等。

检查数量:全数检查。

检验方法:观察。

2. 石方路基质量检验

(1)挖石方路基(路堑)质量应符合下列要求:

1)主控项目

上边坡必须稳定,严禁有松石、险石。

检查数量:全部。

检验方法:观察。

2)一般项目

挖石方路基允许偏差应符合表 4-4 的规定。

表 4-4 挖石方路基允许偏差

项 目	允许偏差	检验频率		检验方法
		范围(m)	点 数	
路床纵断高程(mm)	+50 −100	20	1	用水准仪测量
路床中线偏位(mm)	≤30	100	2	用经纬仪、钢尺量取最大值
路床宽(mm)	不小于设计规定+B	40	1	用钢尺量
边坡(%)	不陡于设计规定	20	2	用坡度尺量,每侧 1 点

注:B 为施工时必要的附加宽度。

(2)填石路堤质量应符合下列要求:

1)主控项目

压实密度应符合试验路段确定的施工工艺,沉降差不得大于试验路段确定的沉降差。

检查数量:每 1000m² ,抽检 1 组(3 点)。

检验方法:水准仪量测。

2)一般项目

①路床顶面应嵌缝牢固,表面均匀、平整、稳定,无推移、浮石。

检查数量:全数检查。

检验方法:观察。

②边坡应稳定、平顺,无松石。

检查数量:全数检查。

检验方法:观察。

③填石方路基允许偏差应符合表 4-5 的规定。

表 4-5　填石方路基允许偏差

项　目		允 许 偏 差	检 验 频 率			检 验 方 法
			范围(m)	点　数		
路床纵断高程(mm)		−20 +10	20	1		用水准仪测量
路床中线偏位(mm)		≤30	100	2		用经纬仪、钢尺量取最大值
平整度 (mm)	各压实层	≤30	20	路宽 (m)	<9　1 9~15　2 >15　3	用 3m 直尺和塞尺连续量两尺,取较大值
	路床	≤20				
路床宽度(mm)		不小于设计值+B	40	1		用钢尺量
路床横坡		±0.3%且不反坡	路宽 (m)	<9　2 9~15　4 >15　6		用水准仪测量
边坡		不陡于设计值	20	2		用坡度尺量,每侧1点

注:B 为施工必要附加宽度。

3. 路肩质量检验

路肩质量检验应符合下列规定:

一般项目

①肩线应顺畅、表面平整,不积水、不阻水。

检查数量:全部。

检验方法:观察。

②路肩允许偏差应符合表 4-6 的规定。

表 4-6　路肩允许偏差

项　目	允 许 偏 差	检 验 频 率		检 验 方 法
		范围(m)	点　数	
压实度(%)	≥90	100	2	用环刀法检验,每侧1组(1点)
宽度(mm)	不小于设计规定	40	2	用钢尺量,每侧1点
横坡	±1%且不反坡	40	2	用水准仪测量,每侧1点

注:硬质路肩应结合所用材料,按本节第二到六条的有关规定,补充相应的检查项目。

4. 软土路基施工质量检验

(1)换填土处理软土路基质量检验应符合本条第 1 款的有关规定。

(2)砂垫层处理软土路基质量检验应符合下列规定:

1)主控项目

①砂垫层的材料质量应符合设计要求。

检查数量:按不同材料进场批次,每批检查 1 次。

检验方法:查检验报告。

②砂垫层的压实度应大于等于 90%。

检查数量:每 1000m^2、每压实层抽检 1 组(3 点)。

检验方法:灌砂法。

2)一般项目

砂垫层允许偏差应符合表 4-7 的规定。

表 4-7　砂垫层允许偏差

项目	允许偏差(mm)	检验频率		检验方法
		范围(m)	点 数	
宽度	不小于设计规定+B	40	1	用钢尺量
厚度	不小于设计规定	200	路宽(m) <9　2 9~15　4 >15　6	用钢尺量

注:B 为施工时必要的附加宽度。

(3)反压护道质量检验应符合下列规定:

1)主控项目

压实度不得小于 90%。

检查数量:每压实层,每 200m 检查 1 组(3 点)。

检验方法:查检验报告(环刀法、灌砂法或灌水法)。

2)一般项目

宽度应符合设计要求。

检查数量:全数。

检验方法:观察,用尺量。

(4)土工材料处理软土路基质量检验应符合下列规定:

1)主控项目

①土工材料的技术质量指标应符合设计要求。

检查数量:按进场批次,每批次按 5%抽检。

检验方法:查出厂检验报告,进场复检。

②土工合成材料敷设、胶接、锚固和回卷长度应符合设计要求。

检查数量:全数检查。

检验方法:用尺量。

2)一般项目

①下承层面不得有突刺、尖角。

检查数量:全数检查。

检验方法:观察。

②土工合成材料铺设允许偏差应符合表 4-8 的规定。

表 4-8　土工合成材料铺设允许偏差

项　目	允许偏差	检验频率			检验方法
		范围(m)	点　数		
下承面平整度 (mm)	≤15	20	路宽 (m)	<9　1 9~15　2 >15　3	用 3m 直尺和塞尺连续量两尺,取较大值
下承面拱度	±1%	20	路宽 (m)	<9　2 9~15　4 >15　6	用水准仪测量

(5)袋装砂井质量检验应符合下列规定:

1)主控项目

①砂的规格和质量、砂袋织物质量必须符合设计要求。

检查数量:按不同材料进场批次,每批检查 1 次。

检验方法:查检验报告。

②砂袋下沉时不得出现扭结、断裂等现象。

检查数量:全数检查。

检验方法:观察并记录。

③井深不小于设计要求,砂袋在井口外应伸入砂垫层 30cm 以上。

检查数量:全数检查。

检验方法:钢尺量测。

2)一般项目

袋装砂井允许偏差应符合表 4-9 的规定。

表 4-9　袋装砂井允许偏差

项　目	允许偏差	检验频率		检验方法
		范　围	点　数	
井间距(mm)	±150			两井间,用钢尺量
砂井直径(mm)	+10 0	全部	抽查 2% 且 不少于 5 处	查施工记录
井竖直度	≤1.5%H			查施工记录
砂井灌砂量	−5%G			查施工记录

注:H 为桩长或孔深,G 为灌砂量。

(6)塑料排水板质量检验应符合下列规定：

1)主控项目

①塑料排水板质量必须符合设计要求。

检查数量：按不同材料进场批次，每批检查1次。

检验方法：查检验报告。

②塑料排水板下沉时不得出现扭结、断裂等现象。

检查数量：全数检查。

检验方法：观察。

③板深不小于设计要求，排水板在井口外应伸入砂垫层50cm以上。

检查数量：全数检查。

检验方法：查施工记录。

2)一般项目

塑料排水板设置允许偏差应符合表4-10的规定。

表 4-10 塑料排水板设置允许偏差

项 目	允许偏差	检 验 频 率		检 验 方 法
		范 围	点 数	
板间距(mm)	±150	全部	抽查2%且不少于5处	两板间，用钢尺量
板竖直度	≤1.5%H			查施工记录

注：H 为桩长或孔深。

(7)砂桩处理软土路基质量检验应符合下列规定：

1)主控项目

①砂桩材料应符合设计规定。

检查数量：按不同材料进场批次，每批检查1次。

检验方法：查检验报告。

②复合地基承载力不应小于设计规定值。

检查数量：按总桩数的1%进行抽检，且不少于3处。

检验方法：查复合地基承载力检验报告。

③桩长不小于设计规定。

检查数量：全数检查。

检验方法：查施工记录。

2)一般项目

砂桩允许偏差应符合表4-11的规定。

表 4-11　砂桩允许偏差

项　目	允许偏差	检验频率		检验方法
		范　围	点　数	
桩距(mm)	±150			
桩径(mm)	≥设计值	全部	抽查 2%, 且不少于 2 根	两桩间,用钢尺量, 查施工记录
竖直度	≤1.5%H			

注:H 为桩长或孔深。

(8)碎石桩处理软土路基质量检验应符合下列规定:

1)主控项目

①碎石桩材料应符合设计规定。

检查数量:按不同材料进场批次,每批检查 1 次。

检验方法:查检验报告。

②复合地基承载力不应小于设计规定值。

检查数量:按总桩数的 1%进行抽检,且不少于 3 处。

检验方法:查复合地基承载力检验报告。

③桩长不应小于设计规定。

检查数量:全数检查。

检验方法:查施工记录。

2)一般项目

碎石桩成桩质量允许偏差应符合表 4-12 的规定。

表 4-12　碎石桩允许偏差

项　目	允许偏差	检验频率		检验方法
		范　围	点　数	
桩距(mm)	±150			
桩径(mm)	≥设计值	全部	抽查 2%, 且不少于 2 根	两桩间,用钢尺量, 查施工记录
竖直度	≤1.5%H			

注:H 为桩长或孔深。

(9)粉喷桩处理软土地基质量检验应符合下列规定:

1)主控项目

①水泥的品种、级别及石灰、粉煤灰的性能指标应符合设计要求。

检查数量:按不同材料进场批次,每批检查 1 次。

检验方法:查检验报告。

②桩长不应小于设计规定。

检查数量:全数检查。

检验方法:钢尺量测。

③复合地基承载力不应小于设计规定值。

检查数量:按总桩数的1‰进行抽检,且不少于3处。

检验方法:查复合地基承载力检验报告。

2)一般项目

粉喷桩成桩允许偏差应符合表4-13的规定。

表4-13 粉喷桩允许偏差

项 目	允许偏差	检验频率		检验方法
		范 围	点 数	
强度(kPa)	不小于设计值	全部	抽查5%	切取试样或无损检测
桩距(mm)	±100	全部	抽查2%,且不少于2根	两桩间,用钢尺量,查施工记录
桩径(mm)	不小于设计值			
竖直度	≤1.5%H			

注:H为柱长或孔深。

5. 湿陷性黄土路基强夯处理质量检验

湿陷性黄土路基强夯处理质量检验应符合下列规定:

1)主控项目

路基土的压实度应符合设计规定和表4-14规定。

表4-14 路基压实度标准

填挖类型	路床顶面以下深度(cm)	道路类别	压实度(%)(重型击实)	检验频率		检验方法
				范围	点数	
挖方	0～30	城市快速路、主干路	95			
		次干路	93			
		支路及其他小路	90			
填方	0～80	城市快速路、主干路	95			
		次干路	93			细粒土用环刀法,粗粒土用灌水法或灌砂法
		支路及其他小路	90	1000m²	每层1组(3点)	
	>80～150	城市快速路、主干路	93			
		次干路	90			
		支路及其他小路	90			
	>150	城市快速路、主干路	90			
		次干路	90			
		支路及其他小路	87			

检查数量:每 1000m²,每压实层,抽检 1 组(3 点)。

检验方法:查检验报告(环刀法、灌砂法或灌水法)。

2)一般项目

湿陷性黄土夯实允许偏差应符合表 4-15 的规定。

表 4-15　夯实允许偏差

项　目	允许偏差	检验频率		检验方法
		范围(m)	点　数	
夯点累计夯沉量	不小于试夯时确定夯沉量的 95%(mm)	路宽(m)	<9　　　2	查施工记录
			9~15　　4	
			>15　　　6	
湿陷系数	符合设计要求	200 路宽(m)	<9　　　2	见注
			9~15　　4	
			>15　　　6	

注:隔 7~10d,在设计有效加固深度内,每隔 50~100cm 取土样测定土的压实度、湿陷系数等指标。

6. 盐渍土、膨胀土、冻土路基质量检验

盐渍土、膨胀土、冻土路基质量应符合本条第 1 款的规定。

二、基层

1. 石灰稳定土,石灰、粉煤灰稳定砂砾(碎石),石灰、粉煤灰稳定钢渣基层及底基层质量检验

石灰稳定土,石灰、粉煤灰稳定砂砾(碎石),石灰、粉煤灰稳定钢渣基层及底基层质量检验应符合下列规定:

1)主控项目

①原材料质量检验应符合《城镇道路工程施工与质量验收规范》CJJ 1—2008 的相关规定。

检查数量:按不同材料进厂批次,每批检查 1 次。

检验方法:查检验报告、复验。

②基层、底基层的压实度应符合下列要求:

a. 城市快速路、主干路基层大于等于 97%,底基层大于等于 95%。

b. 其他等级道路基层大于等于 95%,底基层大于等于 93%。

检查数量:每 1000m²,每压实层抽检 1 组(1 点)。

检验方法:查检验报告(环刀法、灌砂法或灌水法)。

③基层、底基层试件作 7d 饱水抗压强度,应符合设计要求。

检查数量:每 2000m² 检查 1 组(6 块)。

检验方法:现场取样试验。

2)一般项目

①表面应平整、坚实、无粗细骨料集中现象,无明显轮迹、推移、裂缝,接茬平顺,无贴皮、散料。

②基层及底基层允许偏差应符合表 4-16 的规定。

表 4-16　石灰稳定土类基层及底基层允许偏差

项　目		允许偏差	检验频率			检验方法
			范　围	点　数		
中线偏位(mm)		≤20	100m	1		用经纬仪测量
纵断高程 (mm)	基层	±15	20m	1		用水准仪测量
	底基层	±20				
平整度 (mm)	基层	≤10	20m	路宽 (m)	<9　　1	用 3m 直尺和塞尺连续量两尺,取较大值
	底基层	≤15			9~15　　2	
					>15　　3	
宽度(mm)		不小于设计规定+B	40m	1		用钢尺量
横坡		±0.3%且不反坡	20m	路宽 (m)	<9　　2	用水准仪测量
					9~15　　4	
					>15　　6	
厚度(mm)		±10	1000m²	1		用钢尺量

注:B 为施工时必要的附加宽度。

2. 水泥稳定土类基层及底基层质量检验

水泥稳定土类基层及底基层质量检验应符合下列规定:

1)主控项目

①原材料质量检验应符合《城镇道路工程施工与质量验收规范》CJJ 1—2008 的相关规定。

检查数量:按不同材料进厂批次,每批次抽查 1 次;

检查方法:查检验报告、复称。

②基层、底基层的压实度应符合下列要求:

a. 城市快速路、主干路基层大于等于 97%;底基层大于等于 95%。

b. 其他等级道路基层大于等于 95%;底基层大于等于 93%。

检查数量:每 1000m²,每压实层抽查 1 组(1 点)。

检查方法:查检验报告(灌砂法或灌水法)。

③基层、底基层 7d 的饱水抗压强度应符合设计要求。

检查数量:每 2000m² 取 1 组(6 块)。

检查方法:现场取样试验。

2)一般项目

①表面应平整、坚实、接缝平顺,无明显粗、细骨料集中现象,无推移、裂缝、贴皮、松散、浮料。

②基层及底基层的偏差应符合表 4-16 的规定。

3. 级配砂砾及级配砾石基层及底基层质量检验

级配砂砾及级配砾石基层及底基层质量检验应符合下列规定:

1)主控项目

①集料质量及级配应符合《城镇道路工程施工与质量验收规范》CJJ 1—2008 的相关规定。

检查数量:按砂石材料的进场批次,每批抽检 1 次。

检验方法:查检验报告。

②基层大于等于 97%、底基层压实度大于等于 95%。

检查数量:每压实层,每 1000m² 抽检 1 组(1 点)。

检验方法:查检验报告(灌砂法或灌水法)。

③弯沉值,设计规定时不得大于设计规定。

检查数量:每车道、每 20m,测 1 点。

检验方法:弯沉仪检测。

2)一般项目

①表面应平整、坚实,无松散和粗、细集料集中现象。

检查数量:全数检查。

检验方法:观察。

②级配砂砾及级配砾石基层和底基层允许偏差应符合表 4-17 的有关规定。

表 4-17　级配砂砾及级配碎石基层和底基层允许偏差

项　目	允　许　偏　差		检 验 频 率	检 验 方 法
		范　围	点　　数	
中线偏位(mm)	≤20	100m	1	用经纬仪测量
纵断高程 (mm)	基层　±15	20m	1	用水准仪测量
	底基层　±20			

（续）

项目	允许偏差	检验频率		检验方法
		范围	点数	
平整度（mm）	基层 ≤10	20m	路宽（m） <9　1	用3m直尺和塞尺连续量两尺，取较大值
	底基层 ≤15		9～15　2 >15　3	
宽度（mm）	不小于设计规定＋B	40m	1	用钢尺量测
横坡	±0.3%且不反坡	20m	路宽（m） <9　2 9～15　4 >15　6	用水准仪测量
厚度（mm）	砂石 ＋20 －10	1000m²	1	用钢尺量
	碎石 ＋20 －10%层厚			

注：B为施工时必要的附加宽度。

4. 级配碎石及级配碎砾石基层和底基层施工质量检验

级配碎石及级配碎砾石基层和底基层施工质量检验应符合下列规定：

1）主控项目

①碎石与嵌缝料质量及级配应符合《城镇道路工程施工与质量验收规范》CJJ 1—2008 的相关规定。

检查数量：按不同材料进场批次，每批次抽检不应少于 1 次。

检验方法：查检验报告。

②级配碎石压实度，基层不得小于 97%，底基层不应小于 95%。

检查数量：每 1000m² 抽检 1 组（1 点）。

检验方法：查检验报告（灌砂法或灌水法）。

③弯沉值，设计规定时不得大于设计规定。

检查数量：每车道、每 20m 测 1 点。

检验方法：弯沉仪检测。

2）一般项目

①外观质量：表面应平整、坚实，无推移、松散、浮石现象。

检查数量：全数检查。

检验方法：观察。

②级配碎石及级配碎砾石基层和底基层的偏差应符合本条第 3 款的有关规定。

5. 沥青混合料(沥青碎石)基层施工质量检验

沥青混合料(沥青碎石)基层施工质量检验应符合下列规定:

1)主控项目

①用于沥青碎石各种原材料质量应符合本节第三条第1款的有关规定。

②压实度不应低于95%(马歇尔击实试件密度)。

检查数量:每1000m²检查1组(1点)。

检验方法:检查试验记录(钻孔取样、蜡封法)。

③弯沉值,不应大于设计规定。

检查数量:设计规定时每车道、每20m测1点。

检验方法:弯沉仪检测。

2)一般项目

①表面应平整、坚实、接缝紧密,不应有明显轮迹、粗细骨料集中、推挤、裂缝、脱落等现象。

检查数量:全数检查。

检验方法:观察。

②沥青碎石基层允许偏差应符合表4-18的规定。

表 4-18　沥青碎石基层允许偏差

项　目	允许偏差	检验频率			检验方法
		范　围	点　数		
中线偏位(mm)	≤20	100m	1		用经纬仪测量
纵断高程(mm)	±15	20m	1		用水准仪测量
平整度(mm)	≤10	20m	路宽(m)	<9	1	用3m直尺和塞尺连续量两尺,取较大值
				9~15	2	
				>15	3	
宽度(mm)	不小于设计规定+B	40m	1		用钢尺量
横坡	±0.3%且不反坡	20m	路宽(m)	<9	2	用水准仪测量
				9~15	4	
				>15	6	
厚度(mm)	±10	1000m²	1		用钢尺量

注:B 为施工时必要的附加宽度。

6. 沥青贯入式基层施工质量检验

沥青贯入式基层施工质量检验应符合下列规定:

1)主控项目

①沥青、集料、嵌缝料的质量应符合本节第四条第 1 款的相关规定。

②碎石的压实密度,不应小于 95％。

检查数量:每 1000m² 检查 1 组(1 点)。

检验方法:查检验报告(灌砂法、灌水法、蜡封法)。

③弯沉值,不应大于设计规定。

检查数量:设计规定时每车道、每 20m 测 1 点。

检验方法:弯沉仪检测。

2)一般项目

①表面应平整、坚实、石料嵌锁稳定,无明显高低差;嵌缝料、沥青撒布应均匀,无花白、积油,漏浇等现象,且不应污染其他构筑物。

检查数量:全数检查。

检验方法:观察。

②沥青贯入式碎石基层和底基层允许偏差应符合表 4-19 的规定。

表 4-19　沥青贯入式碎石基层和底基层允许偏差

项　目		允许偏差	检验频率			检验方法
			范　围	点　数		
中线偏位(mm)		≤20	100	1		用经纬仪测量
纵断高程 (mm)	基层	±15	20m	1		用水准仪测量
	底基层	±20				
平整度 (mm)	基层	≤10	20m	<9	1	用 3m 直尺和塞尺连续量两尺,取较大值
	底基层	≤15		路宽(m) 9～15	2	
				>15	3	
宽度(mm)		不小于设计规定＋B	40m	1		用钢尺量
横坡		±0.3％且不反坡	20m	<9	2	用水准仪测量
				路宽(m) 9～15	4	
				>15	6	
厚度(mm)		＋20 −10％层厚	1000m²	1		刨挖,用钢尺量
沥青总用量		±0.5％	每工作日、每层	1		T0982

注:B 为施工时必要的附加宽度。

三、沥青混合料面层

1. 热拌沥青混合料面层质量检验

(1)热拌沥青混合料质量应符合下列要求:

1)主控项目

①道路用沥青的品种、标号应符合《城镇道路工程施工与质量验收规范》CJJ 1—2008的有关规定。

检查数量:按同一生产厂家、同一品种、同一标号、同一批号连续进场的沥青(石油沥青每100t为1批,改性沥青每50t为1批)每批次抽检1次。

检验方法:查出厂合格证,检验报告并进场复检。

②沥青混合料所选用的粗集料、细集料、矿粉、纤维稳定剂等的质量及规格应符合《城镇道路工程施工与质量验收规范》CJJ 1—2008的有关规定。

检查数量:按不同品种产品进场批次和产品抽样检验方案确定。

检验方法:观察、检查进场检验报告。

③热拌沥青混合料、热拌改性沥青混合料、SMA混合料,查出厂合格证、检验报告并进场复检,拌合温度、出厂温度应符合《城镇道路工程施工与质量验收规范》CJJ 1—2008的有关规定。

检查数量:全数检查。

检验方法:查测温记录,现场检测温度。

④沥青混合料品质应符合马歇尔试验配合比技术要求。

检查数量:每日、每品种检查1次。

检验方法:现场取样试验。

(2)热拌沥青混合料面层质量检验应符合下列规定:

1)主控项目

①沥青混合料面层压实度,对城市快速路、主干路不应小于96%;对次干路及以下道路不应小于95%。

检查数量:每1000m² 测1点。

检验方法:查试验记录(马歇尔击实试件密度,试验室标准密度)。

②面层厚度应符合设计规定,允许偏差为+10～-5mm。

检查数量:每1000m² 测1点。

检验方法:钻孔或刨挖,用钢尺量。

③弯沉值,不应大于设计规定。

检查数量:每车道、每20m,测1点。

检验方法:弯沉仪检测。

2)一般项目

①表面应平整、坚实,接缝紧密,无枯焦;不应有明显轮迹、推挤裂缝、脱落、烂边、油斑、掉渣等现象,不应污染其他构筑物。面层与路缘石、平石及其他构筑物应接顺,不应有积水现象。

检查数量:全数检查。

检验方法:观察。

②热拌沥青混合料面层允许偏差应符合表4-20的规定。

表4-20 热拌沥青混合料面层允许偏差

项 目		允许偏差	检验频率			检验方法
			范 围	点	数	
纵断高程(mm)		±15	20m	1		用水准仪测量
中线偏位(mm)		≤20	100m	1		用经纬仪测量
平整度 (mm)	标准差 σ值	快速路、主干路 1.5 次干路、支路 2.4	100m	路宽 (m)	< 9　　1 9~15　2 > 15　3	用测平仪检 测,见注1
	最大 间隙	次干路、支路 5	20m	路宽 (m)	< 9　　1 9~15　2 > 15　3	用3m直尺和 塞尺连续量取两 尺,取最大值
宽度(mm)		不小于设计值	40m	1		用钢尺量
横坡		±0.3%且不反坡	20m	路宽 (m)	< 9　　2 9~15　4 > 15　6	用水准仪测量
井框与路面高差 (mm)		≤5	每座	1		十字法,用直 尺、塞尺量取最 大值
抗滑	摩擦系数	符合设计要求	200m	1 全线连续		摆式仪 横向力系数车
	构造深度	符合设计要求	200m	1		砂铺法 激光构造深度仪

注:1. 测平仪为全线每车道连续检测每100m计算标准差σ;无测平仪时可采用3m直尺检测;表中检验频率点数为测线数;

　　2. 平整度、抗滑性能也可采用自动检测设备进行检测;

　　3. 底基层表面、下面层应按设计规定用量撒泼透层油、粘层油;

　　4. 中面层、底面层仅进行中线偏位、平整度、宽度、横坡的检测;

　　5. 改性(再生)沥青混凝土路面可采用此表进行检验;

　　6. 十字法检查井框与路面高差,每座检查井均应检查。十字法检查中,以平行于道路中线,过检查井盖中心的直线做基线,另一条线与基线垂直,构成检查用十字线。

2. 冷拌沥青混合料面层质量检验

冷拌沥青混合料面层质量检验应符合下列规定:

1)主控项目

①面层所用乳化沥青的品种、性能和集料的规格、质量应符合《城镇道路工程施工与质量验收规范》CJJ 1—2008 8.1节的有关规定。

检查数量:按产品进场批次和产品抽样检验方案确定。

检验方法:查进场复查报告。

②冷拌沥青混合料的压实度不得小于95％。

检查数量:每1000m² 测1点。

检验方法:检查配合比设计资料、复测。

③面层厚度应符合设计规定,允许偏差为＋15～－5mm。

检查数量:每1000m² 测1点。

检验方法:钻孔或刨挖,用钢尺量。

2)一般项目

①表面应平整、坚实,接缝紧密,不应有明显轮迹、粗细骨料集中、推挤、裂缝、脱落等现象。

检查数量:全数检查。

检验方法:观察。

②冷拌沥青混合料面层允许偏差应符合表4-21的规定。

表 4-21　冷拌沥青混合料面层允许偏差

项　目		允许偏差	检验频率			检验方法
			范　围	点　数		
纵断高程(mm)		±20	20m	1		用水准仪测量
中线偏位(mm)		≤20	100m	1		用经纬仪测量
平整度 (mm)		≤10	20m	路宽 (m)	<9	1	用3m直尺、塞尺连续量两尺,取较大值
					9～15	2	
					>15	3	
宽度(mm)		不小于设计值	40m	1		用钢尺量
横坡		±0.3%且不反坡	20m	路宽(m)	<9	2	用水准仪测量
					9～15	4	
					>15	6	
井框与路面高差 (mm)		≤5	每座	1		十字法,用直尺、塞尺量,取最大值
抗滑	摩擦系数	符合设计要求	200m	1 全线连续		摆式仪 横向力系数车 砂铺法
	构造深度	符合设计要求	200m	1		激光构造深度仪

3. 粘层、透层与封层质量检验

粘层、透层与封层质量检验应符合下列规定：

1）主控项目

透层、粘层、封层所采用沥青的品种、标号和封层粒料质量、规格应符合《城镇道路工程施工与质量验收规范》CJJ 1—2008 8.1 节的有关规定。

检查数量：按进场品种、批次，同品种、同批次检查不应少于 1 次。

检验方法：查产品出厂合格证、出厂检验报告和进场复检报告。

2）一般项目

①透层、粘层、封层的宽度不应小于设计规定值。

检查数量：每 40m 抽检 1 处。

检验方法：用尺量。

②封层油层与粒料洒布应均匀，不应有松散、裂缝、油丁、泛油、波浪、花白、漏洒、堆积、污染其他构筑物等现象。

检查数量：全数检查。

检验方法：观察。

四、沥青贯入式与沥青表面处治面层

1. 沥青贯入式面层质量检验

沥青贯入式面层质量检验应符合下列规定：

1）主控项目

①沥青、乳化沥青、集料、嵌缝料的质量应符合设计及《城镇道路工程施工与质量验收规范》CJJ 1—2008 的有关规定。

检查数量：按不同材料进场批次，每批次 1 次。

检验方法：查出厂合格证及进场复检报告。

②压实度不应小于 95％。

检查质量：每 1000m² 抽检 1 点。

检查方法：灌砂法、灌水法、蜡封法。

③弯沉值，不应大于设计规定。

检查数量：按设计规定。

检验方法：每车道、每 20m，测 1 点。

④面层厚度应符合设计规定，允许偏差为 −5～＋15mm。

检查数量：每 1000m² 检查 1 组（1 点）。

检验方法：钻孔或刨坑，用钢尺量。

2)一般项目

①表面应平整、坚实、石料嵌锁稳定、无明显高低差;嵌缝料、沥青应撒布均匀,无花白、积油,漏浇、浮料等现象,且不应污染其他构筑物。

检查数量:全数检查。

检验方法:观察。

②沥青贯入式面层允许偏差应符合表4-22的规定。

表4-22 沥青贯入式面层允许偏差

项目	允许偏差	检验频率				检验方法
		范围(m)	点数			
纵断高程(mm)	±15	20m	1			用水准仪测量
中线偏位(mm)	≤20	100m	1			用经纬仪测量
平整度(mm)	≤7	20m	路宽(m)	<9	1	用3m直尺、塞尺连续两尺取较大值
				9~15	2	
				>15	3	
宽度(mm)	不小于设计值	40m	1			用钢尺量
横坡	±0.3%且不反坡	20m	路宽(m)	<9	2	用水准仪测量
				9~15	4	
				>15	6	
井框与路面高差(mm)	≤5	每座	1			十字法,用直尺、塞尺量最大值

2. 沥青表面处治施工质量检验

沥青表面处治施工质量检验应符合下列规定:

1)主控项目

沥青、乳化沥青的品种、指标、规格应符合设计和《城镇道路工程施工与质量验收规范》CJJ 1—2008的有关规定。

检查数量:按进场批次。

检验方法:查出厂合格证、出厂检验报告、进场检验报告。

2)一般项目

①集料应压实平整,沥青应洒布均匀、无露白,嵌缝料应撒铺、扫墁均匀,不应有重叠现象。

②沥青表面处治允许偏差应符合表4-23的规定。

表 4-23 沥青表面处治允许偏差

项 目	允许偏差	检验频率			检验方法
		范 围	点 数		
纵断高程(mm)	±15	20m	1		用水准仪测量
中线偏位(mm)	≤20	100m	1		用经纬仪测量
平整度 (mm)	≤7	20m	路宽 (m)	<9 1 9~15 2 >15 3	用 3m 直尺和 塞尺连续量两 尺,取较大值
宽度(mm)	不小于设计规定	40m	1		用钢尺量
横坡	±0.3%且不反坡	20m	路宽 (m)	<9 2 9~15 4 >15 6	用水准仪测量
厚度(mm)	+10 -5	1000m²	1		钻孔,用钢 尺量
弯沉值	符合设计要求	设计要求时	—		弯沉仪测定时
沥青总用量(kg/m²)	±0.5%	每工作日、 每层	1		—

注:沥青总用量应按国家现行标准《公路路基路面现场测试规程》T0982 方法,每工作日每洒布沥青检查一次本单位面积的总沥青用量。

五、水泥混凝土面层

1. 水泥混凝土面层质量检验

(1)原材料质量应符合下列要求:

1)主控项目

①水泥品种、级别、质量、包装、贮存,应符合国家现行有关标准的规定。

检查数量:按同一生产厂家、同一等级、同一品种、同一批号且连续进场的水泥,袋装水泥不超过 200t 为一批,散装水泥不超过 500t 为一批,每批抽样 1 次。

水泥出厂超过三个月(快硬硅酸盐水泥超过一个月)时,应进行复验,复验合格后方可使用。

检验方法:检查产品合格证、出厂检验报告,进场复验。

②混凝土中掺加外加剂的质量应符合现行国家标准《混凝土外加剂》GB 8076 和《混凝土外加剂应用技术规范》GB 50119 的规定。

检查数量:按进场批次和产品抽样检验方法确定。每批不少于 1 次。

检验方法:检查产品合格证、出厂检验报告和进场复验报告。

③钢筋品种、规格、数量、下料尺寸及质量应符合设计要求及国家现行有关标准的规定。

检查数量:全数检查。

检验方法:观察,用钢尺量,检查出厂检验报告和进场复验报告。

④钢纤维的规格质量应符合设计要求及下列规定:

a. 单丝钢纤维抗拉强度不宜小于 600MPa。

b. 钢纤维长度应与混凝土粗集料最大公称粒径相匹配,最短长度宜大于粗集料最大公称粒径的 1/3;最大长度不宜大于粗集料最大公称粒径的 2 倍,钢纤维长度与标称值的允许偏差为±10%。

c. 宜使用经防蚀处理的钢纤维,严禁使用带尖刺的钢纤维。

d. 应符合国家现行标准《混凝土用钢纤维》YB/T 151 的有关要求。

检查数量:按进场批次,每批抽检 1 次。

检验方法:现场取样、试验。

⑤粗骨料、细骨料应符合《城镇道路工程施工与质量验收规范》CJJ 1—2008 10.1.2 和 10.1.3 条的有关规定。

检查数量:同产地、同品种、同规格且连续进场的骨料,每 400m³ 或 600t 为一批,不足 400m³ 或 600t 按一批计,每批抽检 1 次。

检验方法:检查出厂合格证和抽检报告。

⑥水应符合《城镇道路工程施工与质量验收规范》CJJ 1—2008 7.2.1 条第 3 款的有关规定。

检查数量:同水源检查 1 次。

检验方法:检查水质分析报告。

(2)混凝土面层质量应符合设计要求。

1)主控项目

①混凝土弯拉强度应符合设计规定。

检查数量:每 100m³ 的同配合比的混凝土,取样 1 次;不足 100m³ 时按 1 次计。每次取样应至少留置 1 组标准养护试件。同条件养护试件的留置组数应根据实际需要确定。

检验方法:检查试件强度试验报告。

②混凝土面层厚度应符合设计规定,允许误差为±5mm。

检查数量:每 1000m² 抽测 1 组(1 点)。

检验方法:查试验报告、复测。

③抗滑构造深度应符合设计要求。

检查数量:每 1000m² 抽测 1 点。

检验方法:铺砂法。

2)一般项目

①水泥混凝土面层应板面平整、密实,边角应整齐、无裂缝,并不应有石子外露和浮浆、脱皮、踏痕、积水等现象,蜂窝麻面面积不应大于总面积的 0.5%。

检查数量:全数检查。

检验方法:观察、量测。

②伸缩缝应垂直、直顺,缝内不应有杂物。伸缩缝在规定的深度和宽度范围内应全部贯通,传力杆应与缝面垂直。

检查数量:全数检查。

检验方法:观察。

③混凝土路面允许偏差应符合表 4-24 的规定。

表 4-24 混凝土路面允许偏差

项 目		允许偏差或规定值		检验频率		检验方法
		城市快速路、主干路	次干路、支路	范围	点数	
纵断高程(mm)		±15		20m	1	用水准仪测量
中线偏位(mm)		≤20		100m	1	用经纬仪测量
平整度	标准差 σ(mm)	≤1.2	≤2	100m	1	用测平仪检测
	最大间隙(mm)	≤3	≤5	20m	1	用 3m 直尺和塞尺连续量两尺,取较大值
宽度(mm)		0 −20		40m	1	用钢尺量
横坡(%)		±0.30%且不反坡		20m	1	用水准仪测量
井框与路面高差(mm)		≤3		每座	1	十字法,用直尺和塞尺量,取最大值
相邻板高差(mm)		≤3		20m	1	用钢板尺和塞尺量
纵缝直顺度(mm)		≤10		100m	1	用 20m 线和钢尺量
横缝直顺度(mm)		≤10		40m		
蜂窝麻面面积①(%)		≤2		20m	1	观察和用钢板尺量

注:①每 20m 查 1 块板的侧面。

六、铺砌式面层

1. 料石面层质量检验

料石面层质量检验应符合下列规定:

1)主控项目

①石材质量、外形尺寸应符合设计及《城镇道路工程施工与质量验收规范》CJJ 1—2008 要求。

检查数量:每检验批,抽样检查。

检验方法:查出厂检验报告或复验。

②砂浆平均抗压强度等级应符合设计规定,任一组试件抗压强度最低值不应低于设计强度的 85%。

检查数量:同一配合比,每 1000m² 检查 1 组(6 块),不足 1000m² 取 1 组。

检验方法:查试验报告。

2)一般项目

①表面应平整、稳固、无翘动,缝线直顺、灌缝饱满,无反坡积水现象。

检查数量:全数检查。

检验方法:观察。

②料石面层允许偏差应符合表 4-25 的规定。

表 4-25　料石面层允许偏差

项　　目	允 许 偏 差	检 验 频 率		检 查 方 法
		范围	点数	
纵断高程(mm)	±10	10m	1	用水准仪测量
中线偏位(mm)	≤20	100m	1	用经纬仪测量
平整度(mm)	≤3	20m	1	用 3m 直尺和塞尺连续量两尺,取较大值
宽度(mm)	不小于设计规定	40m	1	用钢尺量
横坡(%)	±0.3%且不反坡	20m	1	用水准仪测量
井框与路面高差(mm)	≤3	每座	1	十字法,用直尺和塞尺量,取最大值
相邻块高差(mm)	≤2	20m	1	用钢板尺量
纵横缝直顺度(mm)	≤5	20m	1	用 20m 线和钢尺量
缝宽(mm)	+3 −2	20m	1	用钢尺量

2. 预制混凝土砌块面层检验

预制混凝土砌块面层检验应符合下列规定:

1)主控项目

①砌块的强度应符合设计要求。

检查数量：同一品种、规格，每 1000m² ，抽样检查 1 次。

检查方法：查出厂检验报告、复验。

②砂浆平均抗压强度等级应符合设计规定，任一组试件抗压强度最低值不应低于设计强度的 85％。

检查数量：同一配合比，每 1000m² 检查 1 组（6 块），不足 1000m² 取 1 组。

检验方法：查试验报告。

2）一般项目

①外观质量应符合《城镇道路工程施工与质量验收规范》CJJ 1—2008 的相关规定。

②预制混凝土砌块面层允许偏差应符合表 4-26 的规定。

表 4-26 预制混凝土砌块面层允许偏差

项 目	允许偏差	检验频率		检查方法
		范围	点数	
纵断高程(mm)	±15	20m	1	用水准仪测量
中线偏位(mm)	≤20	100m	1	用经纬仪测量
平整度(mm)	≤5	20m	1	用 3m 直尺和塞尺连续量两尺，取较大值
宽度(mm)	不小于设计规定	40m	1	用钢尺量
横坡(%)	±0.3%且不反坡	20m	1	用水准仪测量
井框与路面高差(mm)	≤4	每座	1	十字法，用直尺和塞尺量，取最大值
相邻块高差(mm)	≤3	20m	1	用钢板尺量
纵横缝直顺度(mm)	≤5	20m	1	用 20m 线和钢尺量
缝宽(mm)	+3 −2	20m	1	用钢尺量

七、广场与停车场面层

1. 料石面层质量检验

料石面层质量检验应符合下列规定：

1）主控项目

石材质量、外形尺寸及砂浆平均抗压强度等级应符合《城镇道路工程施工与质量验收规范》CJJ 1—2008 第 11.3.1 条的有关规定。

2）一般项目

石材安装时，料石面层允许偏差应符合表 4-27 的要求。

表 4-27　料石面层允许偏差

项　目	允许偏差	检验频率		检 验 方 法
		范　围	点数	
高程(mm)	±6	施工单元①	1	用水准仪测量
平整度(mm)	≤3	10m×10m	1	用 3m 直尺和塞尺量, 取最大值
宽度	不小于设计规定	40m②	1	用钢尺或测距仪量测
坡度	±0.3%且不反坡	20m	1	用水准仪测量
井框与面层高差(mm)	≤3	每座	1	十字法,用直尺和塞尺量,取最大值
相邻块高差(mm)	≤2	10m×10m	1	用钢板尺量
纵、横缝直顺度(mm)	≤5	40m×40m	1	用 20m 线和钢尺量
缝宽(mm)	+3 −2	40m×40m	1	用钢尺量

注:①在每一单位工程中,以 40m×40m 定方格网,进行编号,作为量测检查的基本单元,不足 40m× 40m 的部分以一个单元计。在基本施工单元中再以 10m×10m 或 20m×20m 为子单元,每基本单元范围内只抽一个子单元检查;检查方法为随机取样,即基本施工单元在室内确定,子单元在现场确定,量取 3 点取最大值计为检查频率中的 1 个点。

②适用于矩形广场与停车场。

2. 预制混凝土砌块面层质量检验

预制混凝土砌块面层质量检验应符合下列规定:

1)主控项目

预制块强度、外形尺寸及砂浆平均抗压强度等级应符合《城镇道路工程施工与质量验收规范》CJJ 1—2008　第 11.3.2 条的有关规定。

2)一般项目

预制块安装时,预制混凝土砌块面层允许偏差尚应符合表 4-28 的规定。

表 4-28　预制混凝土砌块面层允许偏差

项　目	允许偏差	检验频率		检 验 方 法
		范　围	点数	
高程(mm)	±10	施工单元①	1	用水准仪测量
平整度(mm)	≤5	10m×10m	1	用 3m 直尺、塞尺连续量两尺,取较大值
宽度	不小于设计规定	40m②	1	用钢尺或测距仪量测

（续）

项 目	允许偏差	检验频率		检 验 方 法
		范 围	点 数	
坡度	±0.3%且不反坡	20m	1	用水准仪测量
井框与面层高差(mm)	≤4	每座	1	十字法,用直尺和塞尺量,取最大值
相邻块高差(mm)	≤2	10m×10m	1	用钢板尺量
纵、横缝直顺度(mm)	≤10	40m×40m	1	用20m线和钢尺量
缝宽(mm)	+3 −2	40m×40m	1	用钢尺量

注:①同表4-27注。

3. 沥青混合料面层质量检验

沥青混合料面层质量检验应符合本节第三条的有关规定外,尚应符合下列规定:

1)主控项目

面层厚度应符合设计规定,允许偏差为±5mm。

检查数量:每 1000m² 抽测 1 组(1 点),不足 1000m² 取 1 组。

检验方法:钻孔用钢尺量。

2)一般项目

广场、停车场沥青混合料面层允许偏差应符合表 4-29 的有关规定。

表 4-29　广场、停车场沥青混合料面层允许偏差

项 目	允许偏差	检验频率		检 验 方 法
		范 围	点 数	
高程(mm)	±10	施工单元①	1	用水准仪测量
平整度(mm)	≤5	10m×10m	1	用 3m 直尺和塞尺连续量两尺,取较大值
宽度	不小于设计规定	40m②	1	用钢尺或测距仪量测
坡度	±0.3%且不反坡	20m	1	用水准仪测量
井框与面层高差(mm)	≤5	每座	1	十字法,用直尺和塞尺量,取最大值

注:①同表4-27注。

4. 水泥混凝土面层质量检验

水泥混凝土面层质量检验应符合下列规定:

1)主控项目

混凝土原材料与混凝土面层质量应符合本节第五条第 1 款主控项目的有关规定。

2)一般项目

①水泥混凝土面层外观质量应符合本节第五条第 1 款一般项目的有关规定。

②水泥混凝土面层允许偏差应符合表 4-30 的规定。

表 4-30　广场、停车场水泥混凝土面层允许偏差

项　目	允许偏差	检验频率		检验方法
		范　围	点数	
高程(mm)	±10	施工单元①	1	用水准仪测量
平整度(mm)	≤5	10m×10m	1	用 3m 直尺和塞尺连续量两尺,取较大值
宽度	不大于设计规定	40m②	1	用钢尺或测距仪量测
坡度	±0.3%且不反坡	20m	1	用水准仪测量
井框与面层高差(mm)	≤5	每座	1	十字法,用直尺和塞尺量,取最大值
相邻板高差(mm)	≤3	10m×10m	1	用钢板尺和塞尺量
纵缝直顺度(mm)	≤10	40m×40m	1	用 20m 线和钢尺量
横缝直顺度(mm)	≤10	40m×40m	1	
蜂窝麻面面积③(%)	≤2	20m	1	观察和用钢板尺量

注:①同表 4-27 注。

②适用于矩形广场与停车场。

③每 20m 查 1 块板的侧面。

5. 广场、停车场中的盲道铺砌质量检验

广场、停车场中的盲道铺砌质量检验应符合《城镇道路工程施工与质量验收规范》CJJ 1—2008 的有关规定。

八、人行道铺筑

1. 料石铺砌人行道面层质量检验

料石铺砌人行道面层质量检验应符合下列规定:

1)主控项目

①路床与基层压实度应大于或等于 90%。

检查数量:每 100m 查 2 点。

检验方法:查检验报告(环刀法、灌砂法、灌水法)。

②砂浆强度应符合设计要求。

检查数量:同一配合比,每 1000m² 取 1 组(6 块),不足 1000m² 取 1 组。

检验方法:查试验报告。

③石材强度、外观尺寸应符合设计及《城镇道路工程施工与质量验收规范》CJJ 1—2008 的要求。

检查数量:每检验批抽样检验。

检验方法:查出厂检验报告及复检报告。

④盲道铺砌应正确。

检查数量:全数检查。

检验方法:观察。

2)一般项目

①铺砌应稳固、无翘动,表面平整、缝线直顺、缝宽均匀、灌缝饱满,无翘边、翘角、反坡、积水现象。

②料石铺砌允许偏差应符合表 4-31 的规定。

表 4-31　料石铺砌允许偏差

项　　目	允许偏差	检验频率		检查方法
		范围	点数	
平整度(mm)	≤3	20m	1	用 3m 直尺和塞尺连续量 2 尺,取较大值
横坡	±0.3% 且不反坡	20m	1	用水准仪测量
井框与面层高差(mm)	≤3	每座	1	十字法,用直尺和塞尺量,取最大值
相邻块高差(mm)	≤2	20m	1	用钢尺量 3 点
纵缝直顺(mm)	≤10	40m	1	用 20m 线和钢尺量
横缝直顺(mm)	≤10	20m	1	沿路宽用线和钢尺量
缝宽(mm)	+3 −2	20m	1	用钢尺量 3 点

2. 混凝土预制砌块铺砌人行道质量检验

混凝土预制砌块铺砌人行道(含盲道)质量检验应符合下列规定:

1)主控项目

①路床与基层压实度应符合本节第八条第 1 款的规定。

②混凝土预制砌块(含盲道砌块)强度应符合设计规定。

检查数量:同一品种、规格、每检验批 1 组。

检验方法:查抗压强度试验报告。

③砂浆平均抗压强度等级应符合设计规定,任一组试件抗压强度最低值不应低于设计强度的 85%。

检查数量:同一配合比,每 1000m² 1 组(6 块),不足 1000m² 取 1 组。

检验方法:查试验报告。

④盲道铺砌应正确。

检查数量:全数。

检验方法:观察。

2)一般项目

①铺砌应稳固、无翘动,表面平整、缝线直顺、缝宽均匀、灌缝饱满,无翘边、翘角、反坡、积水现象。

②预制砌块铺砌允许偏差应符合表 4-32 的规定。

表 4-32　预制砌块铺砌允许偏差

项　目	允 许 偏 差	检验频率		检 查 方 法
		范围	点数	
平整度(mm)	≤5	20m	1	用 3m 直尺和塞尺连续量 2 尺,取较大值
横坡(%)	±0.3%且不反坡	20m	1	用水准仪量测
井框与面层高差(mm)	≤4	每座	1	十字法,用直尺和塞尺量,取最大值
相邻块高差(mm)	≤3	20m	1	用钢尺量
纵缝直顺(mm)	≤10	40m	1	用 20m 线和钢尺量
横缝直顺(mm)	≤10	20m	1	沿路宽用线和钢尺量
缝宽(mm)	+3 −2	20m	1	用钢尺量

3. 沥青混合料铺筑人行道面层的质量检验

沥青混合料铺筑人行道面层的质量检验应符合下列规定:

1) 主控项目

①路床与基层压实度应大于或等于 90%。

检查数量：第 100m 查 2 点。

检验方法：环刀法、灌砂法、灌水法。

②沥青混合料品质应符合马歇尔试验配合比技术要求。

检查数量：每日、每品种检查 1 次。

检验方法：现场取样试验。

2) 一般项目

①沥青混合料压实度不应小于 95%。

检查数量：每 100m 查 2 点。

检验方法：查试验记录（马歇尔击实试件密度，试验室标准密度）。

②表面应平整、密实，无裂缝、烂边、掉渣、推挤现象，接茬应平顺、烫边无枯焦现象，与构筑物衔接平顺、无反坡积水。

检查数量：全数检查。

检验方法：观察。

③沥青混合料铺筑人行道面层允许偏差应符合表 4-33 的规定。

表 4-33　沥青混合料铺筑人行道面层允许偏差

项　目		允许偏差	检 验 频 率		检 查 方 法
			范围	点数	
平整度 (mm)	沥青混凝土	≤5	20m	1	用 3m 直尺和塞尺连续量两点，取较大值
	其他	≤7			
横坡（%）		±0.3% 且不反坡	20m	1	用水准仪量测
井框与面层高差（mm）		≤5	每座	1	十字法，用直尺和塞尺量，取最大值
厚度（mm）		±5	20m	1	用钢尺量

九、人行地道结构

1. 现浇钢筋混凝土人行地道结构质量检验

现浇钢筋混凝土人行地道结构质量检验应符合下列规定：

1) 主控项目

①地基承载力应符合设计要求。填方地基压实度不应小于 95%，挖方地段钎探合格。

检查数量:每个通道抽检 3 点。

检验方法:查压实度检验报告或钎探报告。

②防水层材料应符合设计要求。

检查数量:同品种、同牌号材料每检验批 1 次。

检验方法:产品性能检验报告、取样试验。

③防水层应粘贴密实、牢固,无破损;搭接长度大于或等于 10cm。

检查数量:全数检查。

检验方法:查验收记录。

④钢筋品种、规格和加工、成型与安装应符合设计要求。

检查数量:钢筋按品种每批 1 次。安装全数检查。

检验方法:查钢筋试验单和验收记录。

⑤混凝土强度应符合设计规定。

检查数量:每班或每 100m³ 取 1 组(3 块),少于规定按 1 组计。

检验方法:查强度试验报告。

2)一般项目

①混凝土表面应光滑、平整,无蜂窝、麻面、缺边掉角现象。

②钢筋混凝土结构允许偏差应符合表 4-34 的规定。

表 4-34　钢筋混凝土结构允许偏差

项　　目	允 许 偏 差	检验频率		检 验 方 法
		范围(m)	点数	
地道底板顶面高程(mm)	±10		1	用水准仪测量
地道净宽(mm)	±20		2	用钢尺量,宽、厚各 1 点
墙高(mm)	±10		2	用钢尺量,每侧 1 点
中线偏位(mm)	≤10		2	用钢尺量,每侧 1 点
墙面垂直度(mm)	≤10	20	2	用垂线和钢尺量,每侧 1 点
墙面平整度(mm)	≤5		2	用 2m 直尺、塞尺量,每侧 1 点
顶板挠度	≤L/1000 且 <10mm		2	用钢尺量
现浇顶板底面平整度(mm)	≤5	10	2	用 2m 直尺、塞尺量

注:L 为人行地道净跨径。

2. 预制安装钢筋混凝土人行地道结构质量检验

预制安装钢筋混凝土人行地道结构质量检验应符合下列规定：

1）主控项目

①地基承载力应符合本条第 1 款的规定。

②防水层应符合本条第 1 款的规定。

③混凝土基础中的钢筋应符合本条第 1 款的规定。

④混凝土基础应符合本条第 1 款的规定。

⑤预制钢筋混凝土墙板、顶板强度应符合设计要求。

检查数量：全数检查。

检验方法：查出厂合格证和强度试验报告。

⑥杯口、板缝混凝土强度应符合设计要求。

检查数量：每工作班抽检 1 组（3 块）。

检验方法：查强度试验报告。

2）一般项目

①混凝土基础允许偏差应符合表 4-35 的规定。

表 4-35　混凝土基础允许偏差

项　目	允 许 偏 差	检验频率		检 验 方 法
		范围（m）	点数	
中线偏位	≤10		1	用经纬仪测量
顶面高程	±10		1	用水准仪测量
长度	±10		1	用钢尺量
宽度	±10	20m	1	用钢尺量
厚度	±10		1	用钢尺量
杯口轴线偏位①	≤10		1	用经纬仪测量
杯口底面高程①	±10		1	用水准仪测量
杯口底、顶宽度①	10～15		1	用钢尺量
预埋件①	≤10	每个	1	用钢尺量

注：①发生此项时使用。

②墙板、顶板安装直顺，杯口与板缝灌注密实。

检查数量：全数检查。

检验方法：观察、查强度试验报告。

③预制墙板、顶板允许偏差应符合表 4-36、4-37 的规定。

表 4-36　预制墙板允许偏差

项　目	允许偏差	检验频率		检验方法
		范围(m)	点数	
厚、高	±5		1	
宽度	0 −10	每 构 件(每类 抽查板	1	用钢尺量,每抽查一块板 (序号 1、2、3、4)各 1 点
侧弯	≤L/1000		1	
板面对角线	≤10	的 10%	1	
外露面平整度	≤5	且 不 少 于 5 块)	2	用 2m 直尺、塞尺量,每侧 1 点
麻面	≤1%		1	用钢尺量麻面总面积

注:表中 L 为墙板长度(mm)。

表 4-37　预制顶板允许偏差

项　目	允许偏差	检验频率		检验方法
		范围(m)	点数	
厚度	±5		1	用钢尺量
宽度	0 −10	每 构 件(每类	1	用钢尺量
长度	±10	抽查 总 数 20%)	1	用钢尺量
对角线长度	≤10		2	用钢尺量
外露面平整度	≤5		1	用 2m 直尺、塞尺量
麻面	≤1%		1	用尺量麻面总面积

④墙板、顶板安装允许偏差应符合表 4-38 的规定。

表 4-38　墙板、顶板安装允许偏差

项　目	允许偏差	检验频率		检验方法
		范围(m)	点数	
中线偏位(mm)	≤10		2	拉线用钢尺量
墙板内顶面、高程(mm)	±5		2	用水准仪测量
墙板垂直度	≤0.15%H 且≤5mm	每块	4	用垂线和钢尺量
板间高差(mm)	≤5		4	用钢板尺和塞尺量
相邻板顶面错台(mm)	≤10		20%板缝	用钢尺量
板端压墙长度(mm)	±10	每座	6	查隐蔽验收记录,用钢尺 量,每侧 3 点

注:表中 H 为墙板全高(mm)。

3. 砌筑墙体、钢筋混凝土顶板结构人行地道质量检验

砌筑墙体、钢筋混凝土顶板结构人行地道质量检验应符合下列规定：

1）主按项目

①地基承载力应符合本条第 1 款的规定。

②防水层应符合本条第 1 款的规定。

③混凝土基础中的钢筋应符合本条第 1 款的规定。

④混凝土基础应符合本条第 1 款的规定。

⑤预制顶板、梁等构件应符合本条第 2 款的规定。

⑥结构厚度不应小于设计值。

检查数量：每 20m 抽检 2 点。

检查方法：用钢尺量。

⑦砂浆平均抗压强度等级应符合设计规定，任一组试件抗压强度最低值不应低于设计强度的 85%。

检查数量：同一配合比砂浆，每 50m³ 砌体中，作 1 组（6 块），不足 50m³ 按 1 组计。

检验方法：查试验报告。

⑧现浇钢筋混凝土顶板的钢筋和混凝土质量应符合本条第 1 款的有关规定。

2）一般项目

①现浇钢筋混凝土顶板表面应光滑、平整，无蜂窝、麻面、缺边掉角现象。

检查数量：应符合表 4-34 的规定。

检验方法：应符合表 4-34 的规定。

②预制顶板应安装平顺、灌缝饱满，位置偏差应符合表 4-38 的规定。

③砌筑墙体应丁顺匀称，表面平整，灰缝均匀、饱满，变形缝垂直贯通。

④墙体砌筑允许偏差应符合表 4-39 的规定。

表 4-39　墙体砌筑允许偏差

项　　目	允 许 偏 差	检 验 频 率		检 查 方 法
		范围	点数	
地道底部高程	±10	10	1	用水准仪测量
地道结构净高	±10	20	2	用钢尺量
地道净宽	±20	20	2	用钢尺量
中线偏位	≤10	20	2	用经纬仪定线、钢尺量
墙面垂直度	≤15	10	2	用垂线和钢尺量
墙面平整度	≤5	10	2	用 2m 直尺、塞尺量
现浇顶板平整度	≤5	10	2	用 2m 直尺、塞尺量
预制顶板两板底面错台	≤10	10	2	用钢板尺、塞尺量
顶板压墙长度	±10	10	2	查隐蔽验收记录

十、挡土墙

1. 现浇钢筋混凝土挡土墙质量检验

现浇钢筋混凝土挡土墙质量检验应符合下列规定：

1）主控项目

①地基承载力应符合设计要求。

检查数量：每道挡土墙基槽抽检1组（3点）。

检验方法：查触（钎）探检测报告、隐蔽验收记录。

②钢筋品种和规格、加工、成型、安装与混凝土强度应符合《城镇道路工程施工与质量验收规范》CJJ 1—2008 第14.5.1条的有关规定。

2）一般项目

①混凝土表面应光洁、平整、密实，无蜂窝、麻面、露筋现象，泄水孔通畅。

检查数量：全权检查。

检验方法：观察。

②钢筋加工与安装偏差应符合《城镇道路工程施工与质量验收规范》CJJ 1—2008 表14.2.4-1,14.2.4-2的相关规定。

③现浇混凝土挡土墙允许偏差应符合表4-40的规定。

表 4-40　现浇混凝土挡土墙允许偏差

项　目		规定值或允许偏差	检验频率		检验方法
			范围	点数	
长度（mm）		±20	每座	1	用钢尺量
断面尺寸（mm）	厚	±5		1	用钢尺量
	高	±5			
垂直度		≤0.15％H且≤10mm	20m	1	用经纬仪或垂线检测
外露面平整度（mm）		≤5		1	用2m直尺、塞尺量取最大值
顶面高程（mm）		±5		1	用水准仪测量

注：表中 H 为挡土墙板高度。

④路外回填土压实度应符合设计规定。

检查数量：路外回填土每压实层抽检1组（3点）。

检验方法：查检验报告（环刀法、灌砂法或灌水法）。

⑤预制混凝土栏杆允许偏差应符合表4-41的规定。

表 4-41 预制混凝土栏杆允许偏差

项 目	允许偏差	检验频率		检验方法
		范围(m)	点数	
断面尺寸(mm)	符合设计规定	每件（每类型）抽查10%，且不少于5件	1	观察、用钢尺量
柱高(mm)	0 +5		1	用钢尺量
侧向弯曲	≤L/750		1	沿构件全长拉线量最大矢高(L为构件长度)
麻面	≤1%		1	用钢尺量麻面总面积

注:L为构件长度

⑥栏杆安装允许偏差应符合表 4-42 的规定。

表 4-42 栏杆安装允许偏差

项 目		允许偏差(mm)	检验频率		检验方法
			范 围	点数	
直顺度	扶手	≤4	每跨侧	1	用10m线和钢尺量
垂直度	栏杆柱	≤3	每柱(抽查10%)	2	用垂线和钢尺量,顺、横桥轴方向各1点
栏杆间距		±3	每柱(抽查10%)		
相邻栏杆扶手高差	有柱	≤4	每处(抽查10%)	1	用钢尺量
	无柱	≤2			
栏杆平面偏位		≤4	每30m	1	用经纬仪和钢尺量

注:现场浇注的栏杆、扶手和钢结构栏杆、扶手的允许偏差可参照本款办理。

2. 装配式钢筋混凝土挡土墙质量检验

装配式钢筋混凝土挡土墙质量检验应符合下列规定:

1)主控项目

①地基承载力应符合设计要求。

检查数量和检验方法应符合本条第1款的规定。

②基础钢筋品种与规格、混凝土强度应符合设计要求。

检查数量和检验方法:应符合本条第1款的规定。

③预制挡土墙板钢筋、混凝土强度应符合设计及《城镇道路工程施工与质量

验收规范》CJJ 1—2008 的规定。

检查数量:每检验批。

检验方法:出厂合格证或检验报告。

④挡土墙板应焊接牢固。焊缝长度、宽度、高度均应符合设计要求。且无夹渣、裂纹、咬肉现象。

检查数量:全数检查。

检验方法:查隐蔽验收记录。

⑤挡土墙板杯口混凝土强度应符合设计要求。

检查数量:每班 1 组(3 块)。

检验方法:查试验报告。

2)一般项目

①预制挡土墙板安装应板缝均匀、灌缝密实,泄水孔通畅。帽石安装边缘顺畅、顶面平整、缝隙均匀密实。

检查数量:全数检查

检验方法:观察。

②预制墙板的允许偏差应符合表 4-36 的规定。

③混凝土基础的允许偏差应符合表 4-35 的规定。

④挡土墙板安装允许偏差应符合表 4-43 的规定。

表 4-43　挡土墙板安装允许偏差

项　　目		允 许 偏 差	检验频率		检 验 方 法
			范围(m)	点数	
墙面垂直度		≤0.15%H 且≤15mm		1	用垂线挂全高量测
直顺度(mm)		≤10	20m	1	用 20m 线和钢尺量
板间错台(mm)		≤5		1	用钢板尺和塞尺量
预埋件(mm)	高程	±5	每个	1	用水准仪测量
	偏位	±15			用钢尺量

注:表中 H 为挡土墙高度。

⑤栏杆质量应符合《城镇道路工程施工与质量验收规范》CJJ 1—2008　第15.6.1条的有关规定。

3. 砌体挡土墙质量检验

砌体挡土墙质量检验应符合下列规定:

1)主控项目

①地基承载力应符合设计要求。

检查数量和检验方法应符合本条第 1 款的规定。

②砌块、石料强度应符合设计要求。

检查数量:每品种、每检验批 1 组(3 块)。

检验方法:查试验报告。

③砌筑砂浆质量应符合本节第九条第 3 款的规定。

2)一般项目

①挡土墙应牢固,外形美观,勾缝密实、均匀,泄水孔通畅。

②砌筑挡土墙允许偏差应符合表 4-44 的规定。

表 4-44　砌筑挡土墙允许偏差

项　目	允许偏差、规定值				检验频率		检验方法
	料石	块石、片石		预制块	范围	点数	
断面尺寸(mm)	0 $+10$	不小于设计规定				2	用钢尺量,上下各 1 点
基底高程　土方 （mm）	±20	±20	±20	±20		2	用水准仪测量
石方	±100	±100	±100	±100			
顶面高程(mm)	±10	±15	±20	±10		2	
轴线偏位(mm)	≤10	≤15	≤15	≤10	20m	2	用经纬仪测量
墙面垂直度	$\leq0.5\%H$ 且≤20mm	$\leq0.5\%H$ 且≤30mm	$\leq0.5\%H$ 且≤30mm	$\leq0.5\%H$ 且≤20mm		2	用垂线检测
平整度(mm)	≤5	≤30	≤30	≤5		2	用 2m 直尺和塞尺量
水平缝平直度 （mm）	≤10	—	—	≤10		2	用 20m 线和钢尺量
墙面坡度	不陡于设计规定					1	用坡度板检验

注:表中 H 为构筑物全高。

③栏杆质量应符合《城镇道路工程施工与质量验收规范》CJJ 1—2008　第 15.6.1 条的有关规定。

4. 加筋挡土墙质量检验

加筋挡土墙质量检验应符合下列规定:

1)主控项目

①地基承载力应符合设计要求。

· 111 ·

检查数量和检验方法应符合本条第 1 款的规定。

②基础混凝土强度应符合设计要求。

检查数量和检验方法应符合本条第 1 款的规定。

③预制挡墙板的质量应符合设计要求。

检查数量和检验方法应符合本节本条第 2 款的有关规定。

④拉环、筋带材料应符合设计要求。

检查数量：每品种、每检验批。

检验方法：查检验报告。

⑤拉环、筋带的数量、安装位置应符合设计要求,且粘接牢固。

检查数量：全部。

检验方法：观察、抽样,查试验记录。

⑥填土土质应符合设计要求。

检查数量：全部。

检验方法：观察、土的性能鉴定。

⑦压实度应符合设计要求。

检查数量：每压实层、每 500m² 取 1 点,不足 500m² 取 1 点。

检验方法：环刀法、灌水法或灌砂法。

2)一般项目

①加筋土挡土墙板安装允许偏差应符合表 4-45 的规定。

表 4-45　加筋土挡土墙板安装允许偏差

项　　目	允许偏差	检验频率		检验方法
		范围(m)	点数	
每层顶面高程(mm)	±10		4 组板	用水准仪测量
轴线偏位(mm)	≤10	20m	3	用经纬仪测量
墙面板垂直度或坡度	0～−0.5%H①		3	用垂线或坡度板量

注：1. 墙面板安装以同层相邻两板为一组;

2. 表中 H 为挡土墙板高度;

3. ①示垂直度"＋"指向外、"−"指向内。

②墙面板应光洁、平顺、美观无破损,板缝均匀,线形顺畅,沉降缝上下贯通顺直,泄水孔通畅。

检查数量：全数检查。

检验方法：观察。

③加筋土挡土墙总体允许偏差应符合表 4-46 的规定。

表 4-46 加筋土挡土墙总体允许偏差

项 目		允 许 偏 差	检验频率		检 验 方 法
			范围(m)	点数	
墙顶线位	路堤式(mm)	-100 $+50$		3	用 20m 线和钢尺量 见注①
	路肩式(mm)	± 50			
墙顶高程	路堤式(mm)	± 50		3	用水准仪测量
	路肩式(mm)	± 30	20		
墙面倾斜度		$+(\leqslant 0.5\%H)^①且\leqslant +50^①$ mm $-(\leqslant 1.0\%H)^①且\geqslant -100^①$ mm		2	用垂线或坡度板量
墙面板缝宽(mm)		± 10		5	用钢尺量
墙面平整度(mm)		$\leqslant 15$		3	用 2m 直尺、塞尺量

注:1. ①示墙面倾斜度"+"指向外、"一"指向内;

  2. 表中 H 为挡墙板高度。

④栏杆质量应符合《城镇道路工程施工与质量验收规范》CJJ 1—2008 第 15.6.1 条的有关规定。

十一、附属构筑物

1. 路缘石安砌质量检验

路缘石安砌质量检验应符合下列规定:

1)主控项目

混凝土路缘石强度应符合设计要求。

检查数量:每种、每检验批 1 组(3 块)。

检验方法:查出厂检验报告并复验。

2)一般项目

①路缘石应砌筑稳固、砂浆饱满、勾缝密实,外露面清洁、线条顺畅,平缘石不阻水。

检查数量:全数检查。

检验方法:观察。

②立缘石、平缘石安砌允许偏差应符合表 4-47 的规定。

表 4-47　立缘石、平缘石安砌允许偏差

项　目	允许偏差（mm）	检验频率		检验方法
		范　围	点数	
直顺度	≤10	100	1	用 20m 线和钢尺量①
相邻块高差	≤3	20	1	用钢板尺和塞尺量①
缝宽	±3	20	1	用钢尺量①
顶面高程	±10	20	1	用水准仪测量

注：1.①示随机抽样，量 3 点取最大值；

　　2. 曲线段缘石安装的圆顺度允许偏差应结合工程具体制定。

2. 雨水支管与雨水口质量检验

雨水支管与雨水口质量检验应符合下列规定：

1）主控项目

①管材应符合现行国家标准《混凝土和钢筋混凝土排水管》GB 11836 的有关规定。

检查数量：每种、每检验批。

检验方法：查合格证和出厂检验报告。

②基础混凝土强度应符合设计要求。

检查数量：每 100m³ 1 组（3 块）。（不足 100m³ 取 1 组）

检验方法：查试验报告。

③砌筑砂浆强度应符合《城镇道路工程施工与质量验收规范》CJJ 1—2008 第 14.5.3 条的规定。

④回填土应符合《城镇道路工程施工与质量验收规范》CJJ 1—2008 第 6.6.3 条压实度的有关规定。

检查数量：全部。

检验方法：环刀法、灌砂法或灌水法。

2）一般项目

①雨水口内壁勾缝应直顺、坚实，无漏勾、脱落。井框、井算应完整、配套，安装平稳、牢固。

检查数量：全数检查。

检验方法：观察。

②雨水支管安装应直顺，无错口、反坡、存水，管内清洁，接口处内壁无砂浆外露及破损现象。管端面应完整。

检查数量:全数检查。

检验方法:观察。

③雨水支管与雨水口允许偏差应符合表 4-48 的规定。

表 4-48　雨水支管与雨水口允许偏差

项　目	允许偏差	检验频率		检验方法
		范围(m)	点数	
井框与井壁吻合	≤10		1	用钢尺量
井框与周边路面吻合	0 −10		1	用直尺靠量
雨水口与路边线间距	≤20	每座	1	用钢尺量
井内尺寸	+20 0		1	用钢尺量,最大值

3. 排水沟或截水沟质量检验

排水沟或截水沟质量检验应符合下列规定:

1)主控项目

①预制砌块强度应符合设计要求。

检查数量:每种、每检验批 1 组。

检验方法:查试验报告。

②预制盖板的钢筋品种、规格、数量,混凝土的强度应符合设计要求。

检查数量:同类构件,抽查 1/10,且不少于 3 件。

检验方法:用钢尺量、查出厂检验报告。

③砂浆强度应符合本节第九条第 3 款的规定。

2)一般项目

①砌筑砂浆饱满度不应小于 80%。

检查数量:每 100m 或每班抽查不少于 3 点。

检验方法:观察。

②砌筑水沟沟底应平整、无反坡、凹兜,边墙应平整、直顺、勾缝密实。与排水构筑物衔接畅顺。

检查数量:全数检查。

检验方法:观察。

③砌筑排水沟或截水沟允许偏差应符合表 4-49 的规定。

表 4-49　砌筑排水沟或截水沟允许偏差

项　　目		允许偏差(mm)	检验频率		检验方法
			范围(m)	点数	
轴线偏位		≤30	100	2	用经纬仪和钢尺量
沟断面尺寸	砌石	±20	40	1	用钢尺量
	砌块	±10			
沟底高程	砌石	±20	20	1	用水准仪测量
	砌块	±10			
墙面垂直度	砌石	≤30		2	用垂线、钢尺量
	砌块	≤15			
墙面平整度	砌石	≤30	40	2	用2m直尺、塞尺量
	砌块	≤10			
边线直顺度	砌石	≤20		2	用20m小线和钢尺量
	砌块	≤10			
盖板压墙长度		±20		2	用钢尺量

④土沟断面应符合设计要求,沟底、边坡应坚实,无贴皮、反坡和积水现象。

检查数量:全数检查。

检验方法:观察。

4. 倒虹管及涵洞质量检验

倒虹管及涵洞质量检验应符合下列规定:

1)主控项目

①地基承载力应符合设计要求。

检查数量:每个基础。

检验方法:查钎探记录。

②管材应符合本条第 2 款的规定。

③混凝土强度应符合设计要求。

检查数量:每 $100m^3$ 1 组(3 块)。

检验方法:查试验记录。

④砂浆强度应符合本节第九条第 3 款的规定。

⑤倒虹管闭水试验应符合本章第一节第十二条的相关规定。

检查数量:每一条倒虹管。

检验方法:查闭水试验记录。

⑥回填土压实度应符合路基压实度要求。

检查数量:每压实层抽查 1 组(3 点)。

检验方法:环刀法、灌砂法、灌水法。

⑦矩形涵洞应符合本节的有关规定。

2)一般项目

①倒虹管允许偏差应符合表 4-50 的规定。

表 4-50 倒虹管允许偏差

项 目	允 许 偏 差	检验频率		检 验 方 法
		范围(m)	点数	
轴线偏位	≤30		2	用经纬仪和钢尺量
内底高程	±15	每座	2	用水准仪测量
倒虹管长度	不小于设计值		1	用钢尺量
相邻管错口	≤5	每井段	4	用钢板和塞尺量

②预制管材涵洞允许偏差应符合表 4-51 的规定。

表 4-51 预制管材涵洞允许偏差

项 目	允许偏差(mm)		检验频率		检 验 方 法
			范围	点数	
轴线位移	≤20			2	用经纬仪和钢尺量
内底高程	$D \leqslant 1000$	±10	每道	2	用水准仪测量
	$D > 1000$	±15			
涵管长度	不小于设计值			1	用钢尺量
相邻管错口	$D \leqslant 1000$	≤3	每节	1	用钢板尺和塞尺量
	$D > 1000$	≤5			

注:D 为管道内径。

③矩形涵洞应符合本节第九条的有关规定。

5. 护坡质量检验

护坡质量检验应符合下列规定:

一般项目

①预制砌块强度应符合设计要求。

检查数量:每种、每检验批 1 组(3 块)。

检验方法:查出厂检验报告。

②砂浆强度应符合本节第九条第 3 款的规定。

③基础混凝土强度应符合设计要求。

检查数量:每 100m³ 检查 1 组(3 块)。

检验方法:查试验报告。

④砌筑线型顺畅、表面平整、咬砌有序、无翘动。砌缝均匀、勾缝密实。护坡顶与坡面之间隙封堵密实。

检查数量：全数检查。

检验方法：观察。

⑤护坡允许偏差应符合表 4-52 的规定。

表 4-52　护坡允许偏差

项目		允许偏差(mm)			检验频率		检 验 方 法
		浆砌块石	浆砌料石	混凝土砌块	范围	点数	
基底高程	土方	±20			20m	2	用水准仪测量
	石方	±100				2	
垫层厚度		±20			20m	2	用钢尺量
砌体厚度		不小于设计值			每沉降缝	2	用钢尺量顶、底各1处
坡度		不陡于设计值			每20m	1	用坡度尺量
平整度		≤30	≤15	≤10	每座	1	用2m直尺、塞尺量
顶面高程		±50	±30	±30	每座	2	用水准仪测量两端部
顶边线型		≤30	≤10	≤10	100m	1	用20m线和钢尺量

6. 隔离墩质量检验

隔离墩质量检验应符合下列规定：

1）主控项目

①隔离墩混凝土强度应符合设计要求。

检查数量：每种、每批(2000块)1组。

检验方法：查出厂检验报告。

②隔离墩预埋件焊接应牢固，焊缝长度、宽度、高度均应符合设计要求，且无夹渣、裂纹、咬肉现象。

检查数量：全数检查。

检验方法：查隐蔽验收记录。

2）一般项目

①隔离墩安装应牢固、位置正确、线型美观，墩表面整洁。

检查数量：全数检查。

检验方法：观察。

②隔离墩安装允许偏差应符合表 4-53 的规定。

表 4-53　隔离墩安装允许偏差

项　目	允许偏差	检验频率		检验方法
		范围(m)	点　数	
直顺度	≤5	每20m	1	用20m线和钢尺量
平面偏位	≤4	每20m	1	用经纬仪和钢尺量测
预埋件位置	≤5	每件	2	用经纬仪和钢尺量测（发生时）
断面尺寸	±5	每20m	1	用钢尺量
相邻高差	≤3	抽查20%	1	用钢板尺和钢尺量
缝宽	±3	每20m	1	用钢尺量

7. 隔离栅质量检验

隔离栅质量检验应符合下列规定：

一般项目

①隔离栅材质、规格、防腐处理均应符合设计要求。

检查数量：每种、每批(2000 件)1 次。

检验方法：查出厂检验报告。

②隔离栅柱(金属、混凝土)材质应符合设计要求。

检查数量：每种、每批(2000 根)1 次。

检验方法：查出厂检验报告或试验报告。

③隔离栅柱安装应牢固。

检查数量：全数检查。

检验方法：观察。

④隔离栅允许偏差应符合表 4-54 的规定。

表 4-54　隔离栅允许偏差

项　目	允许偏差	检验频率		检验方法
		范围(m)	点数	
顺直度(mm)	≤20	20	1	用20m线和钢尺量
立柱垂直度(mm/m)	≤8		1	用垂线和直尺量
柱顶高度(mm)	±20	40	1	用钢尺量
立柱中距(mm)	±30		1	用钢尺量
立柱埋深(mm)	不小于设计规定		1	用钢尺量

8. 护栏质量检验

护栏质量检验应符合下列规定：

1）主控项目

①护栏质量应符合设计要求。

检查数量：每种、每批 1 次。

检验方法：查出厂检验报告。

②护栏立柱质量应符合设计要求。

检查数量：每种、每批（2000 根）1 次。

检验方法：查检验报告。

③护栏柱基础混凝土强度应符合设计要求。

检查数量：每 $100m^3$ 1 组（3 块）。

检验方法：查试验报告。

④护栏柱置入深度应符合设计规定。

检查数量：全数检查。

检验方法：观察、量测。

2）一般项目

①护栏安装应牢固、位置正确、线型美观。

检查数量：全数检查。

检验方法：观察。

②护栏安装允许偏差应符合表 4-55 的规定。

表 4-55　护栏安装允许偏差

项　　目	允 许 偏 差	检验频率		检 验 方 法
		范围（m）	点数	
顺直度（mm/m）	≤5		1	用 20m 线和钢尺量
中线偏位（mm）	≤20		1	用经纬仪和钢尺量
立柱间距（mm）	±5	20m	1	用钢尺量
立柱垂直度（mm）	≤5		1	用垂线、钢尺量
横栏高度（mm）	±20		1	用钢尺量

9. 声屏障质量检验

声屏障质量检验应符合下列规定：

1）主控项目

降噪效果应符合设计要求。

检查数量：按环保部门规定。

检验方法：按环保部门规定。

2）一般项目

①声屏障所用材料与性能应符合设计要求。

检查数量：每检验批1次。

检验方法：查检验报告和合格证。

②砌筑砂浆强度应符合本节第九条第3款的规定。

③混凝土强度应符合设计要求。

检查数量：每100m³1组（3块）。

检验方法：查试验报告。

④砌体声屏障应砌筑牢固，咬砌有序，砌缝均匀，勾缝密实。金属声屏障安装应牢固。

检查数量：全数检查。

检验方法：观察。

⑤砌体声屏障允许偏差应符合表4-56的规定。

表 4-56 砌体声屏障允许偏差

项　目	允许偏差	检验频率		检验方法
		范围（m）	点数	
中线偏位（mm）	≤10		1	用经纬仪和钢尺量
垂直度	≤0.3％H	20	1	用垂线和钢尺量
墙体断面尺寸（mm）	符合设计规定		1	用钢尺量
顺直度（mm）	≤10	100	2	用10m线与钢尺量，不少于5处
水平灰缝平直度（mm）	≤7		2	用10m线与钢尺量，不少于5处
平整度（mm）	≤8	20	2	用2m直尺和塞尺量

注：H为高度。

⑥金属声屏障安装允许偏差应符合表4-57的规定。

表 4-57　金属声屏障安装允许偏差

项　目	允许偏差	检验频率		检验方法
		范围	点数	
基线偏位(mm)	≤10		1	用经纬仪和钢尺量
金属立柱中距(mm)	±10		1	用钢尺量
立柱垂直度(mm)	≤0.3%H	20m	2	用垂线和钢尺量,顺、横向各1点
屏体厚度(mm)	±2		1	用游标卡尺量
屏体宽度、高度(mm)	±10		1	用钢尺量
镀层厚度(μm)	≥设计值	20m且不少于5处	1	用测厚仪量

注:H为高度。

10. 防眩板质量检验

防眩板质量检验应符合下列规定:

一般项目

①防眩板质量应符合设计要求。

检查数量:每种、每批查1次。

检验方法:查出厂检验报告。

②防眩板安装应牢固、位置准确,遮半角符合设计要求,板面无裂纹,涂层无气泡、缺损。

检查数量:全数检查。

检验方法:观察。

③防眩板安装允许偏差应符合表4-58的规定。

表 4-58　防眩板安装允许偏差

项　目	允许偏差	检验频率		检验方法
		范围	点数	
防眩板直顺度	≤8	20m	1	用10m线和钢尺量
垂直度	≤5	20m且不少于5处	2	用垂线和钢尺量,顺、横向各1点
板条间距	±10			
安装高度	±10		1	用钢尺量

第三节　工程质量与竣工验收

(1)开工前,施工单位应会同建设单位、监理工程师确认构成建设项目的单位(子单位)工程、分部(子分部)工程、分项工程和检验批,作为施工质量检验、验

收的基础,并应符合下列规定:

1)建设单位招标文件确定的每一个独立合同应为一个单位工程。

当合同文件包含的工程内涵较多,或工程规模较大或由若干独立设计组成时,宜按工程部位或工程量、每一独立设计将单位工程分成若干子单位工程。

2)单位(子单位)工程应按工程的结构部位或特点、功能、工程量划分分部工程。

分部工程的规模较大或工程复杂时宜按材料种类、工艺特点、施工工法等,将分部工程划为若干子分部工程。

3)分部工程可由一个或若干个分项工程组成,应按主要工种、材料、施工工艺等划分分项工程。

4)分项工程可由一个或若干检验批组成。检验批应根据施工、质量控制和专业验收需要划定。各地区应根据城镇道路建设实际需要,划定适应的检验批。

5)各分部(子分部)工程相应的分项工程、检验批应按表 4-59 的规定执行。《城镇道路工程施工与质量验收规范》CJJ 1—2008 未规定时,施工单位应在开工前会同建设单位、监理工程师共同研究确定。

表 4-59 城镇道路分部(子分部)工程与相应的分项工程、检验批

分部工程	子分部工程	分 项 工 程	检 验 批
路基	—	土方路基	每条路或路段
		石方路基	每条路或路段
		路基处理	每条处理段
		路肩	每条路肩
基层	—	石灰土基层	每条路或路段
		石灰粉煤灰稳定砂砾(碎石)基层	每条路或路段
		石灰粉煤灰钢渣基层	每条路或路段
		水泥稳定土类基层	每条路或路段
		级配砂砾(砾石)基层	每条路或路段
		级配碎石(碎砾石)基层	每条路或路段
		沥青碎石基层	每条路或路段
		沥青贯入式基层	每条路或路段

（续）

分部工程	子分部工程	分项工程	检 验 批
面层	沥青混合料面层	透层	每条路或路段
		粘层	每条路或路段
		封层	每条路或路段
		热拌沥青混合料面层	每条路或路段
		冷拌沥青混合料面层	每条路或路段
	沥青贯入式与沥青表面处治面层	沥青贯入式面层	每条路或路段
		沥青表面处治面层	每条路或路段
	水泥混凝土面层	水泥混凝土面层（模板、钢筋、混凝土）	每条路或路段
	铺砌式面层	料石面层	每条路或路段
		预制混凝土砌块面层	每条路或路段
广场与停车场	—	料石面层	每个广场或划分的区段
		预制混凝土砌块面层	每个广场或划分的区段
		沥青混合料面层	每个广场或划分的区段
		水泥混凝土面层	每个广场或划分的区段
人行道	—	料石人行道铺砌面层（含盲道砖）	每条路或路段
		混凝土预制块铺砌人行道面层（含盲道砖）	每条路或路段
		沥青混合料铺筑面层	每条路或路段
人行地道结构	现浇钢筋混凝土人行地道结构	地基	每座通道
		防水	每座通道
		基础（模板、钢筋、混凝土）	每座通道
		墙与顶板（模板、钢筋、混凝土）	每座通道
		墙与顶部构件预制	每座通道
	预制安装钢筋混凝土人行地道结构	地基	每座通道
		防水	每座通道
		基础（模板、钢筋、混凝土）	每座通道
		墙板、顶板安装	每座通道

（续）

分部工程	子分部工程	分项工程	检验批
人行地道结构	砌筑墙体、钢筋混凝土顶板人行地道结构	顶部构件预制	每座通道
		地基	每座通道
		防水	每座通道
		基础（模板、钢筋、混凝土）	
		墙体砌筑	每座通道
		顶部构件、顶板安装	每座通道或分段
		顶部现浇（模板、钢筋、混凝土）	每座通道或分段
挡土墙	现浇钢筋混凝土挡土墙	地基	每道挡土墙地基或分段
		基础	每道挡土墙基础或分段
		墙（模板、钢筋、混凝土）	每道墙体或分段
		滤层、泄水孔	每道墙体或分段
		回填土	每道墙体或分段
		帽石	每道墙体或分段
		栏杆	每道墙体或分段
	装配式钢筋混凝土挡土墙	挡土墙板预制	每道墙体或分段
		地基	每道挡土墙地基或分段
		基础（模板、钢筋、混凝土）	每道基础或分段
		墙板安装（含焊接）	每道墙体或分段
		滤层、泄水孔	每道墙体或分段
		回填土	每道墙体或分段
		帽石	每道墙体或分段
		栏杆	每道墙体或分段
	砌筑挡土墙	地基	每道墙体或分段
		基础（砌筑、混凝土）	每道墙体或分段
		墙体砌筑	每道墙体或分段
		滤层、泄水孔	每道墙体或分段
		回填土	每道墙体或分段
		帽石	每道墙体或分段
	加筋土挡土墙	地基	每道挡土墙地基或分段
		基础（模板、钢筋、混凝土）	每道基础或分段
		加筋挡土墙砌块与筋带安装	每道墙体或分段
		滤层、泄水孔	每道墙体或分段
		回填土	每道墙体或分段
		帽石	每道墙体或分段
		栏杆	每道墙体或分段

（续）

分部工程	子分部工程	分项工程	检验批
附属构筑物	—	路缘石	每条路或路段
		雨水支管与雨水口	每条路或路段
		排（截）水沟	每条路或路段
		倒虹管及涵洞	每座结构
		护坡	每条路或路段
		隔离墩	每条路或路段
		隔离栅	每条路或路段
		护栏	每条路或路段
		声屏障（砌体、金属）	每处声屏障墙
		防眩板	每条路或路段

（2）施工中应按下列规定进行施工质量控制，并应进行过程检验、验收：

1）工程采用的主要材料、半成品、成品、构配件、器具和设备应按相关专业质量标准进行进场检验和使用前复验。现场验收和复验结果应经监理工程师检查认可。凡涉及结构安全和使用功能的，监理工程师应按规定进行平行检测或见证取样检测，并确认合格。

2）各分项工程应按《城镇道路工程施工与质量验收规范》CJJ 1—2008 进行质量控制，各分项工程完成后应进行自检、交接检验，并形成文件，经监理工程师检查签认后，方可进行下个分项工程施工。

（3）工程施工质量应按下列要求进行验收：

1）工程施工质量应符合《城镇道路工程施工与质量验收规范》CJJ 1—2008 和相关专业验收规范的规定。

2）工程施工应符合工程勘察、设计文件的要求。

3）参加工程施工质量验收的各方人员应具备规定的资格。

4）工程质量的验收均应在施工单位自行检查评定合格的基础上进行。

5）隐蔽工程在隐蔽前，应由施工单位通知监理工程师和相关单位人员进行隐蔽验收，确认合格，并形成隐蔽验收文件。

6）监理工程师应按规定对涉及结构安全的试块、试件和现场检测项目，进行平行检测、见证取样检测并确认合格。

7）检验批的质量应按主控项目和一般项目进行验收。

8）对涉及结构安全和使用功能的分部工程应进行抽样检测。

9）承担复验或检测的单位应为具有相应资质的独立第三方。

10)工程的外观质量应由验收人员通过现场检查共同确认。

(4)检验批合格质量应符合下列规定：

1)主控项目的质量应经抽样检验合格。

2)一般项目的质量应经抽样检验合格；当采用计数检验时，除有专门要求外，一般项目的合格点率应达到80%及以上，且不合格点的最大偏差值不得大于规定允许偏差值的1.5倍。

3)具有完整的施工操作依据和质量检查记录。

(5)分项工程质量验收合格应符合下列规定：

1)分项工程所含检验批均应符合合格质量的规定。

2)分项工程所含检验批的质量验收记录应完整。

(6)分部工程质量验收合格应符合下列规定：

1)分部工程所含分项工程的质量均应验收合格。

2)质量控制资料应完整。

3)涉及结构安全和使用功能的质量应按规定验收合格。

4)外观质量验收应符合要求。

(7)单位工程质量验收合格应符合下列规定：

1)单位工程所含分部工程的质量均应验收合格。

2)质量控制资料应完整。

3)单位工程所含分部工程验收资料应完整。

4)影响道路安全使用和周围环境的参数指标应符合规定。

5)外观质量验收应符合要求。

(8)工程质量验收组织应符合下列规定：

1)隐蔽工程应由专业监理工程师负责验收。检验批及分项工程应由专业监理工程师组织施工单位项目专业质量(技术)负责人等进行验收。关键分项工程及重要部位应由建设单位项目负责人组织总监理工程师、施工单位项目负责人和技术质量负责人、设计单位专业设计人员等进行验收。

2)分部工程应由总监理工程师组织施工单位项目负责人和技术质量负责人等进行验收。

3)单位工程验收应符合下列要求：

①施工单位应在自检合格基础上将竣工资料与自检结果，报监理工程师申请验收。

②监理工程师应约请相关人员审核竣工资料进行预检，并据结果写出评估报告，报建设单位。

③建设单位项目负责人应根据监理工程师的评估报告组织建设单位项目技

术质量负责人、有关专业设计人员、总监理工程师和专业监理工程师、施工单位项目负责人参加工程验收。该工程的设施运行管理单位应派员参加工程验收。

4)工程竣工验收,应由建设单位组织验收组进行。验收组应由建设、勘察、设计、施工、监理、设施管理等单位的有关负责人组成,亦可邀请有关方面专家参加。验收组组长由建设单位担任。

(9)工程竣工验收应在构成道路的各分项工程、分部工程、单位工程质量验收均合格后进行。当设计规定进行道路弯沉试验、荷载试验时,验收必须在试验完成后进行。道路工程竣工资料应于竣工验收前完成。

(10)工程竣工验收应符合下列规定:

1)质量控制资料应符合《城镇道路工程施工与质量验收规范》CJJ 1—2008相关的规定。

检查数量:查全部工程。

检查方法:查质量验收、隐蔽验收、试验检验资料。

2)安全和主要使用功能应符合设计要求。

检查数量:查全部工程。

检查方法:查相关检测记录,并抽检。

3)观感质量检验应符合《城镇道路工程施工与质量验收规范》CJJ 1—2008要求。

检查数量:全部。

检查方法:目测并抽检。

(11)竣工验收时,可对各单位工程的实体质量进行检查。

(12)当参加验收各方对工程质量验收意见不一致时,应由政府行业行政主管部门或工程质量监督机构协调解决。

(13)工程竣工验收合格后,建设单位应按规定将工程竣工验收报告和有关文件,报政府行政主管部门备案。

第五章　城市桥梁工程

第一节　质量控制

城市桥梁工程施工准备工程参见"第四章 城镇道路工程"的相关内容。

一、基础

1. 扩大基础

(1)基础位于旱地上,且无地下水时,基坑顶面应设置防止地面水流入基坑的设施。基坑顶有动荷载时,坑顶边与动荷载间应留有不小于1m宽的护道。遇不良的工程地质与水文地质时,应对相应部位采取加固措施。

(2)当基础位于河、湖、浅滩中采用围堰进行施工时,施工前应对围堰进行施工设计。

(3)当基坑受场地限制不能按规定放坡或土质松软、含水量较大基坑坡度不易保持时,应对坑壁采取支护措施。

(4)开挖基坑应符合下列规定:基坑宜安排在枯水或少雨季节开挖;坑壁必须稳定;基底应避免超挖,严禁受水浸泡和受冻;当基坑及其周围有地下管线时,必须在开挖前探明现况;槽边推土时,堆土坡脚距基坑顶边线的距离不得小于1m,堆土高度不得大于1.5m;基坑挖至标高后应及时进行基础施工,不得长期暴露。

(5)基坑内地基承载力必须满足设计要求。基坑开挖完成后,应会同设计、勘探单位实地验槽。确认地基承载力满足设计要求。

(6)当地基承载力不满足设计要求或出现超挖、被水浸泡现象时,应按设计要求处理,并在施工前结合现场情况,编制专项地基处理方案。

(7)回填土方应符合下列规定:填土应分层填筑并夯实;基坑在道路范围时,其回填技术要求应符合国家现行标准《城镇道路工程施工与质量验收规范》CJJ 1的有关规定;当回填涉及管线时,管线四周的填土压实度应符合相关管线的技术规定。

2. 沉入桩

(1)桩基施工场地应平整、坚实,无障碍物。

（2）沉桩前应对预制桩进行检查，确认合格。

（3）沉桩施工应根据现场环境状况采取防噪声措施。在城区、居民区等人员密集的场所不得进行沉桩施工。

（4）对地质复杂的大桥、特大桥，为检验桩的承载能力和确定沉桩工艺应进行试桩。

（5）当对桩基的质量发生疑问时，可采用无损探伤进行检验。

（6）在黏土质地区沉入群桩，在每根桩下沉完毕后，应测量其桩顶标高，待全部沉桩完毕后再测量各桩顶标高，若有隆起现象应采取措施。

（7）在软塑黏土质地区或松散的砂土质地区下沉群桩时，应对影响范围内的建（构）筑物采取相应的保护措施。

（8）桩的连接接头强度不得低于桩截面的总强度。钢桩接桩处纵向弯曲矢高不得大于桩长的 0.2%。

（9）桩的复打应符合下别规定：

1）在"假极限"土中的桩，射水下沉的桩，有上浮的桩均应复打；

2）复打前"休息"天数应符合下列要求：

①桩穿过砂类土，桩尖位于大块碎石类土、紧密的砂类土或坚硬的黏性土，不得少于 1 昼夜；

②在粗中砂和不饱和的粉细砂里不得少于 3 昼夜；

③在黏性土和饱和的粉细砂里不得少于 6 昼夜。

3）复打应达到最终贯入度小于或等于停打贯入度。

3. 灌注桩

（1）钻孔施工应符合下列规定：

1）钻孔时，孔内水位宜高出护筒底脚 0.5m 以上或地下水位以上 1.5～2m。

2）钻孔时，起落钻头速度应均匀，不得过猛或骤然变速。孔内出士，不得堆积在钻孔周围。

3）钻孔应一次成孔，不得中途停顿。钻孔达到设计深度后，应对孔位、孔径、孔深和孔形等进行检查。

4）冲击钻孔发生卡钻时，不宜强提。应采取措施，使钻头松动后再提起。

（2）清孔应符合下列规定：

1）钻孔至设计标高后，应对孔径、孔深进行检查，确认合格后即进行清孔。

2）清孔时，必须保持孔内水头，防止坍孔。

3）清孔后应对泥浆试样进行性能指标试验。

4）清孔后的沉渣厚度应符合设计要求。设计未规定时，摩擦桩的沉渣厚度不应大于 300mm；端承桩的沉渣厚度不应大于 100mm。

（3）吊装钢筋笼应符合下列规定：

1）钢筋笼宜整体吊装入孔。需分段入孔时，上下两段应保持顺直。

2）应在骨架外侧设置控制保护层厚度的垫块，其间距竖向宜为 2m，径向圆周不得少于 4 处，钢筋笼入孔后，应牢固定位。

3）在骨架上应设置吊环。为防止骨架起吊变形，可采取临时加固措施，入孔时拆除。

4）钢筋笼吊放入孔应对中、慢放，防止碰撞孔壁。下放时应随时观察孔内水位变化，发现异常应立即停放，检查原因。

（4）灌注水下混凝土应符合下列规定：

1）灌注水下混凝土之前，应再次检查孔内泥浆性能指标和孔底沉积厚度。如超过规定，应进行第二次清孔，符合要求后方可灌注水下混凝土。

2）浇筑水下混凝土的导管应符合下列规定：

①导管内壁应光滑圆顺，直径宜为 20～30cm，节长宜为 2m。

②导管不得漏水，使用前应试拼、试压，试压的压力宜为孔底静水压力的1.5 倍。

③导管轴线偏差不宜超过孔深的 0.5%，且不宜大于 10cm。

④导管采用法兰盘接头宜加锥形活套；采用螺旋丝扣型接头时必须有防止松脱装置。

3）水下混凝土施工应符合下列要求：

①在灌注水下混凝土前，宜向孔底射水（或射风）翻动沉淀物 3～5min。

②混凝土应连续灌注，中途停顿时间不应大于 30min。

③在灌注过程中，导管的埋置深度宜控制在 2～6m。

④灌注混凝土应采取防止钢筋骨架上浮的措施。

⑤灌注的桩顶标高应比设计高出 0.5～1m，

⑥使用全护筒灌注水下混凝土时，护筒底端应埋入混凝土内不小于 1.5m，随导管提升逐步上拔护筒。

4. 沉井

（1）沉井下沉前，应对其附近的堤防、建（构）筑物采取有效的防护措施，并应在下沉过程中加强观测。

（2）在河、湖中的沉井施工前，应调查洪汛、凌汛、河床冲刷、通航及漂流物等情况，制定防汛及相应的安全措施。

（3）沉井下沉应符合下列规定：

1）在渗水量小，土质稳定的地层中宜采用排水下沉。有涌水翻砂的地层，不宜采用排水下沉。

2)沉井应连续下沉，尽量减少中途停顿时间。

3)下沉时，应自中间向刃脚处均匀对称除土。支承位置处的土，应在最后同时挖除，应控制各井室间的土面高差，并防止内隔墙底部受到土层的顶托。

4)在不稳定的土层或沙土中下沉时，应保持井内外水位一定的高差，防止翻沙。

(4)沉井接高应符合下列规定：

1)沉井接高前应调平。接高时应停止除土作业。

2)接高时，井顶露出水面不得小于150cm，露出地面不得小于50cm。

3)接高时应均匀加载，可在刃脚下回填或支垫，防止沉井在接高加载时突然下沉或倾斜。

4)接高时应清理混凝土界面，并用水湿润。

5)接高后的各节沉井中轴线应一致。

(5)沉井下沉至设计高程后应清理、平整基底，经检验符合设计要求后，应及时封底。

(6)水下封底施工应符合本条第3款的有关规定，并应符合下列规定：

1)采用数根同时浇筑时，导管数量和位置宜符合表5-1的规定。

表5-1　导管作用范围

导管内径(mm)	导管作用半径(m)	导管下口埋入深度(m)
250	1.1左右	
300	1.3~.2	2.0以上
300~500	2.2~4.0	

2)导管底端埋入封底混凝土的深度不宜小于0.8m。

3)混凝土顶面的流动坡度宜控制在1:5以下。

4)在封底混凝土上抽水时，混凝土强度不得小于10MPa，硬化时间不得小于3d。

5. 地下连续墙

(1)在堤防、建(构)筑物附近施工前，必须了解堤防、建(构)筑物结构及其基础情况，如影响其安全时，应采取有效防护措施，并在施工中加强观测。

(2)用泥浆护壁挖槽的地下连续墙应先构筑导墙。

(3)混凝土导墙施工应符合下列规定：

1)导墙分段现浇时，段落划分应与地下连续墙划分的节段错开。

2)安装预制导墙段时，必须保证连接处质量，防止渗漏。

3)混凝土墙在浇筑及养护期间，重型机械、车辆不得在附近作业、行驶。

（4）地下连续墙的成槽施工,应根据地质条件和施工条件选用挖槽机械,并采用间隔式开挖,一般地质条件应间隔一个单元槽段。挖槽时,抓斗中心平面应与导墙中心平面相吻合。

（5）挖槽过程中应观察槽壁变形、垂直度、泥浆液面高度,并应控制机斗上下运行速度。如发现较严重坍塌时,应及时将机械设备提出,分析原因,妥善处理。

（6）槽段挖至设计高程后,应及时检查槽位、槽深、槽宽和垂直度,合格后方可进行清底。

（7）吊装钢筋骨架应符合本条第 3 款的有关规定

（8）水下混凝土施工应符合本条第 3 款的有关规定。

6. 承台

（1）承台施工前应检查基桩位置,确认符合设计要求。

（2）在基坑无水情况下浇筑钢筋混凝土承台,如设计无要求,基底应浇筑 10cm 厚混凝土垫层。

（3）在基坑有渗水情况下浇筑钢筋混凝土承台,应有排水措施,基坑不得积水。如设计无要求,基底可铺 10cm 厚碎石,并浇筑 5～10cm 厚混凝土垫层。

（4）承台混凝土宜连续浇筑成型。分层浇筑时,接缝应按施工缝处理。

（5）水中高桩承台采用套箱法施工时,套箱应架设在可靠的支承上,并具有足够的强度、刚度和稳定性。套箱顶面高程应高于施工期间的最高水位。套箱应拼装严密,不漏水。套箱底板与基桩之间缝隙应堵严。套箱下沉就位后,应及时浇筑水下混凝土封底。

二、墩台

1. 现浇混凝土墩台、盖梁

（1）重力式混凝土墩台施工应符合下列规定:

1）墩台混凝土浇筑前应对基础混凝土顶面做凿毛处理,清除钢筋污锈。

2）墩台混凝土宜水平分层浇筑,每次浇筑高度宜为 1.5～2m。

3）墩台混凝土分块浇筑时,接缝应与墩台截面尺寸较小的一边平行,邻层分块接缝应错开,接缝宜做成企口形。分块数量,墩台水平截面积在 200m² 内不得超过 2 块;在 300m² 以内不得超过 3 块。每块面积不得小于 50m²。

（2）柱式墩台施工应符合下列规定:

1）模板、支架除应满足强度、刚度外,稳定计算中应考虑风力影响。

2）墩台柱与承台基础接触面应凿毛处理,清除钢筋污锈。浇筑墩台柱混凝土时,应铺同配合比的水泥砂浆一层。墩台柱的混凝土宜一次连续浇筑完成。

3）柱高度内有系梁连接时,系梁应与柱同步浇筑。V形墩柱混凝土应对称浇筑。

(3)钢管混凝土墩台柱应采用补偿收缩混凝土,一次连续浇筑完成。

(4)盖梁为悬臂梁时,混凝土浇筑应从悬臂端开始;预应力钢筋混凝土盖梁拆除底模时间应符合设计要求;如设计无规定,预应力孔道压浆强度应达到设计强度后,方可拆除底模板。

(5)在交通繁华路段施工盖梁宜采用整体组装模板、快装组合支架。

2. 预制钢筋混凝土柱和盖梁安装

(1)基础杯口的混凝土强度必须达到设计要求,方可进行预制柱安装。

(2)预制柱安装应符合下列规定:

1)杯口在安装前应校核长、宽、高,确认合格。

2)预制柱安装就位后应采用硬木楔或钢楔固定,并加斜撑保持柱体稳定。

3)安装后应及时浇筑杯口混凝土,待混凝土硬化后拆除硬楔,浇筑二次混凝土。

(3)预制钢筋混凝土盖梁安装应符合下列规定:

1)预制盖梁安装时,应对接头混凝土面凿毛处理,预埋件应除锈。

2)在墩台柱上安装预制盖梁时,应对墩台柱进行固定和支撑,确保稳定。

3)盖梁就位时,应检查轴线和各部尺寸,确认合格后方可固定,并浇筑接头混凝土。接头混凝土达到设计强度后,方可卸除临时固定设施。

3. 重力式砌体墩台

(1)墩台砌筑前,应清理基础,保持洁净,并测量放线,设置线杆。

(2)墩台砌体应采用坐浆法分层砌筑,竖缝均应错开,不得贯通。

(3)砌筑墩台镶面石应从曲线部分或角部开始,

(4)桥墩分水体镶面石的抗压强度不得低于设计要求。

(5)砌筑的石料和混凝土预制块应清洗干净,保持湿润。

4. 台背填土

(1)台背填土不得使用含杂质、腐殖物或冻土块的土类。宜采用透水性土。

(2)台背、锥坡应同时回填,并应按设计宽度一次填齐。

(3)轻型桥台台背填土应待盖板和支撑梁安装完成后,两台对称均匀进行;涵洞应两端对称均匀回填;柱式桥台台背填土宜在柱侧对称均匀地进行。

(4)拱桥台背填土应在主拱施工前完成;拱桥台背填土长度应符合设计要求。

(5)回填土均应分层夯实,填土压实度应符合国家现行标准《城镇道路工程施工与质量验收规范》CJJ 1 的有关规定。

三、支座

1. 一般规定

(1)当实际支座安装温度与设计要求不同时,应通过计算设置支座顺桥方向的预偏量。

(2)制作安装平面位置和顶面高程必须正确,不得偏斜、脱空、不均匀受力。

(3)支座滑动面上的聚四氟乙烯滑板和不锈钢板位置应正确,不得有划痕、碰伤。

(4)墩台帽、盖梁上的支座垫石和挡块宜二次浇筑,确保其高程和位置的准确。垫石混凝土的强度必须符合设计要求。

2. 板式橡胶支座

(1)支座安装前应将垫石顶面清理干净,采用干硬性水泥砂浆抹平,顶面标高应符合设计要求。

(2)梁板安放时应位置准确,且与支座密贴。如就位不准或与支座不密贴时,必须重新起吊,采取垫钢板等措施,并应使支座位置控制在允许偏差内。不得用撬棍移动架、板。

3. 盆式橡胶支座

(1)当支座上、下座板与架底和墩台顶采用螺栓连接时,螺栓预留孔尺寸应符合进计要求,安装前应清理干净,采用环氧砂浆灌注;当采用电焊连接时,预埋钢垫板应锚固可靠、位置准确。墩顶预埋钢板下的混凝土宜分二次浇筑,且一端灌入,另端排气,预埋钢板不得出现空鼓。焊接时应采取防止烧坏混凝土的措施。

(2)现浇梁底部预埋钢板或滑板应根据浇筑时气温、预应力筋张拉、混凝土收缩和徐变对梁长的影响设置相对于设计支承中心的预偏值。

(3)活动制作安装前应采用丙酮或酒精解体清洗其相对滑移面,擦净后在聚四氯乙烯板顶面满注硅脂,重新组装时应保持精度。

(4)制作安装后,支座与墩台顶钢垫板间应密贴。

4. 球形支座

(1)支座安装前应开箱检查配件清单、检验报告、支座产品合格证及支座安装养护细则。施工单位开箱后不得拆卸、转动连接螺栓。

(2)当下支座板与墩台采用螺栓连接时,应先用钢楔块将下支座板四角调平,高程、位置应符合设计要求,用环氧砂浆灌注地脚螺栓孔及支座底面垫层。环氧砂浆硬化后,方可拆除四角钢楔,并用环氧砂浆填满楔块位置。

（3）当下支座坂与墩台采用焊接连接时，应采用对称、间断焊接方法将下支座板与墩台上预埋钢板焊接。焊接时应采取防止烧伤支座和混凝土的措施。

（4）当梁体安装完毕，或现浇混凝土梁体达到设计强度后，在梁体预应力张拉之前，应拆除上、下支座板连接板。

四、混凝土梁（板）

1. 支架上浇筑

（1）在固定支架上浇筑施工应符合下列规定：

1）各种支架和模板安装后，宜采取预压方法消除拼装间隙和地基沉降等非弹性变形。

2）安装支架时，应根据梁体和支架的弹性、非弹性变形，设置预拱度。

3）支架底部应有良好的排水措施，不得被水浸泡。

4）浇筑混凝土时应采取防止支架不均匀下沉的措施。

（2）在移动模架上浇筑时，模架长度必须满足分段施工要求，分段浇筑的工作缝，应设在零弯矩点或其附近。

2. 悬臂浇筑

（1）挂篮组装后，应全面检查安装质量，并应按设计荷载做载重试验，以消除非弹性变形。

（2）顶板底层横向钢筋宜采用通长筋，如挂篮下限位器、下锚带、斜拉杆等部位影响下一步操作需切断钢筋时，应待该工序完工后，将切断的钢筋连好再补孔。

（3）墩顶梁段和附近梁段可采用托架或膺架为支架就地浇筑混凝土。托架、膺架应经过设计，计算其弹性及非弹性变形。

（4）桥墩两侧梁段悬臂施工应对称、平衡。平衡偏差不得大于设计要求。

（5）悬臂浇筑混凝土时，宜从悬臂前端开始，最后与前段混凝土连接。

3. 装配式梁（板）施工

（1）构件吊点的位置应符合设计要求，设计无要求时，应经计算确定。构件的吊环应竖直，吊绳与起吊构件的交角小于 60°时应设置吊梁。

（2）构件吊运时混凝土的强度不得低于设计强度的 75%，后张预应力构件孔道压浆强度应符合设计要求或不低于设计强度的 75%。

（3）简支梁的架设应符合下列规定：

1）施工现场内运输通道应畅通，吊装场地应平整、坚实，在电力架空线路附近作业时，必须采取相应的安全技术措施。风力六级（含）以上时，不得进行吊装作业。

2）起重机架梁应符合下列要求：

①在起重机工作半径和高度的范围内不得有障碍物。

②严禁起重机斜拉斜吊，严禁轮胎起重机吊重物行驶。

③使用双机抬吊同一构件时，吊车臂杆应保持一定距离，必须设专人指挥，每一单机必须按降效 25％作业。

4. 悬臂拼装施工

（1）梁段在存放场地应平稳牢固地置于垫木上。底面有坡度的梁段，应使用不同高度的垫木。垫木的位置应与吊点位置在同一竖直线上。

（2）桥墩两侧应对称拼装，保持平衡。平衡偏差应满足设计要求。

（3）悬臂拼装施工应符合下列规定：

1）悬拼吊架走行及悬拼施工时的抗倾覆系数不得小于 1.5。

2）吊装前应对吊装设备进行全面检查，并按设计荷载的 130％进行试吊。

3）悬拼施工前应绘制主梁安装挠度变化曲线，以控制各梁段安装高程。

4）悬拼施工应按锚固设计要求将墩顶梁段与桥墩临时锚固，或在桥墩两侧设立临时支撑。

5）墩顶梁段与悬拼第 1 段之间应设 10～15cm 宽的湿接缝。

（4）连续梁（T 构）的合龙及体系转换，在体系转换前，应按设计要求张拉部分梁段底部的预应力束，并在悬臂端设置向下的预留度。

5. 顶推施工

（1）临时墩应有足够的强度、刚度及稳定性。

（2）主梁前端应设置导梁，导梁宜采用钢结构。

（3）制梁台座应符合下列要求：

1）台座可设在引道上或临时墩上。直线桥必须设在正桥轴线上，弯桥或坡桥的临时墩必须在与正桥同曲率的平曲线、竖曲线或其延长线上。

2）临时墩墩顶设置的滑座、滑块应按支承梁段顶推过程的竖向和水平荷载设计。

3）临时支架可设在天然地基上或支承桩上，并应设卸架装置。

4）托架宜采用钢结构，并与底模连成一体。其强度、刚度和变形应满足梁段制作要求。

（4）顶推装置应符合下列规定：

1）千斤顶、油泵、拉杆应依据总推力值选定。千斤顶的总顶力不得小于计算推力的 2 倍。

2）拉锚器应按需要设置在箱梁底部或两侧，每一梁段宜设置一组。

3)滑道宜采用不锈钢或镀锌钢带包卷在铸钢底层上,铸钢采用螺栓固定在支座垫石上。

(5)梁段顶推应符合下列规定:

1)检查顶推千斤顶的安装位置,校核梁段的轴线及高程等符合要求,方可顶推。

2)顶推千斤顶用油泵必须配套同步控制系统,两侧顶推时,必须左右同步。

3)顶推前进时,应及时由后面插入补充滑块。滑块的滑面上应涂硅酮脂。

4)顶推过程中导梁接近前面桥墩时,应及时顶升牛腿引梁,将导梁引上墩顶滑块,方可正常顶进。

5)顶进过程中应随时检测桥梁轴线和高程,做好导向、纠偏等工作。

6)顶推过程中应随时检测桥墩墩顶变化,其纵横向位移均不得超过设计要求。

(6)当桥梁顶推完毕,拆除滑动装置时,顶梁或落梁应均匀对称,升降高差各墩台间不得大于 10mm,同一墩台两侧不得大于 1mm。

6. 造桥机施工

(1)造桥机选定后,应由设计部门对桥梁主体结构(含墩台)的受力状态进行验算,确认满足设计要求。

(2)造桥机在使用前,应根据造桥机的使用说明书,编制施工方案。

(3)造桥机可在台后路基或桥梁边孔上安装,也可搭设临时支架。造桥机拼装完成后,应进行全面检查,确认符合设计要求,形成文件后,方可投入使用。

(4)施工时应考虑造桥机的弹性变形对梁体线形的影响。

(5)当造桥机向前移动时,起重或移梁小车在造桥机上的位置应符合使用说明书要求。

五、钢梁

1. 制造

(1)钢梁出厂前必须进行试装,并应按设计和有关规范的要求验收。

(2)钢梁出厂前,安装企业应对钢梁质量和应交付的文件进行验收,确认合格。

(3)钢梁制造企业应向安装企业提供的文件包括:产品合格证;钢材和其他材料质量证明书和检验报告;施工图,拼装简图;工厂高强度螺栓摩擦面抗滑移系数试验报告;焊缝无损检验报告和焊缝重大修补记录;产品试板的试验报告;工厂试拼装记录;杆件发运和包装清单。

2. 现场安装

(1)钢梁现场安装前应做充分的准备工作,并应符合下列规定:

1)安装前应对临时支架、支承、吊车等临时结构和钢梁结构本身在不同受力状态下的强度、刚度和稳定性进行验算。

2)对杆件进行全面质量检查,对装运过程中产生缺陷和变形的杆件,应进行矫正。

3)安装前应对桥台、墩顶面高程、中线及各孔跨径进行复测,误差在允许偏差内方可安装。

4)安装前应根据跨径大小、河流情况、起吊能力选择安装方法。

(2)钢梁安装应符合下列规定:

1)钢梁安装前应清除杆件上的附着物,安装中应采取措施防止杆件产生变形。

2)在满布支架上安装钢梁时,冲钉和粗制螺栓总数不得少于孔眼总数的1/3,其中冲钉不得多于2/3。

3)用悬臂和半悬臂法安装钢梁时,连接处所需冲钉数量应按所承受荷载计算确定。

4)安装用的冲钉和螺栓宜使用 Q345 碳索结构钢制造。

5)吊装杆件时,必须等杆件完全固定后方可摘除吊钩。

6)安装过程中,每完成一个节间应测量其位置、高程和预拱度,不符合要求应及时校正。

(3)高强度螺栓终拧完毕必须当班检查。对螺栓拧紧度不足者应补拧,对超拧者应更换,重新施拧并检查。

(4)焊接完毕,所有焊缝必须进行外观检查。外观检查合格后,应在 24h 后按规定进行无损检验,确认合格。

(5)落梁就位应符合下列规定:

1)钢梁就位前应清理支座垫石,其标高及平面位置应符合设计要求。

2)固定支座与活动支座的精确位置应按设计图并考虑安装温度、施工误差等确定。

3)落梁前后应检查其建筑拱度和平面尺寸、校正支座位置。

4)连续梁落梁步骤应符合设计要求。

六、结合梁

1. 一般规定

(1)现浇混凝土结构宜采用缓凝、早强、补偿收缩混凝土。

(2)桥面混凝土表面应符合纵横坡度要求,表面光滑、平整,应采用原浆抹面成活,并在其上直接做防水层。不宜在桥面板上另做砂浆找平层。

(3)施工中,应随时监测主梁和施工支架的变形及稳定,确认符合设计要求;当发现异常应立即停止施工并采取措施。

2. 钢——混凝土结合梁

(1)钢主梁架设和混凝土浇筑前,应按设计或施工要求设施工支架。施工支架除应考虑钢梁拼接荷载外,应同时计入混凝土结构和施工荷载。

(2)混凝土浇筑前,应对钢主梁的安装位置、高程、纵横向连接及临时支架进行检验,各项均应达到设计或施工要求。钢梁顶面传剪器焊接经检验合格后,方可浇筑混凝土。

(3)混凝土桥面结构应全断面连续浇筑,浇筑顺序,顺桥向应自跨中开始向支点处交汇,或由一端开始浇筑;横桥向应先由中间开始向两侧扩展。

(4)设施工支架时,必须待混凝土强度达到设计要求,且预应力张拉完成后,方可卸落施工支架。

3. 混凝土结合梁

(1)预制混凝土主梁与现浇混凝土龄期差不得大于 3 个月。

(2)预制主梁吊装前,应对主梁预留剪力键进行凿毛、清洗、清除浮浆;应对预留传剪钢筋除锈、清除灰浆。

(3)预制主梁架设就位后,应设横向连系或支撑临时固定,防止施工过程中失稳。

(4)浇筑混凝土前应对主梁强度、安装位置、预留传剪钢筋进行检验,确认符合设计要求。

(5)混凝土桥面结构应全断面连续浇筑,浇筑顺序,顺桥向可自一端开始浇筑;横桥向应由中间开始向两侧扩展。

七、拱部与拱上结构

1. 一般规定

(1)装配式拱桥构件在吊装时,混凝土的强度不得低于设计要求;设计无要求时,不得低于设计强度的 75%。

(2)拱圈(拱肋)放样时应按设计规定预加拱度。

(3)拱圈(拱肋)封拱合龙温度应符合设计要求,当设计无要求时,宜在当地年平均温度或 5~10℃时进行。

2. 石料及混凝土预制块砌筑拱圈

(1)拱石和混凝土预制块强度等级以及砌体所用水泥砂浆的强度等级,应符合设计要求。

(2)拱石加工,应按砌缝和预留空缝的位置和宽度,统一规划。

(3)混凝土预制块形状、尺寸应符合设计要求。预制块提前预制时间,应以控制其收缩量在拱圈封顶以前完成为原则,并应根据养护方法确定。

(4)砌筑程序应符合下列规定:

1)跨径小于 10m 的拱圈,当采用满布式拱架砌筑时,可从两端拱脚起顺序向拱顶方向对称、均衡地砌筑,最后在拱顶合龙。当采用拱式拱架砌筑时,宜分段、对称先砌拱脚和拱顶段。

2)跨径 10~25m 的拱圈,必须分多段砌筑,先对称地砌拱脚和拱顶段,再砌1/4 跨径段,最后砌封顶段。

3)跨径大于 25m 的拱圈,砌筑程序应符合设计要求。宜采用分段砌筑或分环分段相结合的方法砌筑。必要时可采用预压载,边砌边卸载的方法砌筑。

(5)砌筑拱圈时,应在拱脚和各分段点设置空缝,空缝可由拱脚逐次向拱顶对称填塞,也可同时填塞。

(6)拱圈封拱合龙时施工强度应符合设计要求,当设计无要求时,填缝的砂浆强度应达到设计强度的 50% 及以上;当封拱合龙前用千斤顶施压调整应力时,拱圈砂浆必须达到设计强度。

3. 拱架上浇筑混凝土拱圈

(1)跨径小于 16m 的拱圈或拱肋混凝土,应按拱圈全宽从拱脚向拱顶对称、连续浇筑,并在混凝土初凝前完成。

(2)跨径大于或等于 16m 的拱圈或拱肋,宜分段浇筑。

(3)分段浇筑程序应对称于拱顶进行。且应符合设计要求。

(4)各浇筑段的混凝土应一次连续浇筑完成,因故中断时,应将施工缝凿成垂直于拱轴线的平面或台阶式接合面。

(5)间隔槽混凝土,应待拱圈分段浇筑完成,其强度达到 75% 设计强度,且结合面按施工缝处理后,由拱脚向拱顶对称浇筑。拱顶及两拱脚间隔槽混凝土应在最后封拱时浇筑。

(6)拱圈(拱肋)封拱合龙时混凝土强度应符合设计要求。

4. 劲性骨架浇筑混凝土拱圈

(1)劲性骨架混凝土拱圈(拱肋)浇筑前应进行加载程序设计。计算出各施工阶段钢骨架以及钢骨架与混凝土组合结构的变形、应力,并在施工过程中进行监控。

(2)分环多工作面浇筑劲性骨架混凝土拱圈(拱肋)时,各工作面的浇筑顺序和速度应对称、均衡,对应工作面应保持一致。

(3)分环浇筑劲性骨架混凝土拱圈(拱肋)时,两个对称的工作段必须同步浇筑,且两段浇筑顺序应对称。

(4)当采用水箱压载分环浇筑劲性骨架混凝土(拱肋)时,应严格控制拱圈(拱肋)的竖向和横向变形,防止骨架局部失稳。

(5)当采用斜拉扣索法连续浇筑劲性骨架混凝土拱圈(拱肋)时,应设计扣索的张拉与放松程序,施工中应监控拱圈截面应力和变形,混凝土应从拱脚向拱顶对称连续浇筑。

5. 装配式混凝土拱

(1)大、中跨径装配式箱形拱施工前,必须核对验算各构件吊运、堆放、安装、拱肋合龙和施工加载等各阶段强度和稳定性。

(2)少支架安装拱圈(拱肋)时,应符合下列规定:

1)拱肋安装就位后应立即检测轴线位置和高程,符合设计要求后方可固定、松索。并及时安设支撑和横向连系,防止倾倒。

2)现浇拱肋接头和合龙缝宜采用补偿收缩混凝土。横系梁混凝土宜与接头混凝土一并浇筑。

(3)无支架安装拱圈(拱肋)时,应符合下列规定:

1)拱圈(拱肋)安装应结合桥梁规模、现场条件等选择适宜的吊装机具,并制定吊装方案。

2)拱肋吊装时,除拱顶段以外,各段应设一组扣索悬挂。

3)扣架应固定在墩台顶上,并应进行强度和稳定性验算。架顶应设置风缆。

4)各扣索位置必须与所吊挂的拱肋在同一竖直面内。

6. 钢管混凝土拱

(1)钢管拱肋安装应符合下列规定:

1)钢管拱肋成拱过程中,应同时安装横向连系,未安装连系的不得多于一个节段。

2)节段间环焊缝的施焊应对称进行,并应采用定位板控制焊缝间隙,不得采用堆焊。

3)合龙口的焊接或栓接作业应选择在环境温度相对稳定的时段内快速完成。

4)采用斜拉扣索悬拼法施工时,扣索采用钢绞线或高强钢丝束时,安全系数应大于2。

(2)钢管混凝土浇筑施工应符合下列规定:

1)管内混凝土宜采用泵送顶升压注施工,由两拱脚至拱顶对称均衡地连续压注完成。

2)大跨径拱肋钢管混凝土应根据设计加载程序,宜分环、分段并隔仓由拱脚向拱顶对称均衡压注。压注过程中拱肋变位不得超过设计规定。

3)钢管混凝土压注前应清洗管内污物,润湿管壁,先泵入适量水泥浆再压注混凝土。

4)钢管混凝土的泵送顺序应按设计要求进行,宜先钢管后腹箱。

7. 中下承式吊杆、系杆拱

(1)钢吊杆、系杆及锚具的材料、规格和各项技术性能必须符合设计要求。

(2)锚垫板平面必须与孔道轴线垂直。

(3)钢吊杆、系杆防护必须符合设计和国家现行标准的规定。

8. 转体施工

(1)转体施工应充分利用地形,合理布置桥体预制场地,使支架稳固,易于施工。

(2)施工中应控制结构的预制尺寸、质量和转盘体系的施工精度。

(3)有平衡重平转施工应符合下列规定:

1)转体平衡重可利用桥台或另设临时配重。

2)箱形拱、肋拱宜采用外锚扣体系;桁架拱、刚架拱宜采用内锚扣体系。

3)转体合龙应符合下列要求:

①应控制桥体高程和轴线,合龙接口相对偏差不得大于 10mm。

②合龙应选择当日最低温度进行。

③合龙时,宜先采用钢楔临时固定,再施焊接头钢筋,浇筑接头混凝土,封固转盘。在混凝土达到设计强度的 80% 后,再分批、分级松扣,拆除扣、铺索。

(4)竖转法施工时,应符合下列规定:

1)竖转法施工适用于混凝土肋拱、钢筋混凝土拱。

2)应根据提升能力确定转动单元,宜以横向连接为整体的双肋为一个转动单元。

3)转动速度宜控制在 0.005~0.01rad/min。

4)合龙混凝土和转动铰封填混凝土达到设计强度后,方可拆除提升体系。

9. 拱上结构施工

(1)拱桥的拱上结构,应按照设计规定程序施工。如设计无规定,可由拱脚至拱顶均衡、对称加载,使施工过程中的拱轴线与设计拱轴线尽量吻合。

(2)在砌筑拱圈上砌筑拱上结构应符合下列规定:

1)当拱上结构在拱架卸架前砌筑时,合龙砂浆达到设计强度的 30% 即可进行。

2)当先卸架后砌拱上结构时,应待合龙砂浆达到设计强度的 70% 方可进行。

3)当采用分环砌筑拱圈时,应待上环合龙砂浆达到设计强度的 70% 方可砌筑拱上结构。

4)当采用预施压力调整拱圈应力时,应待合龙砂浆达到设计强度后方可砌筑拱上结构。

(3)在支架上浇筑的混凝土拱圈,其拱上结构施工应符合下列规定:

1)拱上结构应在拱圈及间隔槽混凝土浇筑完成且混凝土强度达到设计强度以后进行施工。

2)相邻腹拱的施工进度应同步。

3)桥面系的梁与板宜同时浇筑。

4)两相邻伸缩缝间的桥面板应一次连续浇筑。

(4)装配式拱桥的拱上结构施工,应待现浇接头和合龙缝混凝土强度达到设计强度的75%以上,且卸落支架后进行。

(5)采用无支架施工的大、中跨径的拱桥,其拱上结构宜利用缆索吊装施工。

八、斜拉桥

1. 索塔

(1)索塔施工应根据其结构特点与设计要求选择适宜的施工方法与施工设备。

(2)索塔施工安全技术方案中应对高空坠物、雷击、强风、寒暑、暴雨、飞行器等制定具体的防范措施,实施中应加强检查。

(3)索塔施工应选择天顶法或测距法等测量方法,测量方案编制、仪器选择和精度评价等应经过论证,索塔垂直度、索管位置与角度应符合设计所要求的精度。

(4)倾斜式索塔施工时,必须对各个施工阶段索塔的强度与变形进行计算,并及时设置相应的对拉杆或钢管(型钢桁架)、主动撑等横向支撑结构。

(5)索塔施工中宜设置劲性钢骨架。

(6)索塔上的索管安装定位时,宜采用三维空间极坐标法,并事先在索管与索塔上设置定位控制点。

(7)索塔施工的环境温度应以施工段高空实测温度为准。

(8)当设计规定安装避雷设施时,电缆线宜敷设于预留孔道中,地下设施部分宜在基础等施工时配合完成。

2. 主梁

(1)施工前应根据梁体类型、地理环境条件、交通运输条件、结构特点等综合因素选择适宜的施工方案与施工设备。

(2)当设计采用非塔、梁固结形式时,必须采取塔、梁临时固结措施,且解除临时固结的程序必须经设计确认。

（3）主梁施工时应缩短双悬臂持续时间，尽快使一侧固定，必要时应采取临时抗风措施。

（4）混凝土主梁施工应符合下列规定：

1）支架法现浇施工应消除温差、支架变形等因素对结构变形与施工质量产生的不良影响。支架搭设完成后应进行检验，必要时可进行静载试验。

2）悬拼法施工主梁应符合下列要求：

①应根据设计索距、吊装设备的能力等因素确定预制梁段的长度。

②梁段预制宜采用长线台座、齿合密贴浇筑工艺。

③梁段拼接后应及时进行梁体预应力与挂索张拉。

3）合龙段现浇混凝土施工应符合下列要求：

①合龙段相毗邻的梁端部应预埋临时连接钢构件。

②合龙段两端的梁段安装定位后，应及时将连接钢构件焊连一体，再进行混凝土合龙施工，并按设计要求适时解除临时连接。

③合龙前应不间断地观测数日的昼夜环境温度场变化与合龙高程及合龙口长度变化的关系，同时应考虑风力对合龙精度的影响，综合诸因素确定适宜的合龙时间。

④合龙段现浇混凝土宜选择补偿收缩且早强混凝土。

⑤合龙前应按设计要求将合龙段两端的梁体分别向桥墩方向顶出一定距离。

（5）钢主梁（构件）施工应符合下列规定：

1）主梁为钢箱梁时现场宜采用栓焊结合、全栓接方式连接，采用全焊接方式连接时，应采取防止温度变形措施。

2）合龙前应不间断地观测数日的昼夜环境温度场变化、梁体温度场变化与合龙高程及合龙口长度变化的关系，确定合龙段的精确长度与适宜的合龙时间及实施程序。

3）实地丈量计算合龙段长度时，应预估斜拉索的水平分力对钢梁压缩量的影响。

3. 拉索和锚具

（1）拉索的架设应符合下列规定：

1）拉索架设前应根据索塔高度、拉索类型、拉索长度、拉索自重、安装拉索时的牵引力以及施工现场状况等综合因素选择适宜的拉索安装方法和设备。

2）施工中不得损伤拉索保护层和锚头，不得对拉索施加集中力或过度弯曲。

3）安装由外包 PE 护套单根钢绞线组成的半成品拉索时，应控制每一根钢绞线安装后的拉力差在±5％内，并应设置临时减振器。

4）施工中，必须对索管与锚端部位采取临时防水、防腐和防污染措施。

（2）拉索的张拉应符合下列规定：

1）张拉设备应按预应力施工的有关规定进行标定。

2）拉索张拉的顺序、批次和量值应符合设计要求。

3）拉索应按设计要求同步张拉。

（3）拉索张拉完成后应检查每根拉索的防护情况，发现破损应及时修补。

4. 施工控制与索力调整

（1）施工过程中，必须对主梁各个施工阶段的拉索索力、主梁标高、塔梁内力以及索塔位移等进行监测，并应及时将有关数据反馈给设计单位，分析确定下一施工阶段的拉索张拉量值和主梁线形、高程及索塔位移控制量值等，直至合龙。

（2）施工控制，在主梁悬臂施工阶段应以标高控制为主；在主梁施工完成后，应以索力控制为主。

（3）施工控制应包括：主梁线形、索塔的水平位移；高程、轴线偏差；拉索索力、支座反力以及梁、塔应力。

（4）在施工控制中应根据梁段自重、主梁材料的弹性模量及徐变系数、托索弹性模量的理论值与实际值之间的差异，对索力进行调整。

（5）拉索的拉力误差超过设计规定时，应进行调整，调整时可从超过设计索力最大或最小的拉索开始（放或拉）调整至设计索力。

（6）为避免日照与温差影响测量精度，宜选择在日出之前或日落之后进行测量工作，并在记录中注明当时当地的温度与天气状况。

九、悬索桥

1. 一般规定

（1）施工前应根据悬索桥的构造和施工特点，有计划地做好构件的加工、特殊机械设备的设计制作和必要的试验等施工准备工作。

（2）施工过程中，应及时对成桥结构线形及内力进行监控，确保符合设计要求。

2. 锚碇

（1）重力式锚碇混凝土应按大体积混凝土的要求进行施工。

（2）重力式锚碇锚固体系施工时，锚头应安装防护套，并注入保护性油脂。

（3）隧道式锚碇在隧道开挖时应采用小药量爆破。岩洞开挖到设计截面后，应及时支护并进行锚体混凝土灌筑。

3. 索塔

（1）塔顶钢框架的安装必须在索塔上横系梁施工完毕，且达到设计强度后方能进行。

（2）索塔完工后，必须测定裸塔倾斜度、跨距和塔顶标高，作为主缆线形计算调整的依据。

4. 施工猫道

（1）猫道形状及各部分尺寸应满足主缆工程施工的需要。

（2）猫道承重索宜采用钢丝绳或钢绞线。承重索的安全系数不得小于3.0。

（3）边跨和中跨的承重索应对称、连续架设。架设后应进行线形调整。

（4）猫道面层应从塔顶向跨中、锚碇方向铺设，并且上、下游两幅猫道应对称、平衡地铺设。

（5）中跨、边跨的猫道架设进度，应以塔的两侧水平力差异不超过设计要求为准。在架设过程中必须监测塔的偏移量和承重索的垂度。

（6）加劲梁架设前，应将猫道改吊于主缆上，然后解除猫道承重索与塔和锚碇的连接。

（7）主缆防护工程完成后，方可拆除猫道。

5. 主缆架设与防护

（1）索股牵引应符合下列规定：

1）牵引过程中应对索股施加反拉力。

2）牵引最初几根时，应低速牵引，检查牵引系统运转情况，对关键部位进行调整后方能转入正常架设工作。

3）牵引过程中发现绑扎带连续两处切断时，应停机进行修补。

4）牵引到对岸，在卸下锚头前必须把索股临时固定。

（2）在索鞍区段内的索股从六边形断面理成矩形，其钢丝在矩形断面内的排列应符合既能顺利入鞍槽又使空隙率最小的原则。

（3）索股锚头入锚后应进行临时锚固。索股应设一定的抬高量，并做好编号标志。

（4）索股线形调整应符合下列规定：

1）垂度调整应在夜间温度稳定时进行。

2）绝对垂度调整，应测定基准索股下缘的标高及跨长、塔顶标高及变位、主索鞍预偏量、散索鞍预偏量。

3）相对垂度调整，应按与基准索股若即若离的原则进行。

4）调整合格的索股不得在鞍槽内滑移。

（5）索力的调整应以设计提供的数据为依据，其调整量应根据调整装置中测力计的读数和锚头移动量双控确定。

（6）紧缆工作应分两步进行，并应符合下列规定：

1）预紧缆应在温度稳定的夜间进行。预紧缆时宜把主缆全长分为若干区段分别进行。

2)正式紧缆宜采用专用的紧缆机把主缆整成圆形。正式紧缆的方向宜向塔柱方向进行。

6. 索鞍、索夹与吊索

(1)索鞍安装应选择在白天连续完成。

(2)索夹安装应符合下列规定:

1)索夹安装前,必须测定主缆的空缆线形,经设计单位确认索夹位置后,方可对索夹进行放样、定位、编号。

2)索夹在运输和安装过程中应采取保护措施,防止碰伤及损坏。

3)当索夹在主缆上精确定位后,应立即紧固索夹螺栓。

4)紧固同一索夹螺栓时,各螺栓受力应均匀,并应按三个荷载阶段(即索夹安装时、钢箱梁吊装后、桥面铺装后)对索夹螺栓进行紧固。

(3)吊索运输、安装过程中不得受损坏。吊索安装应与加劲梁安装配合进行,并对号入座,安装时必须采取防止扭转措施。

7. 加劲梁

(1)加劲梁安装应符合下列要求:

1)加劲梁安装宜从中跨跨中对称地向索塔方向进行。

2)吊装过程中应观察索塔变位情况,宜根据设计要求和实测塔顶位移量分阶段调整索鞍偏移量。

3)安装时,应避免相邻梁段发生碰撞。

4)安装合龙段前,必须根据实际的合龙长度,对合龙段长度进行修正。

(2)现场焊接应符合下列要求:

1)安装时应有足够数量和强度的固定点。当焊缝形成并具有足够的刚度和强度时,方能解除安装固定点。

2)焊接接头应进行100%的超声波探伤,并应抽取30%进行射线检查。

3)加劲肋的纵向对接接缝可只做超声波探伤。

十、顶进箱涵

1. 一般规定

(1)箱涵顶进宜避开雨期施工,如需跨雨期施工,必须编制专项防洪排水方案。

(2)顶进箱涵施工前,应调查下列内容:

1)调查现况铁道、道路路基填筑、路基中地下管线等情况及所属单位对施工的要求。

2)穿越铁路、道路运行及设施状况。

3)施工现场现况道路的交通状况,施工期间交通疏导方案的可行性。

(3)施工现场采取降水措施时,不得造成影响区建(构)筑物沉降、变形。降水过程中应进行监测,发现问题应及时采取措施。

2. 工作坑和滑板

(1)工作坑应根据线路平面、现场地形,在保证通行的铁路、道路行车安全的前提下选择挖方数量少、顶进长度短的位置。

(2)工作坑边坡应视土质情况而定,两侧边坡宜为 $1:0.75\sim1:1.5$,靠铁路路基一侧的边坡宜缓于 $1:1.5$;工作坑距最外侧铁路中心线不得小于 3.2m。

(3)工作坑的平面尺寸应满足箱涵预制与顶进设备安装需要。

(4)工作坑底应密实平整,并有足够的承载力。基底允许承载力不宜小于 0.15MPa。

(5)修筑工作坑滑板,应满足预制箱涵主体结构所需强度,并应符合下列规定:

1)滑板中心线应与箱涵设计中心线一致。

2)滑板与地基接触面应有防滑措施,宜在滑板下设锚梁。

3)为减少箱涵顶进中扎头现象,宜将滑板顶面做成前高后低的仰坡,坡度宜为 3‰。

4)滑板两侧宜设方向墩。

3. 箱涵预制与顶进

(1)箱涵顶面防水层尚应施作水泥混凝土保护层。

(2)顶进箱涵的后背,必须有足够的强度、刚度和稳定性。墙后填土,宜利用原状土,或用砂砾、灰土(水泥土)夯填密实。

(3)安装顶柱(铁),应与顶力轴线一致,并与横梁垂直,应做到平、顺、直。当顶程长时,可在 4~8m 处加横梁一道。

(4)顶进应具备以下条件:

1)主体结构混凝土必须达到设计强度,防水层及防护层应符合设计要求。

2)顶进后背和顶进设备安装完成,经试运转合格。

3)线路加固方案完成,并经主管部门验收确认。

4)线路监测、抢修人员及设备等应到位。

(5)顶进应与观测密切配合,随时根据箱涵顶进轴线和高程偏差,及时调整侧刃脚切土宽度和船头坡吃土高度。

(6)箱涵的钢刃脚应切土顶进。

十一、桥面系

1. 排水设施

(1)汇水槽、泄水口顶面高程应低于桥面铺装层 10～15mm。

(2)泄水管下端至少应伸出构筑物底面 100～150mm。泄水管宜通过竖向管道直接引至地面或雨水管线,其竖向管道应采用抱箍、卡环、定位卡等预埋件固定在结构物上。

2. 桥面防水层

(1)桥面应采用柔性防水,不宜单独铺设刚性防水层。桥面防水层使用的涂料、卷材、胶粘剂及辅助材料必须符合环保要求。

(2)桥面防水层应在现浇桥面结构混凝土或垫层混凝土达到设计要求强度,经验收合格后方可施工。

(3)桥面防水层应直接铺设在混凝土表面上,不得在二者间加铺砂浆找平层。

(4)防水基层面应坚实、平整、光滑、干燥,阴、阳角处应按规定半径做成圆弧。

(5)防水卷材和防水涂膜均应具有高延伸率、高抗拉强度、良好的弹塑性、耐高温和低温与抗老化性能。

(6)桥面防水层应采用满贴法;防水层总厚度和卷材或胎体层数应符合设计要求。防水层与汇水槽、泄水口之间必须黏结牢固、封闭严密。

(7)防水层完成后应加强成品保护,防止压破、刺穿、划痕损坏防水层,并及时经验收合格后铺设桥面铺装层。

(8)防水层严禁在雨天、雪天和 5 级(含)以上大风天气施工。气温低于-5℃时不宜施工。

(9)涂膜防水层施工应符合下列规定:

1)基层处理剂干燥后,方可涂防水涂料,铺贴胎体增强材料。

2)涂膜防水层的胎体材料,应顺流水方向搭接,上下层胎体搭接缝应错开 1/3 幅宽。

3)下层干燥后,方可进行上层施工。每一涂层应厚度均匀、表面平整。

(10)卷材防水层施工应符合下列规定:

1)胶粘剂应与卷材和基层处理剂相互匹配,进场后应取样检验合格后方可使用。

2)基层处理剂干燥后,方可涂胶粘剂,卷材应与基层黏结牢固,各层卷材之间也应相互黏结牢固。卷材铺贴应不皱不折。

3)卷材应顺桥方向铺贴,应自边缘最低处开始,顺流水方向搭接。

(11)防水黏结层施工应符合下列规定:

1)防水黏结材料的品种、规格、性能应符合设计要求和国家现行标准规定。

2)黏结层宜采用高黏度的改性沥青、环氧沥青防水涂料。

3)防水黏结层施工时的环境温度和相对湿度应符合防水黏结材料产品说明书的要求。

4)施工时严格控制防水黏结层材料的加热温度和洒布温度。

3. 桥面铺装层

(1)桥面防水层经验收合格后应及时进行桥面铺装层施工。雨天和雨后桥面未干燥时,不得进行桥面铺装层施工。

(2)铺装层应逐渐降坡,与汇水槽、泄水口平顺相接。

(3)水泥混凝土桥面铺装层施工应符合下列规定:

1)铺装层的厚度、配筋、混凝土强度等应符合设计要求。结构厚度误差不得超过—20mm。

2)铺装层的基面(裸梁或防水层保护层)应粗糙、干净,并于铺装前湿润。

3)桥面钢筋网应位置准确、连续。

4)铺装层表面应作防滑处理。

(4)人行天桥塑胶混合料面层铺装应符合下列规定:

1)人行天桥塑胶混合料的品种、规格、性能应符合设计要求和国家现行标准的规定。

2)施工时的环境温度和相对湿度应符合材料产品说明书的要求,风力超过5级(含)、雨天和雨后桥面未干燥时,严禁铺装施工。

3)塑胶混合料均应计量准确,严格控制拌合时间。

4)塑胶混合料必须采用机械搅拌,应严格控制材料的加热温度和洒布温度。

5)人行天桥塑胶铺装宜在桥面全宽度内、两条伸缩缝之间,一次连续完成。

4. 桥梁伸缩装置

(1)伸缩装置安装前应检查修正梁端预留缝的间隙,缝宽应符合设计要求,上下必须贯通,不得堵塞。

(2)伸缩装置安装前应对照设计要求、产品说明,对成品进行验收,合格后方可使用。安装伸缩装置时应按安装时气温确定安装定位值,保证设计伸缩量。

(3)伸缩装置宜采用后嵌法安装,即先铺桥面层,再切割出预留槽安装伸缩装置。

(4)填充式伸缩装置施工应符合下列规定：

1)预留槽宜为 50cm 宽、5cm 深,安装前预留槽基面和侧面应进行清洗和烘干。

2)梁端伸缩缝处应粘固止水密封条。

3)填料填充前应在预留槽基面上涂刷底胶,热拌混合料应分层摊铺在槽内并捣实。

4)填料顶面应略高于桥面,并撒布一层黑色碎石,用压路机碾压成型。

(5)橡胶伸缩装置安装应符合下列规定：

1)安装橡胶伸缩装置应尽量避免预压工艺。橡胶伸缩装置在 5℃ 以下气温不宜安装。

2)安装前应对伸缩装置预留槽进行修整,使其尺寸、高程符合设计要求。

3)锚固螺栓位置应准确,焊接必须牢固。

4)伸缩装置安装合格后应及时浇筑两侧过渡段混凝土,并与桥面铺装接顺。

(6)齿形钢板伸缩装置施工应符合下列规定：

1)底层支撑角钢应与梁端锚固筋焊接。

2)齿形钢板宜采用整块钢板仿形切割成型,经加工后对号入座。

3)安装顶部齿形钢板,应按安装时气温经计算确定定位值。

4)齿形钢板伸缩装置宜在梁端伸缩缝处采用 U 形铝板或橡胶板止水带防水。

5. 地栿、缘石、挂板

(1)地栿、缘石、挂板应在桥梁上部结构混凝土浇筑支架卸落后施工,其外侧线形应平顺,伸缩缝必须全部贯通,并与主梁伸缩缝相对应。

(2)安装预制或石材地栿、缘石、挂板应与梁体连接牢固。

(3)尺寸超差和表面质量有缺陷的挂板不得使用。挂板安装时,直线段宜每20m 设一个控制点,曲线段宜每 3～5m 设一个控制点,并应采用统一模板控制接缝宽度,确保外形流畅、美观。

6. 防护设施

(1)栏杆和防撞、隔离设施应在桥梁上部结构混凝土的浇筑支架卸落后施工,其线形应流畅、平顺,伸缩缝必须全部贯通,并与主梁伸缩缝相对应。

(2)防护设施采用混凝土预制构件安装时,砂浆强度应符合设计要求,当设计无规定时,宜采用 M20 水泥砂浆。

(3)防撞墩必须与桥面混凝土预埋件、预埋筋连接牢固,并应在施作桥面防水层前完成。

(4)护栏、防护网宜在桥面、人行道铺装完成后安装。

7. 人行道

（1）人行道结构应在栏杆、地栿完成后施工，且在桥面铺装层施工前完成。

（2）人行道下铺设其他设施时，应在其他设施验收合格后，方可进行人行道铺装。

（3）悬臂式人行道构件必须在主梁横向连接或拱上建筑完成后方可安装。人行道板必须在人行道梁锚固后方可铺设。

十二、附属结构

1. 隔声和防眩装置

（1）隔声和防眩装置应在基础混凝土达到设计强度后，方可安装。施工中应加强产品保护，不得损伤隔声和防眩板面及其防护涂层。

（2）防眩板安装应与桥梁线形一致，防眩板的荧光标识面应迎向行车方向，板间距、遮光角应符合设计要求。

（3）声屏障加工与安装应符合下列规定：

1）声屏障的加工模数宜由桥梁两伸缩缝之间长度而定。

2）声屏障必须与钢筋混凝土预埋件牢固连接。

3）声屏障应连续安装，不得留有间隙，在桥梁伸缩缝部位应按设计要求处理。

4）安装时应选择桥梁伸缩缝一侧的端部为控制点，依序安装。5级（含）以上大风时不得进行声屏障安装。

2. 梯道与桥头搭板

（1）梯道平台和阶梯顶面应平整，不得反坡造成积水。

（2）现浇和预制桥头搭板，应保证桥梁伸缩缝贯通、不堵塞，且与地梁、桥台锚固牢固。

（3）现浇桥头搭板基底应平整、密实，在砂土上浇筑应铺 3～5cm 厚水泥砂浆垫层。

（4）预制桥头搭板安装时应在与地梁、桥台接触面铺 2～3cm 厚水泥砂浆，搭板应安装稳固不翘曲。预制板纵向留灌浆槽，灌浆应饱满，砂浆达到设计强度后方可铺筑路面。

3. 防冲刷结构（锥坡、护坡、护岸、海堤、导流坝）

（1）防冲刷结构的基础埋置深度及地基承载力应符合设计要求。锥、护坡、护岸、海堤结构厚度应满足设计要求。

（2）干砌护坡时，护坡土基应夯实达到设计要求的压实度。

（3）浆砌卵石护坡应选择长径扇形石料，长度宜为 25～35cm。卵石应垂直于斜坡面，长径立砌，石缝错开。基脚石应浆砌。

（4）浆砌卵石海堤，宜采用横砌方法，卵石应相互咬紧，略向下游倾斜。

4. 照明

（1）桥上灯柱必须与桥面系混凝土预埋件连接牢固，桥外灯杆基础必须坚实，其承载力应符合设计要求。

（2）灯柱、灯杆的电气装置及其接地装置必须符合设计要求，并符合相关的国家现行标准。

十三、装饰与装修

1. 一般规定

（1）饰面与涂装材料的性能与环保要求应符合国家现行标准的规定，其品种、规格、强度和镶贴、涂饰方法以及图案等均应符合设计要求。

（2）饰面与涂装应在主体或基层质量检验合格后方可施工。饰面与涂装施工前，应将基体表面的灰尘、污垢、油渍等清除干净。

（3）饰面与涂装施工时的环境温度和湿度应符合下列规定：

1）抹灰、镶贴板块饰面不宜低于 5℃；

2）涂装不宜低于 8℃；

3）胶粘剂饰面不宜低于 10℃；

4）施工环境相对湿度不宜大于 80%。

2. 饰面

（1）镶贴、安装饰面宜选用水泥基黏结材料。

（2）镶贴、安装饰面的基体应有足够的强度、刚度和稳定性，其表面应平整、粗糙。光滑的基面在镶贴前应进行处理。

（3）水泥砂浆抹面应符合下列规定：

1）配合比、稠度以及外加剂的加入量均应通过试验确定。

2）抹面前，应先洒水湿润基体表面或涂刷水泥浆，并用与抹面层相同砂浆设置控制标志。

3）抹面应分层涂抹、分层赶平、修整、表面压光，涂抹水泥砂浆每遍的厚度宜为 5～7mm。

4）抹面层完成后应在湿润的条件下养护。

（4）饰面砖镶贴应符合下列规定：

1）基层表面应凿毛、刷界面剂、抹 1：3 水泥砂浆底层。

2）镶贴前，应选砖预排、挂控制线；面砖应浸泡 2h 以上，表面晾干后待用。

3）面砖应自下而上、逐层依序镶贴，贴砖砂浆应饱满，镶贴面砖表面应平整，接缝横平竖直，宽度、深度一致。

（5）饰面板安装应符合下列规定：

1）墙面和柱面安装饰面板，应先找平，分块弹线，并按弹线尺寸及花纹图案预拼。

2）系固饰面板用的钢筋网，应与锚固件连接牢固，锚固件宜在结构施工时预埋。

3）饰面板安装前，应按品种、规格和颜色进行分类选配，并将其侧面和背面清扫干净，净边打孔，并用防锈金属丝穿入孔内留作系固之用。

4）饰面板安装就位后，应采取临时固定措施。接缝宽度可用木楔调整。

5）灌注砂浆前，应将接合面洒水湿润，接缝处应采取防漏浆措施。

3. 涂装

（1）涂装前应将基面的麻面、缝隙用腻子刮平。腻子干燥后应坚实牢固，不得起粉、起皮和裂纹。施涂前应将腻子打磨平整光滑，并清理干净。

（2）涂料的工作黏度或稠度，应以在施涂时不流坠、无刷纹为准，施涂过程中不得任意稀释涂料。

（3）涂料在施涂前和施涂过程中，均应充分搅拌，并在规定的时间用完。

（4）施涂溶剂型涂料时，后一遍涂料必须在前一遍涂料干燥后进行；施涂水性或乳液涂料时，后一遍涂料必须在前一遍涂料表干后进行。

（5）同一墙面应用同一批号的涂料，每遍涂料不宜施涂过厚，涂层应均匀、色泽一致，层间结合牢固。

第二节 质 量 验 收

一、基础

1. 基础施工的材料设备检验

基础施工涉及的模板与支架，钢筋、混凝土、预应力混凝土，砌体质量检验应符合《城市桥梁工程施工与质量验收规范》CJJ 2—2008 的相关规定。

2. 扩大基础质量检验

（1）基坑开挖允许偏差应符合表 5-2 的规定。

一般项目

表 5-2　基坑开挖允许偏差

项　目		允许偏差(mm)	检验频率		检查方法
			范围	点数	
基底高程	土方	0 −20		5	用水准仪测量四角和中心
	石方	+50 −200	每座 基坑	5	
轴线偏移		50		4	用经纬仪测量,纵横各 2 点
基抗尺寸		不小于设计规定		4	用钢尺量每边各 1 点

(2)地基检验应符合下列要求:

1)主控项目

①地基承载力应按《城市桥梁工程施工与质量验收规范》CJJ 2—2008 第 10.1.7 条的相关规定进行检验,确认符合设计要求。

检查数量:全数检查。

检验方法:检查地基承载力报告。

②地基处理应符合专项处理方案要求,处理后的地基必须满足设计要求。

检查数量:全数检查。

检验方法:观察、检查施工记录。

(3)回填土方应符合下列要求:

1)主控项目

当年筑路和管线上填土的压实度标准应符合表 5-3 的要求。

表 5-3　当年筑路和管线上填方的压实度标准

项　目	允许偏差(mm)	检验频率		检查方法
		范围	点数	
当年筑路 填土上	符合国家现行标准《城镇道路工程施工与质量验收规范》CJJ1 的有关规定。	每个基坑	每层 4 点	用环刀法或灌砂法
管线填土	符合相关管线施工标准的规定	每条管线	每层 1 点	

2)一般项目

①除当年筑路和管线上回填土方以外,填方压实度不应小于 87%(轻型击实)。检查频率与检验方法同表 5-3。

②填料应符合设计要求,不得含有影响填筑质量的杂物。基坑填筑应分层回填、分层夯实。

检查数量:全数检查。

检验方法：观察、检查回填摊实度报告和施工记录。

（4）现浇混凝土基础的质量检验应符合《城市桥梁工程施工与质量验收规范》CJJ 2—2008　第10.7.1条的相关规定，且应符合下列要求：

一般项目

①现浇混凝土基础允许偏差应符合表5-4的要求。

表5-4　现浇混凝土基础允许偏差

项　　目		允许偏差（mm）	检验频率		检查方法
			范围	点数	
断面尺寸	长、宽	±20		4	用钢尺量，长、宽各2点
顶面高程		±10		4	用水准仪测量
基础厚度		±10/0	每座基础	4	用钢尺量，长、宽各2点
轴线偏移		15		4	用经纬仪测量，纵、横各2点

②基础表面不得有孔洞、露筋。

检查数量：全数检查。

检查方法：观察。

（5）砌体基础的质量检验应符合《城市桥梁工程施工与质量验收规范》CJJ 2—2008　第10.7.1条的相关规定，砌体基础允许偏差应符合表5-5的要求。

一般项目

表5-5　砌体基础允许偏差

项　　目		允许偏差（mm）	检验频率		检查方法
			范围	点数	
顶面高程		±25		4	用水准仪测量
基础厚度	片石	+30/0	每座基础	4	用钢尺量，长、宽各2点
	料石、砌块	+15/0			
轴线偏位		15		4	用经纬仪测量，纵、横各2点

3. 沉入桩质量检验

（1）预制桩质量检验应符合《城市桥梁工程施工与质量验收规范》CJJ 2—2008的第10.7.1条相关规定，且应符合下列要求：

1)主控项目

桩表面不得出现孔洞、露筋和受力裂缝。

检查数量：全数检查。

检验方法：观察。

2)一般项目

①钢筋混凝土和预应力混凝土桩的预制允许偏差应符合表 5-6 的规定。

表 5-6　钢筋混凝土和预应力混凝土桩的预制允许偏差

项　　目		允许偏差(mm)	检验频率		检　查　方　法
			范围	点数	
实心桩	横截面边长	±5		3	用钢尺量相邻两边
	长度	±50	每批抽查 10%	2	用钢尺量
	桩尖对中轴线的倾斜	10		1	用钢尺量
	桩轴线的弯曲矢高	≤0.1%桩长，且不大于 20	全数	1	沿构件全长拉线，用钢尺量
	桩顶平面对桩纵轴线的倾斜	≤1%桩径(边长)，且不大于 3	每批抽查 10%	1	用垂线和钢尺量
	接桩的接头平面与庄轴平面垂直度	0.5%	每批抽查 20%	4	用钢尺量
空心桩	内径	不小于设计		2	用钢尺量
	壁厚	0 −3	每批抽查 10%	2	用钢尺量
	桩轴线的弯曲矢高	0.2%	全数	1	沿管节全长拉线，用钢尺量

②柱身表面无蜂窝、麻面和超过 0.15mm 的收缩裂缝。小于 0.15mm 的横向裂缝长度，方桩不得大于边长或短边长的 1/3，管桩或多边形桩不得大于直径或对角线的 1/3；小于 0.15mm 的纵向裂缝长度，方桩不得大于边长或短边长的 1.5 倍，管桩或多边形桩不得大于直径或对角线的 1.5 倍。

检查数量：全数检查。

检验方法：观察、用读数放大镜量测。

(2)钢管桩制作质量检验应符合下列要求：

1)主控项目

①钢材品种、规格及其技术性能应符合设计要求和相关标准规定。

检查数最:全数检查。

检验方法:检查钢材出厂合格证,检验报告和生产厂的复验报告,

②制作焊接质量应符合设计要求和相关标准规定。

检查数量:全数检查。

检验方法:检查生产厂的检验报告。

2)一般项目

钢管桩制作允许偏差应符合表 5-7 的规定。

表 5-7 钢管桩制作允许偏差

项 目	允许偏差(mm)	检验频率		检 查 方 法
		范围	点数	
外径	±5		1	用钢尺量
长度	+10 0	每批抽查 10%		用钢尺量
桩轴线的弯曲矢高	≤1%桩长,且不大于 20	全数	1	沿桩身拉线,用钢尺量
端部平面度	2			用直尺和塞尺量
端部平面与桩身中心线的倾斜	≤1%桩径,且不大于 3	每批抽查 20%	2	用垂线和钢尺量

(3)沉桩质量检验应符合下列要求:

1)主控项目

沉入桩的入土深度、最终贯入度或停打标准应符合设计要求。

检查数量:全数检查。

检验方法:观察、测量、检查沉桩记录。

2)一般项目

①沉桩允许偏差应符合表 5-8 的规定。

表 5-8 沉桩允许偏差

项 目		允许偏差(mm)	检验频率		检 查 方 法
			范围	点数	
桩位	群装 中间桩	≤d/2,且不大于 250	每排桩	20%	用经纬仪测量
	群装 外缘桩	d/4			
	排架桩 顺桥方向	40			
	排架桩 垂直桥轴方向	50			

（续）

项　目	允许偏差(mm)	检验频率		检查方法
		范围	点数	
桩间高程	不高于设计要求			用水准仪测量
斜桩倾斜度	$\pm 15\% \tan\theta$	每根桩	全数	用垂线和钢尺量尚未
直桩垂直度	1%			沉入部分

注:1. d 为桩的直径或短边尺寸(mm);

　　2. θ 为斜桩设计纵轴线与铅垂线间夹角(°)。

②接桩焊缝外观质量应符合表 5-9 的规定。

表 5-9　接桩焊缝外观允许偏差

项　目		允许偏差(mm)	检验频率		检查方法
			范围	点数	
咬边深度(焊缝)		0.5			
加强层高度(焊缝)		+3			用焊缝量规、钢尺量
加强层宽度(焊缝)		0	每条焊缝	1	
钢管桩 上下错台	公称直径≥700mm	3			用钢板尺和塞尺量
	公称直径<700mm	2			

4. 混凝土灌注桩质量检验

混凝土灌注桩质量检验应符合下列规定:

1)主控项目

①成孔达到设计深度后,必须核实地质情况,确认符合设计要求。

检查数量:全数检查。

检验方法:观察、检查施工纪录。

②孔径、孔深应符合设计要求。

检查数量:全数检查。

检验方法:观察、检查施工记录。

③混凝土抗压强度应符合设计要求。

检验数量:每根桩在浇筑地点制作混凝土试件不得少于 2 组。

检验方法:检查试验报告。

④桩身不得出现断桩、缩径。

检查数量：全数检查。

检验方法：检查桩基无损检测报告。

2）一般项目

①钢筋笼制作和安装质量检验应符合《城市桥梁工程施工与质量验收规范》CJJ 2—2008 第10.7.1条的相关规定，且钢筋笼底端高程偏差不得大于±50mm。

检查数量：全数检查。

检验方法：用水准仪测量。

②混凝土灌注桩允许偏差应符合表5-10的规定。

表 5-10 混凝土灌注桩允许偏差

项 目		允许偏差（mm）	检验频率		检 查 方 法
			范围	点数	
桩位	群桩	100		1	用全站仪检查
	排架桩	50		1	
沉渣厚度	摩擦桩	符合设计要求	每根桩	1	沉淀盒或标准测锤，查灌注前记录
	支承桩	不大于设计要求		1	
垂直度	钻孔桩	≤1%桩长，且不大于500		1	用测壁仪或钻杆垂线和钢尺量
	挖孔桩	≤0.5%桩长，且不大于200		1	用垂线和钢尺量

注：此表适用于钻孔和挖孔。

5. 沉井基础质量检查

（1）沉井制作质量检验应符合《城市桥梁工程施工与质量验收规范》CJJ 2—2008的相关规定，且应符合下列要求：

1）主控项目

①钢壳沉井的钢材及其焊接质量应符合设计要求和相关标准规定，

检查数量：全数检查。

检验方法：检查钢材出厂合格证、检验报告、复验报告和焊接检验报告。

②钢壳沉井气筒必须接受压容器的有关规定制造，并经水压（不得低于工作压力的1.5倍）试验合格后方可投入使用。

检查数量：全数检查。

检验方法：检查制作记录，检查试验报告。

2）一般项目

①混凝土沉井制作允许偏差应符合表5-11的规定。

表 5-11 混凝土沉井制作允许偏差

项 目		允许偏差(mm)	检验频率		检 查 方 法
			范围	点数	
沉井尺寸	长、宽	±0.5%边长,大于24m时±120		2	用钢尺量长、宽各1点
	半径	±0.5%半径,大于12m时±60		4	用钢尺量,每测1点
	对角线长度差	1%理论值,且不大于80		2	用钢尺量,圆井量两个直径
井壁厚度	混凝土	+40 −30	每座		用钢尺量,每测1点
	钢壳和钢筋混凝土	±15		4	
	平整度	8		4	用2m直尺、塞尺量

②混凝土沉井壁表面应无孔洞、露筋、蜂窝、麻面和宽度超过 0.15mm 的收缩裂缝。

检查数量:全数检查。

检验方法:观察。

(2)沉井浮运应符合下列要求:

主控项目

①预制浮式沉井在下水、浮运前,应进行水密试验,合格后方可下水。

检查数量:全数检查。

检验方法:检查试验报告。

②钢壳沉井底节应进行水压试验,其余各节应进行水密检查,合格后方可下水。

检查数量:全数检查。

检验方法:检查试验报告。

(3)沉井下沉应符合下列要求。

1)主控项目

就地浇筑沉井首节下沉应在井壁混凝土达到设计强度后进行,其上各节达到设计强度的 75% 后方可下沉。

检查数量:全数检查。

检验方法:每节沉井下沉前检查同条件养护试件试验报告。

2)一般项目

①就地制作沉井下沉就位允许偏差应符合表 5-12 的规定。

表 5-12　就地制作沉井下沉就位允许偏差

项　目	允许偏差(mm)	检验频率		检 查 方 法
		范围	点数	
底面、顶面中心位置	$H/50$		4	用经纬仪测量纵横各 2 点
垂直度	$H/50$	每座	4	用经纬仪测量
平面扭角	1°		2	经纬仪检验纵、横轴线交点

注：H 为沉井高度(mm)。

②浮式沉井下沉就位允许偏差应符合表 5-13 的规定。

表 5-13　浮式沉井下沉就位允许偏差

项　目	允许偏差(mm)	检验频率		检 查 方 法
		范围	点数	
底面、顶面中心位置	$H/50+250$		4	用经纬仪测量纵、横向各 2 点
垂直度	$H/50$	每座	4	用经纬仪测量
平面扭角	2°		2	经纬仪检验纵、横轴线交点

注：H 为沉井高度(mm)。

③下沉后内壁不得渗漏。

检查数量：全数检查。

检验方法：观察。

(4)清基后基底地质条件检验应符合本条第 2 款的相关规定。

(5)封底填充混凝土应符合《城市桥梁工程施工与质量验收规范》CJJ 2—2008　第 10.7.1 条的相关规定，且应符合下列要求：

一般项目

①沉井在软土中沉至设计高程并清基后，待 8h 内累计下沉小于 10mm 时，方可封底。

检查数量：全数检查。

检验方法：水准仪测量。

②沉井应在封底混凝土强度达到设计要求后方可进行抽水填充。

检查数量：全数检查。

检验方法：抽水前检查同条件养护试件强度试验报告。

6. 地下连续墙质量检验

地下连续墙质量检验应符合下列规定：

1)主控项目

①成槽的深度应符合设计要求。

检查数量：全数检查。

检验方法：用重锤检查。

②水下混凝土质量检验应符合《城市桥梁工程施工与质量验收规范》CJJ 2—2008 第10.7.1条的相关规定,且应符合下列要求:

a. 墙身不得有夹层,局部凹进。

检查数量:全数检查。

检验力法:检查无损检测报告。

b. 接头处理应符合施工设计要求。

检查数量:全数检查。

检验方法:观察、检查施工记录。

2)一般项目

地下连续墙允许偏差应符合表5-14的规定。

表5-14　地下连接墙允许偏差

项　　目	允许偏差(mm)	检验频率		检查方法
		范围	点数	
轴线位置	30		2	用经纬仪测量
外形尺寸	+30 0	每单元段或 每槽段	1	用钢尺量一个断面
垂直度	5%墙高		1	用超声波测槽仪检测
顶面高程	+10		2	用水准仪测量
沉渣厚度	符合设计要求		1	用重锤或沉积物测定仪(沉淀盒)

7. 现浇混凝土承台质量检验

现浇混凝土承台质量检验,应符合《城市桥梁工程施工与质量验收规范》CJJ 2—2008的第10.7.1条相关规定,且应符合下列规定:

一般项目

①混凝土承台允许偏差应符合表5-15的规定。

表5-15　混凝土承台允许偏差

项　　目		允许偏差 (mm)	检验频率		检查方法
			范围	点数	
断面尺寸	长、宽	±20		4	用钢尺量,长宽各2点
承台厚度		0 +10	每座	4	用钢尺量
顶面高程		±10		4	用水准仪测量四角
轴线偏移		15		4	用经纬仪测量,纵、横各2点
预埋件位置		10	每件	2	经纬仪放线,用钢尺量

②承台表面应无孔洞、露筋、缺棱掉角、蜂窝、麻面和宽度超过 0.15mm 的收缩裂缝。

检查数量：全数检查。

检验方法：观察、用读数放大镜观测。

二、墩台

1. 墩台施工涉及的材料、设备检验

墩台施工涉及的模板与支架、钢筋、混凝土、预应力混凝土、砌体质量检验应符合《城市桥梁工程施工与质量验收规范》CJJ 2—2008 的相关规定。

2. 墩台砌体质量检验

墩台砌体质量检验应符合《城市桥梁工程施工与质量验收规范》CJJ 2—2008 第 11.5.1 条规定，砌筑墩台允许偏差应符合表 5-16 的规定。

一般项目

表 5-16　砌筑墩台允许偏差

项　目		允许偏差（mm）		检验频率		检查方法
		浆砌块石	浆砌料石、砌块	范围	点数	
墩台尺寸	长	+20 -10	+10 0		3	用钢尺量 3 个断面
	厚	±10	+10 0		3	用钢尺量 3 个断面
顶面高程		±15	±10	每个墩台身	4	用水准仪测量
轴线偏位		15	10		4	用经纬仪测量，纵、横各 2 点
墙面垂直度		≤0.5%H，且不大于 20	≤0.3%H，且不大于 15		4	用经纬仪测量或垂线和钢尺量
墙面平整度		30	10		4	用 2m 直尺，塞尺量
水平缝平直		—	10		4	用 10m 小线，钢尺量
墙面坡度		符合设计要求	符合设计要求		4	用坡度板量

注：H 为墩台高度（mm）。

3. 现浇混凝土墩台质量检验

现浇混凝土墩台质量检验应符合《城市桥梁工程施工与质量验收规范》CJJ 2—2008 第 11.5.1 条的有关规定，且应符合下列规定：

1）主控项目

①钢管混凝土柱的钢管制作质量检验应符合本节第一条第 3 款的规定。

②混凝土与钢管应紧密结合，无空隙。

检查数量：全数检查。

检验方法：手锤敲击检查或检查超声波检测报告。

2）一般项目

①现浇混凝土墩台允许偏差应符合表 5-17 的规定。

表 5-17 现浇混凝土墩台允许偏差

项　　目		允许偏差（mm）	检验频率		检 查 方 法
			范围	点数	
墩台尺寸	长	+15 0		2	用钢尺量
	厚	+10 −8	每个墩台或每个阶段	4	用钢尺量，每侧上、下各 1 点
顶面高程		±10		4	用水准仪测量
轴线偏移		10		4	用经纬仪测量，纵、横各 2 点
墙面垂直度		≤0.25%H，且不大于 25		2	用经纬仪测量或垂线和钢尺量
墙面平整度		8		4	用 2m 直尺，塞尺量
节段间错台		5		4	用钢尺和塞尺量
预埋件位置		5	每件	4	经纬仪放线，用钢尺量

注：H 为墩台高度（mm）。

②现浇混凝土柱允许偏差应符合表 5-18 的规定。

表 5-18 现浇混凝土柱允许偏差

项　　目	允许偏差（mm）	检验频率		检 查 方 法
		范围	点数	
断面尺寸　长宽（直径）	±5		2	用钢尺量，长宽各 1 点，圆柱量 2 点
顶面高程	±10		1	用水准仪测量
垂直度	≤0.2%H， 且不大于 15	每根柱	2	用经纬仪测量或垂线和钢尺量
轴线偏位	8		2	用经纬仪测量
平整度	5		2	用 2m 直尺，塞尺量
节段间错台	3		4	用钢板尺和塞尺量

注：H 为柱高（mm）。

③现浇混凝土挡土墙允许偏差应符合表 5-19 的规定。

表 5-19　现浇混凝土挡墙允许偏差

项　目		允许偏差(mm)	检验频率		检查方法
			范围	点数	
墙身	长	±5		3	用钢尺量
尺寸	厚	±10		3	用钢尺量
顶面高程		±5		3	用水准仪测量
垂直度		0.15%H,且不大于 10	每 10m 墙长度	3	用经纬仪测量或垂线和钢尺量
轴线偏位		10		1	用经纬仪测量
直顺度		10		1	用 10m 小线、钢尺量
平整度		8		3	用 2m 直尺、塞尺量

注:H 为挡墙高度(mm)。

④混凝土表面应无孔洞、露筋、蜂窝、麻面。

检查数量:全数检查。

检验方法:观察。

4. 预制安装混凝土柱质量检验

预制安装混凝土柱质量检验应符合《城市桥梁工程施工与质量验收规范》CJJ 2—2008　第 11.5.1 条的相关规定,且应符合下列规定:

1)主控项目

柱与基础连接处必须接触严密,焊接牢固,混凝土灌注密实,混凝土强度符合设计要求。

检查数量:全数检查。

检验方法:观察、检查施工记录、用焊缝量规量测,检查试件试验报告。

2)一般项目

①预制混凝土柱制作允许偏差应符合表 5-20 的规定。

表 5-20　预制混凝土柱制作允许偏差

项　目	允许偏差(mm)	检验频率		检查方法
		范围	点数	
断面尺寸 长、宽(直径)	±5	每个柱	4	用钢尺量,厚、宽各 2 点(圆断面量直径)
高度	±10		2	用钢尺量
预应力筋孔道位置	10	每个孔道	1	
侧向弯曲	$H/750$	每个柱	1	沿构件全高拉线,用钢尺量
平整度	3		2	2m 直尺,塞尺量

注:H 为柱高(mm)。

②预制柱安装允许偏差应符合表 5-21 规定。

表 5-21 预制柱安装允许偏差

项 目	允许偏差(mm)	检验频率		检 查 方 法
		范围	点数	
平面位置	10		2	用经纬仪测量,纵、横向各 1 点
埋入基础深度	不小于设计要求		1	用钢尺量
相邻间距	±10		1	用钢尺量
垂直度	≤0.5%H,且不大于 20	每个柱	2	用经纬仪测量或用垂线和钢尺量,纵横向各 1 点
墩、柱顶高程	±10		1	用水准仪测量
节段间错台	3		4	用钢板尺和塞尺量

注:H 为柱高(mm)。

③混凝土柱表面应无孔洞、露筋、蜂窝、麻面和缺棱掉角现象。

检查数量:全数检查。

检验方法:观察。

5. 现浇混凝土盖梁质量检验

现浇混凝土盖梁质量检验应符合《城市桥梁工程施工与质量验收规范》CJJ 2—2008 的第 11.5.1 条相关规定,且应符合下列规定:

1)主控项目

现浇混凝土盖梁不得出现超过设计规定的受力裂缝。

检查数量:全数检查。

检验方法:观察。

2)一般项目

①现浇混凝土盖梁允许偏差应符合表 5-22 的规定。

表 5-22 现浇混凝土盖梁允许偏差

项 目		允许偏差(mm)	检验频率		检 查 方 法
			范围	点数	
墩台尺寸	长	+20 / −10		2	用钢尺量,两侧各 1 点
	宽	+10 / 0		3	用钢尺量,两端及中间各 1 点
	高	±5		3	
盖梁轴线偏位		8		4	用经纬仪测量,纵横各 2 点
盖梁顶面高程		0 / −5	每个盖梁	3	用水准仪测量,两端及中间各 1 点
平整度		5		2	用 2m 直尺,塞尺量
支座垫石预留位置		10	每个	4	用钢尺量,纵横各 2 点

（续）

项目		允许偏差(mm)	检验频率		检查方法
			范围	点数	
预埋件	高程	±2		1	用水准仪测量
位置	轴线	5	每件	1	用经纬仪放线，用钢尺量

②盖梁表面应无孔洞、露筋、蜂窝、麻面。

检查数量：全数检查。

检验方法：观察。

6. 人行天桥钢墩柱质量检验

人行天桥钢墩柱质量检验应符合下列规定：

1）主控项目

人行天桥钢墩柱的钢材和焊接质量检验应符合本节第一条第 3 款的规定。

2）一般项目

①人行天桥钢墩柱制作允许偏差应符合表 5-23 的规定。

表 5-23　人行天桥钢墩柱制作允许偏差

项目	允许偏差(mm)	检验频率		检查方法
		范围	点数	
柱底面到柱顶支承面的距离	±5			用钢尺量
柱身截面	±3			用钢尺量
柱身轴线与柱顶支承面垂直度	±5	每件	2	用直角尺和钢尺量
柱顶支承面几何尺寸	±3			用钢尺量
柱身挠曲	≤H/1000,且不大于10			沿全高拉线，用钢尺量
柱身接口错台	3			用钢板尺和塞尺量

注：H 为墩柱高度(mm)。

②人行天桥钢墩柱安装允许偏差应符合表 5-24 的规定。

表 5-24　人行天桥钢墩柱安装允许偏差

项目		允许偏差(mm)	检验频率		检查方法
			范围	点数	
钢柱轴线对行、列定位轴线的偏位		5			用经纬仪测量
柱基标高		+10 −5			用水准仪测量
挠曲矢高		≤H/1000,且不大于10	每件	2	沿全长拉线，用钢尺量
钢柱轴线的 垂直度	H≤10m	10			用经纬仪测量或垂线和 钢尺量
	H>10m	≤H/100,且不大于25			

注：H 为墩柱高度(mm)。

7. 台背填土质量检验

台背填土质量检验应符合国家现行标准《城镇道路工程施工与质量验收规范》CJJ 1 有关规定,且应符合下列规定:

1)主控项目

①台身、挡墙混凝土强度达到设计强度的 75% 以上时,方可回填土。

检查数量:全数检查.

检验方法:观察、检查同条件养护试件试验报告。

②拱桥台背填土应在承受拱圈水平推力前完成。

检在数量:全数检查。

检验方法:观察。

2)一般项目

台背填土的长度,台身顶面处不应小于桥台高度加 2m,底面不应小于 2m;拱桥台背填土长度不应小于台高的 3～4 倍。

检查数量:全数检查。

检验方法:观察、用钢尺量,检查施工记录。

三、支座

1. 主控项目

(1)支座应进行进场检验。

检查数量:全数检查。

检验方法:检查合格证、出厂性能试验报告。

(2)支座安装前,应检查跨距、支座栓孔位置和支座垫石顶面高程、平整度、坡度、坡向,确认符合设计要求。

检查数量:全数检查。

检验方法:用经纬仪和水准仪与钢尺量测。

(3)支座与梁底及垫石之间必须密贴,间隙不得大于 0.3mm。垫层材料和强度应符合设计要求。

检查数量:全数检查。

检验方法:观察或用塞尺检查、检查垫层材料产品合格证。

(4)支座锚栓的埋置深度和外露长度应符合设计要求。支座锚栓应在其位置调整准确后固结,锚栓与孔之间隙必须填捣密实。

检查数量:全数检查。

检验方法:观察。

(5)支座的黏结灌浆和润滑材料应符合设计要求。

检查数量:全数检查。

检验方法:检查粘结灌浆材料的配合比通知单、检查润滑材料的产品合格证、进场验收记录。

2. 一般项目

支座安装允许偏差应符合表 5-25 的规定。

表 5-25 支座安装允许偏差

项　　目	允许偏差(mm)	检验频率		检查方法
		范围	点数	
支座高程	±5	每个	1	用水准仪测量
支座偏位	3	支座	2	用经纬仪、钢尺量

四、混凝土梁(板)

1. 混凝土梁(板)施工中涉及材料、设备检验

混凝土梁(板)施工中涉及模板与支架、钢筋、混凝土、预应力混凝土的质量检验应符合《城市桥梁工程施工与质量验收规范》CJJ 2—2008 的相关规定。

2. 支架上浇筑梁(板)质量检验

支架上浇筑梁(板)质量检验应符合《城市桥梁工程施工与质量验收规范》CJJ 2—2008 的第 13.7.1 条相关规定,且应符合下列规定:

1)主控项目

结构表面不得出现超过设计规定的受力裂缝。

检查数量:全数检查。

检验方法:观察或读数放大镜观测。

2)一般项目

①整体浇筑钢筋混凝土梁、板允许偏差应符合表 5-26 的规定。

表 5-26 整体浇筑钢筋混凝土梁、板允许偏差

项　　目		允许偏差(mm)	检 验 频 率		检 查 方 法
			范　围	点　数	
轴线位置		10		3	用经纬仪测量
梁板顶面高程		±10		3～5	用水准仪测量
断面尺寸 (mm)	高	+5 -10	每跨		用钢尺量
	宽	±30		1～3 个断面	
	顶、底	+10			
	腹板厚	0			

（续）

项　目	允许偏差（mm）	检验频率		检查方法
		范　围	点　数	
长度	+5 -10		2	用钢尺量
横坡（%）	±0.15	每跨	1～3	用水准仪测量
平整度	8	顺桥向每侧面 每10m测1点		用2m直尺、塞尺量

②结构表面应无孔洞、露筋、蜂窝，麻面和宽度超过0.15mm的收缩裂缝。

检查数量：全数检查。

检验方法：观察、用读数放大镜观测。

3. 预制安装梁（板）质量检验

预制安装梁（板）质量检验应符合《城市桥梁工程施工与质量验收规范》CJJ 2—2008的第13.7.1条相关规定，且应符合下列规定：

1）主控项目

①结构表面不得出现超过设计规定的受力裂缝。

检查数量：全数检查。

检验方法：观察或用读数放大镜观测。

②安装时结构强度及预应力孔道砂浆强度必须符合设计要求，设计未要求时，必须达到设计强度的75%。

检查数量：全数检查。

检验方法：检查试验强度试验报告。

2）一般项目

①预制梁、板允许偏差应符合表5-27的规定。

表5-27　预制梁、板允许偏差

项　目		允许偏差（mm）		检验频率		检查方法
		梁	板	范围	点数	
断面 尺寸	高	0 -10	0 -10	每个 构件	5	用钢尺量，端部、 L/4处和中间各1点
	宽	±5	—		5	
	顶、底、腹板厚	±5	±5		5	
长度		0 -10	0 -10		4	用钢尺量，两侧上、下各1点

（续）

项　　目	允许偏差（mm）		检验频率		检查方法
	梁	板	范围	点数	
侧向弯曲	L/1000且不大于10	L/1000且不大于10	每个构件	2	沿构件全长拉线用钢尺量，左右各1点
对角线长度差	15	15		1	用钢尺量
平整度		8		2	用2m直尺，塞尺量

注：L为构件长度（mm）。

②架、板安装允许偏差应符合表 5-28 的规定。

表 5-28　梁、板安装允许偏差

项　　目		允许偏差（mm）	检验频率		检查方法
			范围	点数	
平面位置	顺桥纵轴线方向	10	每个构件	1	用经纬仪测量
	垂直桥纵轴线方向	5		1	
焊接横隔梁相对位置		10	每处	1	
湿接横隔梁相对位置		20			用钢尺量
伸缩缝宽度		+10 −5		1	
支座板	每块位置	5	每个构件	2	用钢尺量，纵、横各1点
	每块边缘高差	1		2	用钢尺量，纵、横各1点
	焊缝长度	不小于设计要求	每处	1	抽查焊缝的10%
相邻两构件支点处顶面高差		10		2	
块体拼装立缝宽度		+10 −5	每个构件	1	用钢尺量
垂直度		1.2%	每孔2片梁	2	用垂线和钢尺量

③混凝土表面应无孔洞、露筋、蜂窝、麻面和宽度超过 0.15mm 的收缩裂缝。

检查数量：全数检查。

检验方法：观察、读数放大镜观测。

4. 悬臂浇筑预应力混凝土梁质量检验

悬臂浇筑预应力混凝土梁质量检验应符合《城市桥梁工程施工与质量验收规范》CJJ 2—2008 的第 13.7.1 条相关规定，且应符合下列规定：

1)主控项目

①悬臂浇筑必须对称进行,桥墩两侧平衡偏差不得大于设计规定,轴线挠度必须在设计规定范围内。

检查数量:全数检查。

检验方法:检查监控量测记录。

②梁体表面不得出现超过设计规定的受力裂缝。

检查数量:全数检查。

检验方法:观察或用读数放大镜观测。

③悬臂合龙时,两侧梁体的高差必须在设计允许范围内。

检在数量:全数检查。

检验方法:用水准仪测量、检查测量记录。

2)一般项目

①悬臂浇筑预应力混凝土梁允许偏差应符合表 5-29 的规定。

表 5-29　悬臂浇筑预应力混凝土梁允许偏差

项　　目		允许偏差 （mm）	检验频率		检查方法
			范　围	点数	
轴线 偏移	$L \leqslant 100m$	10	节段	2	用全站仪/经纬仪测量
	$L > 100m$	$L/10000$			
顶面 高程	$L \leqslant 100m$	±20	节段	2	用水准仪测量
	$L > 100m$	$±L/5000$			
	相邻接段高差	10		3～5	用钢尺量
断面 尺寸	高	+5 −10	节段	1个断面	用钢尺量
	宽	±30			
	顶、底、腹板厚	+10 0			
合拢后同 跨对称点 高程差	$L \leqslant 100m$	20	每跨	5～7	用水准仪测量
	$L > 100m$	$L/5000$			
横坡（%）		±0.15	节段	1～2	用水准仪测量
平整度		8	检查竖直、水平两个方向, 每侧面每 10m 梁长	1	用 2m 直尺、塞尺量

注:L 为桥梁跨度(mm)。

②梁体线形平顺。相邻梁段接缝处无明显折弯和错台。梁体表面无孔洞、露筋、蜂窝、麻面和宽度超过 0.15mm 的收缩裂缝。

检查数量：全数检查。

检验方法：观察、用读数放大镜观测。

5. 悬臂拼装预应力混凝土梁质量检验

悬臂拼装预应力混凝土梁质量检验应符合《城市桥梁工程施工与质量验收规范》CJJ 2—2008 的第 13.7.1 和 13.7.3 条相关规定，且应符合下列规定：

1）主控项目

①悬臂拼装必须对称进行，桥墩两侧平衡偏差不得大于设计规定，轴线挠度必须在设计规定范围内。

检查数量：全数检查。

检验方法：检查监控量测记录。

②悬臂合龙时，两侧梁体高差必须在设计规定允许范围内。

检查数量：全数检查。

检验方法：用水准仪测量，检查测量记录。

2）一般项目

①预制梁段允许偏差应符合表 5-30 的规定。

表 5-30　预制梁段允许偏差

项　目		允许偏差(mm)	检验频率		检查方法
			范围	点数	
断面尺寸	宽	0 −10		5	用钢尺量，端部、1/4 处和中间各 1 点
	高	±5		5	
	顶底腹板厚	±5		5	
长度		±20		4	用钢尺量，两侧上下各 1 点
横隔梁轴线		5		2	用经纬仪测量，两端各 1 点
侧向弯曲		≤$L/1000$，且不大于 10		2	沿梁段全长拉线，用钢尺量，左右各 1 点
平整度		8		2	用 2m 直尺、塞尺量

注：L 为梁段长度(mm)。

②悬臂拼装预应力混凝土梁允许偏差应符合表 5-31 的规定。

表 5-31　悬臂拼装预应力混凝土梁允许偏差

项　目		允许偏差（mm）	检验频率		检查方法
			范围	点数	
轴线偏移	$L \leqslant 100\text{m}$	10	节段	2	用全站仪/经纬仪测量
	$L > 100\text{m}$	$L/10000$			
顶面高程	$L \leqslant 100\text{m}$	$+20$	节段	2	用水准仪测量
	$L > 100\text{m}$	$\pm L/5000$			
	相邻节段高差	10	节段	3～5	用钢尺量
合龙后同跨对称点高程差	$L \leqslant 100\text{m}$	20	每跨	5～7	用水准仪测量
	$L > 100\text{m}$	$L/5000$			

注：L 为桥梁跨度（mm）。

③梁体线形平顺，相邻梁段接缝处无明显折弯和错台，预制梁表面无孔洞、露筋、蜂窝、麻面和宽度超过 0.15mm 的收缩裂缝。

检查数量：全数检查，

检验方法：观察、用读数放大镜观测。

6. 顶推施工预应力混凝土梁质量检验

顶推施工预应力混凝土梁质量检验应符合《城市桥梁工程施工与质量验收规范》CJJ 2—2008 的第 13.7.1 条和 13.7.3 条相关规定，且应符合下列规定：

一般项目

①预制梁段允许偏差应符合表 5-30 的规定。

②顶推施工梁允许偏差应符合表 5-32 的规定。

表 5-32　顶推施工梁允许偏差

项　目		允许偏差（mm）	检验频率		检查方法
			范围	点数	
轴线方向		10		2	用经纬仪测量
落梁反力		不大于1.1设计反力		次	用千斤顶油压计算
支座顶面高程		± 5	每段		
支座高差	相邻纵向支点	5 或设计要求	全数		用水准仪测量
	同墩两侧支点	2 或设计要求			

③梁体线形平顺，相邻梁段接缝处无明显折弯和错台，预制梁表面无孔洞、露筋、蜂窝、麻面和宽度超过 0.15mm 的收缩裂缝。

检查数量：全数检查。

检验方法：观察、用读数放大镜观测。

五、钢梁

1. 钢梁制作质量检验

钢梁制作质量检验应符合下列规定：

1）主控项目

①钢材、焊接材料、涂装材料应符合国家现行标准规定和设计要求。全数检查出厂合格证和厂方提供的材料性能试验报告，并按国家现行标准规定抽样复验。

②高强度螺栓连接副等紧固件及其连接应符合国家现行标准规定和设计要求。

全数检查出厂合格证和厂方提供的性能试验报告，并按出厂批每批抽取 8 副做扭矩系数复验。

③高强螺栓的栓接板面（摩擦面）除锈处理后的抗滑移系数应符合设计要求。

全数检查出厂检验报告，并对厂方每出厂批提供的 3 组试件进行复验。

④焊缝探伤检验应符合设计要求和本章第一节第五条的有关规定。

检查数量：超声波 100%；射线 10%。

检验方法：检查超声波和射线探伤记录或报告。

⑤涂装检验应符合下列要求：

a. 涂装前钢材表面不得有焊渣、灰尘、油污、水和毛刺等。钢材表面除锈等级和粗糙度应符合设计要求。

检查数量：全数检查。

检验方法：观察、用现行国家标准《涂装前钢材表面锈蚀等级和除锈等级》GB 8923 规定的标准图片对照检查。

b. 涂装遍数应符合设计要求，每一涂层的最小厚度不应小于设计要求厚度的 90%，涂装干膜总厚度不得小于设计要求厚度。

检查数量：按设计规定数量检查，设计无规定时，每 $10m^2$ 检测 5 处，每处的数值为 3 个相距 50mm 测点涂层干漆膜厚度的平均值。

检验方法：用干膜测厚仪检查。

c. 热喷铝涂层应进行附着力检查。

检查数量：按出厂批每批构件抽查 10%，且同类构件不少于 3 件，每个构件检测 5 处。

检验方法：在 15mm×15mm 涂层上用刀刻划平行线，两线距离为涂层厚度的 10 倍，两条线内的涂层不得从钢材表面翘起。

2）一般项目

①焊缝外观质量应符合《城市桥梁工程施工与质量验收规范》CJJ 2 第 14.2.7 条的规定。

检查数量：同类部件抽查 10%，且不少于 3 件；被抽查的部件中，每一类型焊缝按条数抽查 5%，且不少于 1 条；每条检查 1 处，总抽查数应不少于 5 处。

检验方法：观察，用卡尺或焊缝量规检查。

②钢梁制作允许偏差应分别符合表 5-33～表 5-35 的规定。

表 5-33　钢板梁制作允许偏差

名　称		允许偏差	检验频率		检验方位
			范围	点数	
梁高 h	主梁梁高 h≤2m	±2		4	用钢尺测量两端腹板处高度，每端 2 点
	主梁梁高 h>2m	±4			
	横梁	±1.5			
	纵梁	±1.0			
跨度		±8			测量两支座中心距
全长		±15			用全站仪或钢尺测量
纵梁长度		+0.5 −1.5		2	用钢尺量两端角铁背至背之间距离
横梁长度		±1.5			
纵、横梁旁弯		3	每件		梁立置时在腹板一侧主焊缝 100m 处里拉线测量
主梁拱度	不设拱度	3		1	梁卧置时难下盖板外侧拉线测量
	设拱度	+10 −3			
两片主架拱度差		4			用水准仪测量
主梁腹板平面座		≤h/350，且不大于 8		1	用钢板尺和塞尺量（h 为梁高）
纵横梁腹板平面艘		≤h/500，且不大于 5			
主梁、纵横梁盖板对腹板的乘古席	有孔部位	0.5		5	用直角尺和钢尺量
	其余部位	1.5			

表 5-34　钢桁梁节段制作允许偏差

项　目	允许偏差 (mm)	检验频率		检查方法
		范陶	点数	
节段长度	±5		4～6	
节段高度	±2	每节段	4	用钢尺量
节段宽度	±3			
节间长度	±2	每节间	2	
对角线长度差	3			
桁片平面度	3	每节段	1	沿节段全长拉线，用钢尺量
挠度	±3			

表 5-35 钢箱形梁制作允许偏差

项 目		允许偏差	检查频率		检 验 方 法
			范 围	点 数	
梁高 h	$h \leqslant 2m$	±2			用钢尺量两端腹板处高度
	$h > 2m$	±4			
跨度 L		$\pm(5+0.15L)$			用钢尺量两支座中心距,L 按 m 计
全长		±15			用全站仪或钢尺量
腹板中心距		±3			用钢尺量
盖板宽度 b		±4			
横断面对角线长度差		4	每件	2	用钢尺量
旁弯		$3+0.1L$			沿全长拉线,用钢尺量,L 按 m 计
拱度		$+10$ -5			用水平仪或拉线用钢尺量
支点高度差		5			用水平仪或拉线用钢尺量
腹板平面度		$\leqslant h'/250$,且不大于 8			用钢板尺和塞尺量
扭曲		每米$\leqslant1$,且每段$\leqslant10$			置于平台,四角中三角接触平台,用钢尺量另一角与平台间隙

注:1. 分段分块制造的箱形梁拼接处,梁高及腹板中心距允许偏差按施工文件要求办理;

2. 箱形梁其余各项检查方法可参照板梁检查方法;

3. h' 为盖板与加筋肋或加筋肋与加筋肋之间的距离。

③焊钉焊接后应进行弯曲试验检查,其焊缝和热影响区不得有肉眼可见的裂纹。

检查数量:每批同类构件抽查 10%,且不少于 3 件;被抽查构件中,每件检查焊钉数量的 1%,但不得少于 1 个。

检查方法:观察、焊钉弯曲 30°后用角尺量。

④焊钉根部应均匀,焊脚立面的局部未熔合或不足 360°的焊脚应进行修补。

检查数量:按总焊钉数量抽查 1%,且不得少于 10 个。

检查方法:观察。

2. 钢梁现场安装检验

钢梁现场安装检验应符合下列规定:

1)主控项目

①高强螺栓连接质量检验应符合本条第 1 款规定。其扭矩偏差不得超过$\pm10\%$。

检查数量:抽查 5%,且不少于 2 个。

检查方法:用测力扳手。

②焊缝探伤检验应符合本条第 1 款规定。

2)一般项目

①钢梁安装允许偏差应符合表 5-36 的规定。

表 5-36　钢梁安装允许偏差

| 项　目 | | 允许偏差
（mm） | 检 查 频 率 | | 检验方法 |
			范　围	点　数	
轴线 偏位	钢梁中线	10	每件或每 个安装段	2	用经纬仪测量
	两孔相邻横梁中线相对偏差	5			
梁底 标高	墩台处梁底	±10		4	用水准仪测量
	两孔相邻横梁相对搞差	5			

②焊缝外观质量检验应符合本条第 1 款的规定。

六、结合梁

1. 钢主梁制造、安装质量检验

钢主梁制造、安装质量检验应符合本节第五条的有关规定。

2. 混凝土主梁预制与安装质量检验

混凝土主梁预制与安装质量检验应符合本节第四条第 3 款的规定。

3. 现浇混凝土施工中涉及材料设备检验

现浇混凝土施工中涉及模板与支架,钢筋、混凝土、预应力混凝土质量检验除应符合《城市桥梁工程施工与质量验收规范》CJJ 2—2008 的相关规定外,结合梁现浇混凝土结构允许偏差尚应符合表 5-37 的规定。

一般项目

表 5-37　结合梁现浇混凝土结构允许偏差

| 项　目 | 允许偏差 | 检验频率 | | 检验方法 |
		范　围	点　数	
长度	±15		3	用钢尺量,两侧和轴线
厚度	+10 0	每段 每跨	3	用钢尺量,两侧和中间
高程	±20		1	用水准仪测量,每跨测 3～5 处
横坡（%）	±0.15		1	用水准仪测量,每跨测 3～5 个断面

七、拱部与拱上结构

1. 拱部与拱上结构施工中涉及材料设备检验

拱部与拱上结构施工中涉及模板和拱架、钢筋、混凝土、预应力混凝土、砌体的质量检验应符合《城市桥梁工程施工与质量验收规范》CJJ 2—2008 的相关规定。

2. 砌筑拱圈质量检验

砌筑拱圈质量检验应符合《城市桥梁工程施工与质量验收规范》CJJ 2—2008的相关规定,且应符合下列规定:

1)主控项目

砌筑程序、方法应符合设计要求和《城市桥梁工程施工与质量验收规范》CJJ 2—2008的第 16.10.1 条有关规定。

检查数量:全数检查。

检验方法:观察、钢尺量、检查施工记录。

2)一般项目

①砌筑拱圈允许偏差应符合表 5-38 的规定。

表 5-38 砌筑拱圈允许偏差

检测项目	允许偏差(mm)		检验频率		检验方法
			范 围	点 数	
轴线与砌体外平面偏差	有镶面	+20 −10	5		用经纬仪测量,拱脚、拱顶、$L/4$ 处
	无镶面	+30 −10			
拱圈厚度	+3%设计厚度		每跨		用钢尺量,拱脚、拱顶、$L/4$ 处
镶面石表面错台	粗料石、砌块	3		10	用钢板尺和塞尺量
	块石	5			
内弧线偏离设计弧线	$L\leqslant30m$	20		5	用水准仪测量,拱脚、拱顶、$L/4$ 处
	$L>30m$	$L/500$			

注:L 为跨径。

②拱圈轮廓线条清晰圆滑,表面整齐。

检查数量:全数检查。

检验方法:观察。

3. 现浇混凝土拱圈质量检验

现浇混凝土拱圈质量检验应符合《城市桥梁工程施工与质量验收规范》

CJJ 2—2008的第16.10.1条有关规定,且应符合下列规定:

1)主控项目

①混凝土应按施工设计要求的顺序浇筑。

检查数量:全数检查。

检验方法:观察、检查施工记录。

②拱圈不得出现超过设计规定的受力裂缝。

检查数量:全数检查。

检验方法:观察或用读数放大镜观测。

2)一般项目

①现浇混凝土拱圈允许偏差应符合表5-39的规定。

表 5-39　现浇混凝土拱圈允许偏差

项　　目		允许偏差（mm）	检验频率		检验方法
			范围	点数	
轴线偏位	板拱	10			用经纬仪测量,拱脚、拱顶,$L/4$处
	肋拱	5			
内弧线偏离设计弧线	跨径 $L\leqslant30$m	20			用水准仪测量,拱脚、拱顶,$L/4$处
	跨径 $L>30$m	$L/500$			
断面尺寸	高度	±5	每跨每肋	5	用钢尺量,拱脚、拱顶,$L/4$处
	顶、底、腹板厚	+10 0			
拱肋间距		±5			用钢尺量
拱宽	板拱	±20			用钢尺量,拱脚、拱顶,$L/4$处
	肋拱	±10			

注:L为跨径。

②拱圈外形轮廓应清晰、圆顺,表面平整,无孔洞、露筋、蜂窝、麻面和宽度大于0.15mm的收缩裂缝。

检查数量:全数检查。

检验方法:观察、用读数放大镜观测。

4. 劲性骨架混凝土拱圈质量检验

劲性骨架混凝土拱圈质量检验应符合《城市桥梁工程施工与质量验收规范》CJJ 2—2008 的有关规定,且应符合下列规定:

1)主控项目

混凝土应按施工设计要求的顺序浇筑。

检查数量:全数检查。

检验方法:观察、检查施工记录。

2)一般项目

①劲性骨架制作及安装允许偏差应符合表 5-40 和表 5-41 的规定。

表 5-40　劲性骨架制作允许偏差

检查项目	允许偏差(mm)	检查频率		检验方法
		范围	点数	
杆件截面尺寸	不小于设计要求		2	用钢尺量两端
骨架高、宽	±10	每段	5	用钢尺量两端、中间、1/4 处
内弧偏离设计弧线	10		3	用样板尺量两端、中间
每段的弧长	±10		2	用钢尺量两侧

表 5-41　劲性骨架安装允许偏差

检查项目	允许偏差(mm)	检查频率		检验方法
		范围	点数	
轴线偏差	$L/6000$		5	用经纬仪测量,每肋拱脚、拱顶、$L/4$ 处
高程	$±L/3000$	每跨每肋	3+各接头点	用水准仪测量,拱脚、拱顶及各接头点
对称点 允许 相对高差 极值	$L/3000$ $L/1500$,且反向		各接头点	用水准仪测量

注:L 为跨径。

②劲性骨架混凝土拱圈允许偏差应符合表 5-42 的规定。

表 5-42　劲性骨架混凝土拱圈允许偏差

检查项目	允许偏差(mm)	检查频率		检验方法
		范围	点数	
轴线位置	$L≤60m$　　10 $L=200m$　　50 $L>200m$　$L/4000$			用经纬仪测量,拱脚、拱顶,$L/4$ 处
高程	$±L/3000$	每跨每肋	5	用水准仪测量,拱脚、拱顶,$L/4$ 处
对称点 允许 相对高程 极差	$L/3000$ $L/1500$,且反向			
断面尺寸	±10			用钢尺量,拱脚、拱顶,$L/4$ 处

注:1. L 为跨径;

2. L 在 60~200m 之间时,轴线位移允许偏差内插。

③拱圈外形圆顺，表面平整，无孔洞、露筋、蜂窝、麻面和宽度大于 0.15mm 的收缩裂缝。

检验数量：全数检查。

检验方法：观察、用读数放大镜观测。

5. 装配式混凝土拱部结构质量检验

装配式混凝土拱部结构质量检验应符合《城市桥梁工程施工与质量验收规范》CJJ 2—2008 的第 16.10.1 条有关规定，且应符合下列规定：

1）主控项目

①拱段接头现浇混凝土强度必须达到设计要求或达到设计强度的 75% 后，方可进行拱上结构施工。

检查数量：全数检查（每接头至少留置 2 组试件）。

检验方法：检查同条件养护试件强度试验报告。

②结构表面不得出现超过设计规定的受力裂缝。

检查数量：全数检查。

检验方法：观察或用读数放大镜观测。

③预制拱圈质量检验允许偏差应符合表 5-43 的规定。

表 5-43 预制拱圈质量检验允许偏差

检查项目		允许偏差（mm）	检查频率		检验方法
			范围	点数	
混凝土抗压强度		符合设计要求			按现行国家标准《混凝土强度检验评定标准》GBJ 107 的规定
每段拱箱内弧长		0 −10		1	用钢尺量
内弧偏离设计弧线		±5		1	用样板尺量
断面尺寸	顶底腹板厚	+10 0	每肋每片	2	用钢尺量
	宽度及高度	+10 −5		2	
轴线位移	肋拱	5		3	用经纬仪量
	箱拱	10		3	
拱箱接头尺寸及倾角		±5		1	用钢尺量
预埋件位置	肋拱	5		1	用钢尺量
	箱拱	10		1	

2）一般项目

①拱圈安装允许偏差应符合表 5-44 的规定。

表 5-44　拱圈安装允许偏差

| 项　　目 | 允许偏差（mm） | | 检验频率 | | 检 查 方 法 |
			范围	点数	
轴线位移	$L\leqslant60m$	10	每跨 每肋	5	用经纬仪测量，拱脚、拱顶，$L/4$ 处
	$L>60m$	$L/6000$			
高程	$L\leqslant60m$	±20			用水准仪测量，拱脚、拱顶，$L/4$ 处
	$L>60m$	$\pm L/3000$			
对称点 相对高程	允许	$L\leqslant60m$　　20	每段、每个 接头	1	用水准仪测量
		$L>60m$　　$L/3000$			
	极差	允许偏差的 2 倍，且反向			
各类相对高程	$L\leqslant60m$	20			用水准仪测量，拱脚、拱顶，$L/4$ 处
	$L>60m$	$L/3000$			
拱肋间距	±10		各肋	5	用钢尺量，拱脚、拱顶，$L/4$ 处

注：L 为跨径。

②悬臂拼装的桁架拱允许偏差应符合表 5-45 的规定。

表 5-45　悬臂拼装的桁架拱允许偏差

| 项　　目 | 允许偏差（mm） | | 检验频率 | | 检 查 方 法 |
			范围	点数	
轴线位移	$L\leqslant60m$	10		5	用经纬仪测量，拱脚、拱顶，$L/4$ 处
	$L>60m$	$L/6000$			
高程	$L\leqslant60m$	±20		5	用水准仪测量，拱脚、拱顶，$L/4$ 处
	$L>60m$	$\pm L/3000$			
相邻拱片高差	15		每跨 每肋 每片		
对称点 相对高程	允许	$L\leqslant60m$　　20		5	用水准仪测量，拱脚、拱顶，$L/4$ 处
		$L>60m$　　$L/3000$			
	极差	允许偏差的 2 倍，且反向			
拱片竖向垂直度	$\leqslant1/3000$ 高度， 且不大于 20			2	用经纬仪测量或垂线和钢尺量

注：L 为跨径。

③腹拱安装允许偏差应符合表 5-46 的规定。

表 5-46　腹拱安装允许偏差

检查项目	允许偏差(mm)	检查频率		检验方法
		范围	点数	
轴线偏移	10	每跨	2	用经纬仪测量拱脚
拱顶高程	±20	每肋	2	用水准仪测量
相邻块间高差	5		2	用钢尺量

④拱圈外形圆顺,表面平整,无孔洞、露筋、蜂窝、麻面和宽度大于 0.15mm 的收缩裂缝。

检查数量:全数检查。

检验方法:观察、用读数放大镜观测。

6. 钢管混凝土拱质量检验

钢管混凝土拱质量检验应符合《城市桥梁工程施工与质量验收规范》 CJJ 2—2008 的第 16.10.1 条相关规定,且应符合下列规定:

1)主控项目

①钢管内混凝土应饱满,管壁与混凝土紧密结合。

检查数量:按检验方案确定。

检验方法:观察出浆孔混凝土溢出情况、检查超声波检测报告。

②防护涂料规格和层数,应符合设计要求。

检查数量:涂装遍数全数检查;涂层厚度每批构件抽查 10%,且同类构件不少于 3 件。

检验方法:观察、用干膜测厚仪检查。

2)一般项目

①钢管拱肋制作与安装允许偏差应符合表 5-47 的规定。

表 5-47　钢管拱肋制作与安装允许偏差

检查项目	允许偏差(mm)	检验频率		检验方法
		范围	点数	
钢管直径	±D/500,且±5		3	用钢尺量
钢管中距	±5		3	用钢尺量
内弧偏离设计弧线	8	每跨	3	用样板量
拱肋内弧长度	0 −10	每肋 每段	1	用钢尺分段量
节段端部平面度	3		1	拉线、用塞尺量
竖杆节间长度	±2		1	用钢尺量

（续）

检查项目		允许偏差(mm)	检验频率		检验方法
			范围	点数	
轴线偏移		$L/6000$		5	用经纬仪测量,端、中、$L/4$ 处
高程		$\pm L/3000$	每跨 每肋	5	用水准仪测量,端、中、$L/4$ 处
对称点 相对高差	允许	$L/3000$	每段	1	用水准仪测量各接头点
	极差	$L/1500$,且反向			
拱肋接缝错边		$\leqslant 0.2$ 壁厚,且不大于 2	每个	2	用钢板尺和塞尺量

注:1. D 为钢骨直径(mm);

　　2. L 为跨径。

②钢管混凝土拱肋允许偏差应符合表 5-48 的规定。

表 5-48　钢管混凝土拱肋允许偏差

检查项目		允许偏差(mm)		检查频率		检验方法
				范围	点数	
轴线位移		$L\leqslant 60m$	10	每跨 每肋	5	用经纬仪测量,拱脚、拱顶, $L/4$ 处
		$L\leqslant 200m$	50			
		$L>200m$	$L/4000$			
高程		$\pm L/3000$			5	用水准仪测量,拱脚、拱顶, $L/4$ 处
对称点 相对高程	允许	$L/3000$			1	用水准仪测量各接头点
	极差	$L/1500$,且反向				

注:L 为跨径。

③钢管混凝土拱肋线形圆顺,无折弯。

检查数量:全数检查。

检验方法:观察。

7. 中下承式拱吊杆和柔性系杆拱质量检验

中下承式拱吊杆和柔性系杆拱质量检验应符合《城市桥梁工程施工与质量验收规范》CJJ 2—2008 的第 16.10.1 条相关规定,且应符合下列规定:

1)主控项目

①吊杆、系杆及其锚具的材质、规格和技术性能应符合国家现行标准和设计规定。

检查数量:全数检查或按检验方案确定。

检验方法：检查产品合格证和出厂检验报告、检查进场验收记录和复验报告。

②吊杆、系杆防护必须符合设计要求和《城市桥梁工程施工与质量验收规范》CJJ 2—2008 的第 14.3.1 条相关规定。

检查数量：涂装遍数全数检查；涂层厚度每批构件抽查 10%，且同类构件不少于 3 件。

检验方法：观察、检查施工记录；用干膜测厚仪检查。

2）一般项目

①吊杆的制作与安装允许偏差应符合表 5-49 的规定。

表 5-49　吊杆的制作与安装允许偏差

检查项目		允许偏差（mm）	检查频率		检验方法
			范围	点数	
吊杆长度		$\pm l/1000$，且 ± 10		1	用钢尺量
吊杆拉力	允许	应符合设计要求		1	用测力仪（器）检查每吊杆
	极差	下承式拱吊杆拉力偏差 20%	每吊杆		
吊点高程	吊点位置	10	每吊点	1	用经纬仪测量
	高程	± 10		1	用水准仪测量
	两侧高程	20			

注：l 为吊杆长度。

②柔性系杆张拉应力和伸长率应符合表 5-50 的规定。

表 5-50　柔性系杆张拉应力和伸长率

检查项目	规定值	检验频率		检查方法
		范围	数量	
张拉应力（MPa）	符合设计要求	每根	1	差压力表读数
张拉伸长率（%）	符台设计规定		1	用钢尺量

8. 转体施工拱质量检验

转体施工拱质量检验应符合《城市桥梁工程施工与质量验收规范》CJJ 2—2008 的第 16.10.1 条相关规定，且应符合下列规定：

1）主控项目

①转动设施和锚固体系应安全可靠。

检查数量：全数检查。

检验方法：观察、检查施工记录、用仪器检测或量测。

②双侧对称施工误差应控制在设计规定的范围内。

检查数量：全数检查。

检验方法：观察、检查施工记录。

③合龙段两侧高差必须在设计规定的允许范围内。

检查数量：全数检查。

检验方法：用水准仪测量、检查施工记录。

④封闭转盘和合龙段混凝土强度应符合设计要求。

检查数量：每个合龙段、转盘全数检查（至少留置2组试件）。

检验方法：检查同条件养护试件强度试验报告。

2）一般项目

转体施工拱允许偏差应符合表 5-51 的规定。

表 5-51 转体施工拱允许偏差

检 查 项 目	允许偏差(mm)	检查频率		检 验 方 法
		范围	点数	
轴线位移	$L/6000$	每跨	5	用经纬仪测量，拱脚、拱顶，$L/4$ 处
拱顶高程	±20	每肋	2～4	用水准仪测量
同一横截面两侧或相邻上部构件高差	10		5	用水准仪测量

注：L 为跨径。

9. 拱上结构质量检验

拱上结构质量检验应符合《城市桥梁工程施工与质量验收规范》CJJ 2—2008的第 16.10.1 条相关规定。

主控项目

拱上结构施工时间和顺序应符合设计和施工设计规定。

检查数量：全数检查。

检验方法：观察、检查试件强度试验报告。

八、斜拉桥

1. 斜拉桥施工涉及检验

斜拉桥施工涉及模板与支架、钢筋、混凝土、预应力混凝土质量检验应符合《城市桥梁工程施工与质量验收规范》CJJ 2—2008 的有关规定。

2. 现浇混凝土索塔施工质量检验

现浇混凝土索塔施工质量检验应符合《城市桥梁工程施工与质量验收规范》CJJ 2—2008 的第 17.5.1 条有关规定,且应符合下列规定:

1)主控项目

①索塔及横梁表面不得出现孔洞、露筋和超过设计规定的受力裂缝。

检查数量:全数检查。

检验方法:观察、用读数放大镜观测。

②避雷设施应符合设计要求。

检查数量:全数检查。

检验方法:观察、检查施工记录、用电气仪表检测。

2)一般项目

①现浇混凝土索塔允许偏差应符合表 5-52 的规定。

表 5-52 现浇混凝土索塔允许偏差

项　　目	允许偏差(mm)	检验频率		检验方法
		范围	点数	
地面处轴线偏位	10		2	用经纬仪测量,纵、横各1点
垂直度	≤$H/3000$,且不大于30 或设计要求	每对索距	2	用经纬仪、钢尺量测,纵、横各1点
断面尺寸	±20		2	用钢尺量,纵、横各1点
塔柱壁厚	±5		1	用钢尺量,每段每侧面1处
拉索锚固点高程	±10	索	1	用水准仪测量
索管轴线偏位	10,且两端同向		1	用经纬仪测量
横梁断面尺寸	±10		5	用钢尺量,端部、1/2 和 $L/4$ 各1点
横梁顶面高程	±10		4	用水准仪测量
横梁轴线偏位	10	每根横梁	5	用经纬仪、钢尺量测
横梁壁厚	±5		1	用钢尺量,每侧面1处(检查3~5个断面,取最大值)
预埋件位置	5		2	用钢尺量
分段浇筑时,接缝错台	5	每侧面,每接缝	1	用钢板尺和塞尺量

注:1. H 为塔高;

　　2. L 为横梁长度。

②索塔表面应平整、直顺,无蜂窝、麻面和大于 0.15mm 的收缩裂缝。

检查数量:全数检查。

检验方法:观察、用读数放大镜观测。

3. 混凝土斜拉桥悬臂施工,墩顶梁段质量检验

混凝土斜拉桥悬臂施工,墩顶梁段质量检验应符合《城市桥梁工程施工与质量验收规范》CJJ 2—2008 的第 17.5.1 条有关规定,且应符合下列规定:

1)主控项目

梁段表面不得出现孔洞、露筋和宽度超过设计规定的受力裂缝。

检查数量:全数检查。

检验方法:观察、用读数放大镜观测。

2)一般项目

①混凝土斜拉桥墩顶梁段允许偏差应符合表 5-53 的规定。

表 5-53　混凝土斜拉桥墩顶梁段允许偏差

项　　目		允许偏差（mm）	检验频率		检验方法
			范围	点数	
轴线偏位		跨径/10000		2	用经纬仪或全站仪测量,纵桥向 2 点
顶面高程		±10		1	用水准仪测量
断面尺寸	高度	+5,−10	每段	2	用钢尺量,2 个断面
	顶宽	±30			
	底宽或肋间宽	±20			
	顶、底、腹板厚或肋宽	+10 0			
横坡（%）		±0.15		3	用水准仪测量,3 个断面
平整度		8			用 2m 直尺、塞尺量,检查竖直、水平两个方向,每侧面每 10m 梁长测 1 处
项埋件位置		5	每件	2	经纬仪放线,用钢尺量

②梁段表面应无蜂窝、麻面和大于 0.15mm 的收缩裂缝。

检查数量:全数检查。

检验方法:观察、用读数放大镜观测。

4. 支架上浇筑混凝土主梁质量检验

支架上浇筑混凝土主梁质量检验应符合《城市桥梁工程施工与质量验收规范》CJJ 2—2008 的第 17.5.1 条和第 13.7.2 条有关规定。

5. 悬臂浇筑混凝土主梁质量检验

悬臂浇筑混凝土主梁质量检验应符合《城市桥梁工程施工与质量验收规范》CJJ 2—2008 的第 17.5.1 条有关规定,且应符合下列规定:

1)主控项目

①悬臂浇筑必须对称进行。

检查数量:全数检查。

检验方法:观察。

②合龙段两侧的高差必须在设计允许范围内。

检查数量:全数检查。

检验方法:检查测量记录。

③混凝土表面不得出现露筋、孔洞和宽度超过设计规定的受力裂缝。

检查数量:全数检查。

检验方法:观察、用读数放大镜观测。

2)一般项目

①悬臂浇筑混凝土主梁允许偏差应符合表 5-54 的规定。

表 5-54 悬臂浇筑混凝土主梁允许偏差

项 目		允许偏差(mm)	检验频率		检验方法
			范围	点数	
轴线偏位	$L \leqslant 200\text{m}$	10		2	用经纬仪测量
	$L > 200\text{m}$	1/20000			
断面尺寸	宽度	+5 −8		3	用钢尺量端部和 $L/2$ 处
	高度	+5 −8	每段	3	用钢尺量端部和 $L/2$ 处
	壁厚	+5 0		8	用钢尺量前端
长度		±10		4	用钢尺量顶板和底板两侧
节段高差		5		3	用钢尺量底板两侧和中间
预应力筋轴线偏位		10	每个管道	1	用钢尺量
拉索索力		符合设计和施工控制要求	每索	1	用测力计
索管轴线偏位		10	每索	1	用经纬仪测量

（续）

项　目	允许偏差（mm）	检验频率		检 验 方 法
		范围	点数	
横坡（%）	±0.15	每段	1	用水准仪测量
平整度	8	每段	1	用 2m 直尺、塞尺量，竖直、水平两个方向，每侧每 10m 梁长测 1 点
预埋件位置	5	每件	2	经纬仪放线，用钢尺量

注：L 为节段长度。

②梁体线形平顺、梁段接缝处无明显折弯和错台，表面无蜂窝、麻面和大于 0.15mm 的收缩裂缝。

检查数量：全数检查。

检验方法：观察、用读数放大镜观测。

6. 悬臂拼装混凝土主梁质量检验

悬臂拼装混凝土主梁质量检验应符合《城市桥梁工程施工与质量验收规范》CJJ 2—2008 的第 17.5.1 条有关规定，且应符合下列规定：

1）主控项目

①悬臂拼装必须对称进行。

检查数量：全数检查。

检验方法：观察。

②合龙段两侧的高差必须在设计允许范围内。

检查数量：全数检查。

检验方法：检查测量记录。

2）一般项目

①悬臂拼装混凝土主梁允许偏差应符合表 5-55 的规定。

表 5-55　悬臂拼装混凝土主梁允许偏差

项　目	允许偏差（mm）	检验频率		检 验 方 法
		范围	点数	
轴线偏位	10	每段	2	用经纬仪测量
节段高差	5		3	用钢尺量底板，两侧和中间
预应力筋轴线偏位	10	每个管道	1	用钢尺量
拉索索力	符合设计和施工控制要求	每索	1	用测力计
索管轴线偏位	10	每索	1	用经纬仪测量

②梁体线形应平顺,梁段接缝处应无明显折弯和错台。

检查数量:全数检查。

检验方法:观察。

7. 钢箱梁的拼装质量检验

钢箱梁的拼装质量检验应符合本章第一节第五条的有关规定,且应符合下列规定:

1)主控项目

悬臂拼装必须对称进行。

检查数量:全数检查。

检验方法:观察。

2)一般项目

①钢箱梁段制作允许偏差应符合表 5-56 的规定。

表 5-56　钢箱梁段制作允许偏差

项　　目		允许偏差 (mm)	检验频率		检　验　方　法
			范围	点数	
梁段长		±2		3	用钢尺量,中心线及两侧
梁段桥面板四角高差		4		4	用水准仪测量
风嘴直线度偏差		1/2000,且≤6		2	拉线、用钢尺量检查各风嘴边缘
端口尺寸	宽度	±4		2	用钢尺量两端
	中心高	±2		2	用钢尺量两端
	边高	±3		4	用钢尺量两端
	横断面对角线长度差	≤4	每段 每索	2	用钢尺量两端
锚箱	锚点坐标	±4		6	用经纬仪、垂球量测
	斜拉索轴线角度(°)	0.5		2	用经纬仪、垂球量测
	纵桥向中心线偏差	1			用钢尺量
梁段 匹配性	顶,底、腹板对接间隙	+3 −1		2	用钢尺量
	顶,底、腹板对接错台	2		2	用钢板尺和塞尺量

②钢箱梁悬臂拼装允许偏差应符合表 5-57 的规定。

表 5-57　钢箱梁悬臂拼装允许偏差

项　目		允许偏差（mm）	检验频率		检 验 方 法
			范围	点数	
轴线偏位		$L \leqslant 200m$　　10	每段	2	用经纬仪测量
		$L > 200m$　　1/20000			
拉索索力		符合设计和施工控制要求	每索	1	用测力计
梁锚固点高程或梁顶高程	梁段	满足施工控制要求		1	用水准仪测量每个锚固点或梁段两端中心
	合龙段	$L \leqslant 200m$　　± 20			
		$L > 200m$　　$\pm L/10000$	每段		
梁顶水平度		20		4	用水准仪测量梁顶四角
相邻节段匹配高差		2		1	用钢尺量

注:1 为跨度。

③钢箱梁在支架上安装允许偏差应符合表 5-58 的规定。

表 5-58　钢箱梁在支架上安装允许偏差

项　目	允许偏差（mm）	检验范围	频率点数	检 验 方 法
轴线偏位	10		2	用经纬仪测量
梁段的纵向位置	10		1	用经纬仪测量
梁顶高程	± 10	每段	2	水准仪测量梁段两端中点
梁顶水平度	10		4	用水准仪测量梁顶四角
相邻节段匹配高差	2		1	用钢尺量

④梁体线形应平顺,梁段间应无明显折弯。

检查数量:全数检查。

检验方法:观察。

8. 结合梁的工字钢梁段悬臂拼装质量检验

结合梁的工字钢梁段悬臂拼装质量检验应符合本章第一节第五条的有关规定,且应符合下列规定:

一般项目

①工字钢梁段制作允许偏差应符合表 5-59 的规定。

表 5-59　工字钢梁段制作允许偏差

项　目		允许偏差 (mm)	检验频率		检验方法
			范围	点数	
梁高	主梁	±2		2	用钢尺量
	横梁	±1.5			
梁长	主梁	±3		3	用钢尺量,每节段两侧和中间
	横梁	±1.5		3	用钢尺量
梁宽	主梁	±1.5	每段 每索	2	用钢尺量
	横梁	±1.5			
梁腹板 平面度	主梁	$h/350$,且不大于 8		3	用 2m 直尺、塞尺量
	横梁	$h/500$,且不大于 5		3	
锚箱	铺点坐标	±4		6	用经纬仪、垂球量测
	斜拉索轴线角度(°)	0.5		2	用经纬仪、垂球量测
梁段顶、底、腹板对接锚台		2		2	用钢板尺和塞尺量

注:h 为梁高。

②工字梁悬臂拼装允许偏差应符合表 5-60 的规定。

表 5-60　工字梁悬臂拼装允许偏差

项　目		允许偏差 (mm)	检验频率		检验方法
			范围	点数	
轴线偏位	$L \leqslant 200m$	10		2	用经纬仪测量
	$L > 200m$	$L/20000$			
拉索索力		符合设计要求	每段 每索	1	用测力计
锚固点高程 或梁顶高程	梁段	满足施工控制要求		1	用水准仪测量每个锚 固点或梁段两端中点
	两主梁高差	10			

注:L 为分段长度。

③梁体线形应平顺,梁段间应无明显折弯。

检查数量:全数检查。

检验方法:观察。

9. 结合梁的混凝土板质量检验

结合梁的混凝土板质量检验应符合《城市桥梁工程施工与质量验收规范》CJJ 2—2008　第 17.5.1 条的相关规定,且应符合下列规定:

1）主控项目

①混凝土板的浇筑或安装必须对称进行。

检查数量：全数检查。

检验方法：观察。

②混凝土表面不得出现孔洞、露筋。

检查数量：全数检查。

检验方法：观察。

2）一般项目

①结合梁混凝土板允许偏差应符合表 5-61 的规定。

表 5-61 结合梁混凝土板允许偏差

项　　目		允许偏差 （mm）	检验频率		检验方法
			范围	点数	
混凝土板 断面尺寸	宽度	±15		3	用钢尺量端部和 $L/2$ 处
	厚度	+10 0		3	用钢尺量前端，两侧和中间
拉索索力		符合设计和施工控制要求	每段 每索	1	用测力计
高程	$L{\leqslant}200m$	±20		1	用水准仪测量，每跨测 5～15 处，取最大值
	$L{>}200m$	$\pm L/10000$		1	
横坡（%）		±0.15		1	用水准仪测量，每跨测 3～8 个断面，取最大值

注：L 为分段长度。

②混凝土表面应平整、边缘线形直顺，无蜂窝、麻面和大于 0.15mm 的收缩裂缝。

检查数量：全数检查。

检验方法：观察。

10. 斜拉索安装质量检验

斜拉索安装质量检验应符合下列规定：

1）主控项目

①拉索和锚头成品性能质量应符合设计要求和国家现行标准规定。

检查数量：全数检查。

检验方法：检查原材料合格证和制造厂复验报告；检查成品合格证和技术性能报告。

②拉索和锚头防护材料技术性能应符合设计要求。

检查数量:全数检查。

检验方法:检查原材料合格证和检测报告。

③拉索拉力应符合设计要求。

检查数量:全数检查。

检验方法:检查施工记录。

2)一般项目

①平行钢丝斜拉索制作与防护允许偏差应符合表 5-62 的规定。

表 5-62　平行钢丝斜拉索制作与防护允许偏差

项　目		允许偏差（mm）	检验频率		检查方法
			范围	点数	
斜拉索长度	≤100m	±20		1	用钢尺量
	>100m	±1/5000 索长			
PE 防护厚度		+1.0 −0.5	每根每件每孔	1	用钢尺量或测厚仪检测
锚板孔眼直径 D		d<D<1.1d		1	用量规检测
镦头尺寸		镦头直径≥1.4d，镦头高度≥d		10	用游标卡尺检测,每种规格检查 10 个
锚具附近密封处理		符合设计要求		1	观察

注:d 为钢丝直径。

②拉索表面应平整、密实、无损伤、无擦痕。

检查数量:全数检查。

九、悬索桥

1. 悬索桥施工中涉及材料设备的检验

悬索桥施工中涉及模板与支架、钢筋、混凝土、预应力混凝土质量检验应符合《城市桥梁工程施工与质量验收规范》CJJ 2—2008 的相关规定。

2. 现浇混凝土索塔施工质量检验

现浇混凝土索塔施工质量检验应符合《城市桥梁工程施工与质量验收规范》CJJ 2—2008 的第 17.5.2 条相关规定。

3. 锚碇锚固系统制作质量检验

锚碇锚固系统制作质量检验应符合《城市桥梁工程施工与质量验收规范》CJJ 2—2008 的第 14.3 节有关规定,且应符合下列规定:

1)一般项目

①预应力锚固系统制作允许偏差应符合表 5-63 的规定。

表 5-63 预应力锚固系统制作允许偏差

项 目	允许偏差（mm）	检验频率		检验方法
		范围	点数	
拉杆孔至锚固孔中心距	±0.5		1	游标卡尺
主要孔径	+1.0 0		1	游标卡尺
连接器 孔轴线与顶、底面垂直度(°)	0.3	每件	2	量具
底面平面度	0.08		1	量具
拉杆孔顶、底面平行度	0.15		2	量具
拉杆同轴度	0.04		1	量具

②刚架锚固系统制作允许偏差应符合表 5-64 的规定。

表 5-64 刚架锚固系统制作允许偏差

项 目	允许偏差（mm）	检验频率		检验方法
		范围	点数	
刚架杆件长度	±2		1	用钢尺量
刚架杆件中心距	±2		1	用钢尺量
锚杆长度	±3	每件	1	用钢尺量
锚梁长度	±3		1	用钢尺量
连接	符合设计要求		30%	超声波或测力扳手

4. 锚碇锚固系统安装质量检验

锚碇锚固系统安装质量检验应符合《城市桥梁工程施工与质量验收规范》CJJ 2—2008 的第 14.3 节有关规定,且应符合下列规定:

一般项目

①预应力锚固系统安装允许偏差应符合表 5-65 的规定。

表 5-65 预应力锚固系统安装允许偏差

项 目	允许偏差（mm）	检验频率		检验方法
		范围	点数	
前锚面孔道中心坐标偏差	±10		1	用全站仪测量
前锚面孔道角度(°)	±0.2	每件	1	用经纬仪或全站仪测量
拉杆轴线偏位	5		2	用经纬仪或全站仪测量
连接器轴线偏位	5		2	用经纬仪或全站仪测量

②刚架锚固系统安装允许偏差应符合表 5-66 的规定。

表 5-66　刚架锚固系统安装允许偏差

项　　目		允许偏差（mm）	检验频率		检验方法
			范围	点数	
刚架中心线偏差		10		2	用经纬仪测量
刚架安装锚杆之平联高差		+5 −2		1	用水准仪测量
锚杆偏位	纵	10	每件	2	用经纬仪测量
	横	5			
锚固点高程		±5		1	用水准仪测量
后锚梁偏位		5		2	用经纬仪测量
后锚梁高程		±5		2	用水准仪测量

5. 锚碇混凝土施工质量检验

锚碇混凝土施工质量检验应符合《城市桥梁工程施工与质量验收规范》CJJ 2—2008的第 18.8.1 条有关规定，且应符合下列规定：

1）主控项目

①地基承载力必须符合设计要求。

检查数量：全数检查。

检验方法：检查地基承载力检测报告。

②混凝土表面不得有孔洞、露筋和受力裂缝。

检查数量：全数检查。

检验方法：观察。

2）一般项目

①锚碇结构允许偏差应符合表 5-67 的规定。

表 5-67　锚碇结构允许偏差

项　　目		允许偏差（mm）	检验频率		检验方法
			范围	点数	
轴线偏位	基础	20		4	用经纬仪或全站仪测量
	槽口	10	每座		
断面尺寸		±30		4	用钢尺量

（续）

项　　目		允许偏差（mm）	检验频率		检验方法
			范围	点数	
基础底面高程	土质	±50	每座	10	用水准仪测量
	石质	+50 −200			
基础顶面高程		±20			
大面积平整度		5		1	用2m直尺、塞尺量,每20m² 测一处
预埋件位置		符合设计规定	每件	2	经纬仪放线,用钢尺量

②锚碇表面应无蜂窝、麻面和大于 0.15mm 的收缩裂缝。

检查数量:全数检查。

检验方法:观察。

6. 预应力锚索张拉的质量检验

预应力锚索张拉的质量检验应符合下列规定:

①混凝土达到设计强度,方可进行张拉。

检查数量:全数检查。

检验方法:检查同条件养护试件强度试验报告。

②张拉应符合设计和《城市桥梁工程施工与质量验收规范》CJJ 2—2008 的第 8.5 节相关规定。

检查数量:全数检查。

检验方法:检查张拉施工记录。

③压浆应符合设计和《城市桥梁工程施工与质量验收规范》CJJ 2—2008 的第 8.5 节相关规定。

检查数量:全数检查。

检验方法:检查压浆记录。

7. 索鞍安装质量检验

索鞍安装质量检验应符合下列规定:

1)主控项目

成品性能质量应符合设计要求和国家现行标准规定。

检查数量:全数检查。

检验方法:检查原材料合格证和制造厂的复验报告;检查成品合格证和技术性能检测报告。

2)一般项目

①主索鞍、散索鞍允许偏差应符合表 5-68 和表 5-69 的规定。

表 5-68　主索鞍允许偏差

项　目	允许偏差 (mm)	检验频率		检验方法
		范围	点数	
主要平面的平面度	0.08/1000，且不大于 0.5/全平面		1	用量具检测
鞍座下平面对中心索槽竖直平面的垂直度偏差	2/全长		1	在检测平台或机床上用量具检测
上、下承板平面的平行度	0.5/全平面		2	在平台上用量具检测上、下承板
对合竖直平面与鞍体下平面的垂直度偏差	<3/7 全长		1	用百分表检查每对合竖直平面
鞍座底面对中心索槽底的高度偏差	±2	每件	1	在检测平台或机床上用量具检测
鞍槽轮廓的网弧半径偏差	±2/1000		1	用数控机床检查
各槽深度、宽度	+1/全长，及累计误差+2		2	用样板、游标卡尺、深度尺量测
各槽对中心索槽的对称度	±0.5		1	用数控机床检查
各槽曲线立面角度偏差(°)	0.2		10	
防护层厚度(μm)	不小于设计规定		10	用测厚仪，每检测面 10 点

表 5-69　散索鞍允许偏差

项　目	允许偏差 (mm)	检验频率		检验方法
		范围	点数	
平面度	0.08/1000，且不大于 0.5/全平面		1	用量具检测，检查摆轴平面、底板下平面、中心索槽竖直平面
支承板平行度	<0.5		1	用量具检测
摆轴中心线与索槽中心平面的垂直度偏差	<3	每件	2	在检测平台或机床上用量具检测
摆轴接合面与索槽底面的高度偏差	±2		1	用钢尺量
鞍槽轮廓的圆弧半径偏差	±2/1000		1	用数控机床检查

（续）

项　目	允许偏差 （mm）	检验频率		检验方法
		范围	点数	
各槽深度、宽度	+1/全长，及累计 误差+2		1	用样板、游标卡尺、深度尺 量测
各槽对中心索槽的对称度	±0.5		1	用数控机床检查
各槽曲线平面、立面角度 偏差（°）	0.2	每件	1	用数控机床检查
加工后鞍槽底部及侧壁厚 度偏差	±10		3	用钢尺量
防护层厚度（μm）	不小于设计规定		10	用测厚仪，每检测面10点

②主索鞍、散索鞍安装允许偏差应符合表 5-70 和表 5-71 的规定。

表 5-70　主索鞍安装允许偏差

项　目		允许偏差 （mm）	检验频率		检查方法
			范围	点数	
最终偏差	顺桥向	符合设计规定		2	用经纬仪或全站仪测量
	横桥向	10	每件		
高程		+20 0		1	用全站仪测量
四角高差		2		4	用水准仪测量

表 5-71　散索鞍安装允许偏差

项　目	允许偏差 （mm）	检验频率		检查方法
		范围	点数	
底板轴线纵横向偏位	5		2	用经纬仪或全站仪测量
底板中心高程	±5		1	用水准仪测量
底板扭转	2	每件	1	用经纬仪或全站仪测量
安装基线扭转	1		1	用经纬仪或全站仪测量
散索鞍竖向倾斜角	符合设计规定		1	用经纬仪或全站仪测量

③索鞍防护层应完好、无损。

检查数量：全数检查。

检验方法：观察。

8. 主缆架设质量检验

主缆架设质量检验应符合下列规定：

1）主控项目

索股和锚头性能质量应符合设计要求和国家现行标准规定。

检查数量：全数检查。

检验方法：检查原材料合格证和制造厂的复验报告；检查成品合格证和技术性能检测报告。

2）一般项目

①索股和锚头允许偏差应符合表5-72的规定。

表5-72　索股和锚头允许偏差

项　目	允许偏差 (mm)	检验频率		检查方法
		范围	点数	
索股基准丝长度	±基准丝长/15000		1	用钢尺量
成品索股长度	±索股长/10000		1	用钢尺量
热铸锚合金灌铸率（%）	>92	每条 每索	1	量测计算
锚头顶压索股外移量（按规定顶压力，持荷5min）	符合设计要求		1	用百分表量测
索股轴线与锚头端面垂直度（°）	±5		1	用仪器量测

注：外移量允许偏差应在扣除初始外移量之后进行量测。

②主缆架设允许偏差应符合表5-73的规定。

表5-73　主缆架设允许偏差

项　目		允许偏差 (mm)	检验频率		检查方法
			范围	点数	
索股标高	基准 中跨跨中	±L/20000		1	用全站仪测量跨中
	基准 边跨跨中	±L/10000		1	用全站仪测量跨中
	基准 上下游基准	±10		1	用全站仪测量跨中
	一般 相对于 基准索股	+5 0	每索	1	用全站仪测量跨中
锚跨索股力与设计的偏差		符合设计规定		1	用测力计
主缆空隙率（%）		±2		1	量直径和周长后计算，测索夹处和两索夹间
主缆直径不圆率		直径的5%，且不大于2		1	紧缆后横竖直径之差，与设计直径相比，测两索夹间

注：L为跨度。

③主缆架设后索股应直顺、无扭转；索股钢丝应直顺、无重叠和鼓丝、镀锌层完好。

检查数量：全数检查。

检验方法：观察、检查施工记录。

9. 主缆防护质量检验

主缆防护质量检验应符合下列规定：

1) 主控项目

缠丝和防护涂料的材质必须符合设计要求。

检查数量：全数检查。

检验方法：检查产品合格证和技术性能检测报告。

2) 一般项目

①主缆防护允许偏差应符合表 5-74 的规定。

表 5-74　主缆防护允许偏差

项目	允许偏差（mm）	检验频率		检查方法
		范围	点数	
缠丝间距	1mm		1	用插板，每两索夹间随机量测 1m 长
缠丝张力	±0.3kN	每索	1	标定检测，每盘抽查 1 处
防护涂层厚度	符合设计要求		1	用测量仪，每 200m 检测 1 点

②缠丝不重叠交叉。缠丝腻子应填满。

检查数量：全数检查。

检验方法：观察。

10. 索夹和吊索安装质量检验

索夹和吊索安装质量检验应符合下列规定：

1) 主控项目

索夹、吊索和锚头成品性能质量应符合设计要求和国家现行标准规定。

检查数量：全数检查。

检验方法：检查原材料合格证和制造厂的复验报告；检查成品合格证和技术性能检测报告。

2) 一般项目

①索夹允许偏差应符合表 5-75 的规定。

表 5-75　索夹允许偏差

项　　目	允许偏差（mm）	检验频率		检 查 方 法
		范围	点数	
索夹内径偏差	±2		1	用量具检测
耳板销孔位置偏差	±1		1	用量具检测
耳板销孔内径偏差	+1 0	每件	1	用量具检测
螺杆孔直线度	1/500		1	用量具检测
壁厚	符合设计要求		1	用量具检测
索夹内壁喷锌厚度	不小于设计要求		1	用测厚仪检测

注：L 为螺杆孔长度。

②吊索和锚头允许偏差应符合表 5-76 的规定。

表 5-76　吊索和锚头允许偏差

项　　目		允许偏差（mm）	检验频率		检 查 方 法
			范围	点数	
吊索调整后长度（销孔之间）	≤5m	±2		1	用钢尺量
	>5m	±L/500			
销轴直径偏差		0 −0.15		1	用量具检测
叉形耳板销孔位置偏差		±5	每件	1	用量具检测
热铸锚合金灌铸率（%）		>92		1	量测计算
锚头顶压后吊索外移量（按规定顶压力,持荷 5min）		符合设计要求		1	用量具检测
吊索轴线与锚头端面垂直度（°）		0.5		1	用量具检测
锚头喷涂厚度		符合设计要求		1	用测厚仪检测

注：1. L 为吊索长度；

2. 外移量允许偏差应在扣除初始外移量后进行量测。

③索夹和吊索安装允许偏差应符合表 5-77 的规定。

表 5-77　索夹和吊索安装允许偏差

项　　目		允许偏差（mm）	检验频率		检 查 方 法
			范围	点数	
索夹偏位	纵向	10		2	用全站仪和钢尺量
	横向	3	每件		
上、下游吊点高差		20		1	用水准仪测量
螺杆紧固力（kN）		符合设计要求		1	用压力表检测

11. 钢加劲梁段拼装质量检验

钢加劲梁段拼装质量检验应符合《城市桥梁工程施工与质量验收规范》CJJ 2—2008的第14.3节相关规定,且应符合下列规定:

一般项目

①悬索桥钢箱梁段制作允许偏差应符合表5-78的规定。

表5-78 悬索桥钢箱梁段制作允许偏差

项目		允许偏差（mm）	检验频率		检查方法
			范围	点数	
梁长		±2		3	用钢尺量,中心线及两侧
梁段桥面板四角高差		4		4	用水准仪测量
风嘴直线度偏差		≤$L/2000$,且不大于6		2	拉线、用钢尺量风嘴边缘
端口尺寸	宽度	±4		2	用钢尺量两端
	中心高	±2		2	用钢尺量两端
	边高	±3		4	用钢尺量两侧、两端
	横断面对角线长度差	4	每件每段	2	用钢尺量两端
吊点位置	吊点中心距桥中心线距离偏差	±1		2	用钢尺量
	同一梁段两侧吊点相对高差	5		1	用水准仪测量
	相邻梁段吊点中心距偏差	2		1	用钢尺量
	同一梁段两侧吊点中心连接线与桥轴线垂直度误差(′)	2		1	用经纬仪测量
梁段匹配性	纵桥向中心线偏差	1		2	用钢尺量
	顶、底、腹板对接间隙	+3 −1		2	用钢尺量
	顶、底、腹板对接错台	2		2	用钢板尺和塞尺量

注:L 为量测长度。

②钢加劲梁段拼装允许偏差应符合表5-79的规定。

表5-79 钢加劲梁段拼装允许偏差

项目	允许偏差（mm）	检验频率		检查方法
		范围	点数	
吊点偏位	20	每件每段	1	用全站仪测量
同一梁段两侧对称吊点处梁顶高差	20		1	用水准仪测量
相邻节段匹配高差	2		2	用钢尺量

③安装线形应平顺,无明显折弯。焊缝应平整、顺齐、光滑。防护涂层应完好。

检查数量:全数检查。

检验方法:观察。

十、顶进箱涵

1. 箱涵施工涉及材料设备检验

箱涵施工涉及模板与支架、钢筋、混凝土质量检验应符合《城市桥梁工程施工与质量验收规范》CJJ 2—2008的相关规定。

2. 滑板质量检验

滑板质量检验应符合《城市桥梁工程施工与质量验收规范》CJJ 2—2008的相关规定,且应符合下列规定:

1)主控项目

滑板轴线位置、结构尺寸、顶面坡度、锚梁、方向墩等应符合施工设计要求。

检查数量:全数检查。

检验方法:观察、检查施工记录。

2)一般项目

滑板允许偏差应符合表 5-80 的规定。

表 5-80　滑板允许偏差

项　　目	允许偏差 (mm)	检验频率		检验方法
		范围	点数	
中线偏位	50		4	用经纬仪测量纵、横各1点
高程	+5 0	每座	5	用水准仪测量
平整度	5		5	用2m直尺、塞尺量

3. 预制箱涵质量检验

预制箱涵质量检验应符合《城市桥梁工程施工与质量验收规范》CJJ 2—2008的第 19.4.1 条相关规定,且应符合下列规定:

一般项目

①箱涵预制允许偏差应符合表 5-81 的规定。

表 5-81　箱涵预制允许偏差

项　目		允许偏差（mm）	检验频率		检　验　方　法
			范围	点数	
断面尺寸	净空宽	±30		6	用钢尺量，沿全长中间及两端的左、右各 1 点
	净空高	±50	每座每节	6	用钢尺量，沿全长中间及两端的上、下各 1 点
	厚度	±10		8	用钢尺量，每端顶板、底板及两侧壁各 1 点
	长度	±50		4	用钢尺量，两侧上、下各 1 点
侧向弯曲		L/1000		2	沿构件全长拉线，用钢尺量，左、右各 1 点
轴线偏位		10		2	用经纬仪测量
垂直度		≤0.15%H，且不大于 10		4	用经纬仪测量或垂线和钢尺量，每侧 2 点
两对角线长度差		75	每座每节	1	用钢尺量顶板
平整度		5		8	用 2m 直尺、塞尺量（两侧内墙各 4 点）
箱体外形		符合本规范 19.3.1 条规定		5	用钢尺量，两端上、下各 1 点，距前端 2m 处 1 点

注：1. L 为构件长度；

　　2. H 为高度。

②混凝土结构表面应无孔洞、露筋、蜂窝、麻面和缺棱掉角等缺陷。

检查数量：全数检查。

检验方法：观察。

4. 箱涵顶进质量检验

箱涵顶进质量检验应符合下列规定：

一般项目

①箱涵顶进允许偏差应符合表 5-82 的规定。

表 5-82　箱涵顶进允许偏差

项　目		允许偏差（mm）	检验频率		检　验　方　法
			范围	点数	
轴线偏位	L>15m	100			用经纬仪测量，两端各 1 点
	15m≤L≤30m	200		2	
	L>30m	300			
高程	L<15m	+20 −100	每座每节		用水准仪测量，两端各 1 点
	15m≤L≤30m	+20 −100		2	
	L>30m	+20 −200			
相邻两端高差		50		1	用钢尺量

注：表中 L 为箱涵沿顶进轴线的长度（m）。

②分节顶进的箱涵就位后,接缝处应直顺、无渗漏。

检查数量:全数检查。

检验方法:观察。

十一、桥面系

1. 排水设施质量检验

排水设施质量检验应符合下列规定:

1)主控项目

桥面排水设施的设置应符合设计要求,泄水管应畅通无阻。

检查数量:全数检查。

检验方法:观察。

2)一般项目

①桥面泄水口应低于桥面铺装层 10～15mm。

检查数量:全数检查。

检验方法:观察。

②泄水管安装应牢固可靠,与铺装层及防水层之间应结合密实,无渗漏现象;金属泄水管应进行防腐处理。

检查数量:全数检查。

检验方法:观察。

③桥面泄水口位置允许偏差应符合表 5-83 的规定。

表 5-83 桥面泄水口位置允许偏差

项　　目	允许偏差 (mm)	检验频率		检验方法
		范　围	点　数	
高程	0 −10	每孔	1	用水准仪测量
间距	±100		1	用钢尺量

2. 桥面防水层质量检验

桥面防水层质量检验应符合下列规定:

1)主控项目

①防水材料的品种、规格、性能、质量应符合设计要求和相关标准规定。

检查数量:全数检查。

检验方法:检查材料合格证、进场验收记录和质量检验报告。

②防水层、黏结层与基层之间应密贴,结合牢固。

检查数量:全数检查。

检验方法:观察、检查施工记录。

2)一般项目

①混凝土桥面防水层黏结质量和施工允许偏差应符合表 5-84 的规定。

表 5-84 混凝土桥面防水层黏结质量和施工允许偏差

项 目	允许偏差(mm)	检验频率		检验方法
		范围	点数	
卷材接茬搭接宽度	不小于规定	每20延米	1	用钢尺量
防水涂膜厚度	符合设计要求;设计未规定时±0.1	每200m²	4	用测厚仪检测
粘结强度(MPa)	不小于设计要求,且≥0.3(常温),≥0.2(气温≥35℃)	每200m²	4	拉拔仪(拉拔速度:10mm/min)
抗剪强度(MPa)	不小于设计要求,且≥0.4(常温),≥0.3(气温≥35℃)	1组	3个	剪切仪(剪切速度:10mm/min)
剥离强度(N/mm)	不小于设计要求,且≥0.3(常温),≥0.2(气温≥35℃)	1组	3个	90°剥离仪(剪切速度:100mm/min)

②钢桥面防水黏结层质量应符合表 5-85 的规定。

表 5-85 钢桥面防水黏结层质量

项 目	允许偏差(mm)	检验频率		检验方法
		范围	点数	
钢桥面清洁度	符合设计要求	全部		GB 8923 规定标准图片对照检查
粘结层厚度	符合设计要求	每洒布段	6	用测厚仪检测
粘结层与基层结合力(MPa)	不小于设计要求	每洒布段	6	用拉拔仪检测
防水层总厚度	不小于设计要求	每洒布段	6	用测厚仪检测

③防水材料铺装或涂刷外观质量和细部做法应符合下列要求:

a. 卷材防水层表面平整,不得有空鼓、脱层、裂缝、翘边、油包、气泡和皱褶等现象;

b. 涂料防水层的厚度应均匀一致,不得有漏涂处;

c. 防水层与泄水口、汇水槽接合部位应密封,不得有漏封处。

检查数量:全数检查。

检验方法:观察。

3. 桥面铺装层质量检验

桥面铺装层质量检验应符合下列规定：

1）主控项目

①桥面铺装层材料的品种、规格、性能、质量应符合设计要求和相关标准规定。

检查数量：全数检查。

检验方法：检查材料合格证、进场验收记录和质量检验报告。

②水泥混凝土桥面铺装层的强度和沥青混凝土桥面铺装层的压实度应符合设计要求。

检查数量和检验方法应符合国家现行标准《城镇道路工程施工与质量验收规范》CJJ 1 的有关规定。

③塑胶面层铺装的物理机械性能应符合表 5-86 的规定。

表 5-86　塑胶面层铺装的物理机械性能

项　　目	允许偏差	检验频率		检验方法
		范围	点数	
硬度（邵氏硬度）	45～60			按（GB/T 14833）5.5"硬度的测定"
拉伸强度（MPa）	≥0.7			按（GB/T 14833）5.6"拉伸强度、扯断伸长率的测定"
扯断伸长率	≥90%			按（GB/T 14833）5.6"拉伸强度、扯断伸长率的测定"
回弹值	≥20%			按（GB/T 14833）5.7"回弹值的测定"
压缩复原率	≥95%			按（GB/T 14833）5.8"压缩复原率的测定"
阻燃性	1 级			按（GB/T 14833）5.9"阻燃性的测定"

注：1. 本表参照《塑胶跑道》GB/T 14833 的规定制定；

　　2. "阻燃性的测定"由业主、设计商定。

2）一般项目

①桥面铺装面层允许偏差应符合表 5-87～表 5-89 的规定。

表 5-87　水泥混凝土桥面铺装面层允许偏差

项　目	允许偏差	检验频率		检验方法
		范　围	点　数	
厚度	±5mm	每 20 延米	3	用水准仪对比浇筑前后标高
横坡	±0.15%		1	用水准仪测量 1 个断面
平整度	符合城市道路面层标准			按城市道路工程检测规定执行
抗滑构造深度	符合设计要求	每 200m	3	铺砂法

注：跨度小于 20m 时，检验频率按 20m 计算。

表 5-88　沥青混凝土桥面铺装面层允许偏差

项目	允许偏差	检验频率		检验方法
		范围	点数	
厚度	±5mm	每20延米	3	用水准仪对比浇筑前后标高
横坡	±0.3％		1	用水准仪测量1个断面
平整度	符合道路面层标准			按城市道路工程检测规定执行
抗滑构造深度	符合设计要求	每200m	3	铺砂法

注：跨度小于20m时，检验频率按20m计算。

表 5-89　人行天桥塑胶桥面铺装面层允许偏差

项目	允许偏差	检验频率		检验方法
		范围	点数	
厚度	不小于设计要求	每铺装段、每次拌合料量	1	取样法：按GB/T 14833 附录B
平整度	±3mm	每20m²	1	用3m直尺、塞尺检查
坡度	符合设计要求	每铺装段	3	用水准仪测量主梁纵轴高程

注："阻燃性的测定"由业主、设计商定。

②外观检查应符合下列要求：

a. 水泥混凝土桥面铺装面层表面应坚实、平整，无裂缝，并应有足够的粗糙度；面层伸缩缝应直顺，灌缝应密实；

b. 沥青混凝土桥面铺装层表面应坚实、平整，无裂纹、松散、油包、麻面；

c. 桥面铺装层与桥头路接茬应紧密、平顺。

检查数量：全数检查。

检验方法：观察。

4. 伸缩装置质量检验

伸缩装置质量检验应符合下列规定：

1）主控项目

①伸缩装置的形式和规格必须符合设计要求，缝宽应根据设计规定和安装时的气温进行调整。

检查数量：全数检查。

检验方法：观察、钢尺量测。

②伸缩装置安装时焊接质量和焊缝长度应符合设计要求和规范规定，焊缝必须牢固，严禁用点焊连接。大型伸缩装置与钢梁连接处的焊缝应做超声波检测。

检查数量：全数检查。

检验方法:观察、检查焊缝检测报告。

③伸缩装置锚固部位的混凝土强度应符合设计要求,表面应平整,与路面衔接应平顺。

检查数量:全数检查。

检验方法:观察、检查同条件养护试件强度试验报告。

2)一般项目

①伸缩装置安装允许偏差应符合表 5-90 的规定。

表 5-90　伸缩装置安装允许偏差

项　目	允许偏差（mm）	检验频率		检验方法
		范　围	点　数	
顺桥平整度	符合道路标准			按道路检验标准检测
相邻板差	2			用钢板尺和塞尺量
缝宽	符合设计要求	每条缝	每车道1点	用钢尺量,任意选点
与桥面高差	2			用钢板尺和塞尺量
长度	符合设计要求		2	用钢尺量

②伸缩装置应无渗漏、无变形,伸缩缝应无阻塞。

检查数量:全数检查。

检验方法:观察。

5. 地栿、缘石、挂板质量检验

地栿、缘石、挂板质量检验应符合下列规定:

1)主控项目

①地栿、缘石、挂板混凝土的强度必须符合设计要求。

检查数量和检验方法,均应符合《城市桥梁工程施工与质量验收规范》CJJ 2—2008第7.13节有关规定。对于构件厂生产的定型产品进场时,应检验出厂合格证和试件强度试验报告。

②预制地栿、缘石、挂板安装必须牢固,焊接连接应符合设计要求;现浇地栿钢筋的锚固长度应符合设计要求。

检查数量:全数检查。

检验方法:观察。

2)一般项目

①预制地栿、缘石、挂板允许偏差应符合表 5-91 的规定;安装允许偏差应符合表 5-92 的规定。

表 5-91 预制地袱、缘石、挂板允许偏差

项 目		允许偏差（mm）	检验频率		检验方法
			范 围	点 数	
断面尺寸	宽	±3	每件（抽查10%，且不少于5件）	1	用钢尺量
	高			1	
长度		0 −10		1	用钢尺量
				1	
侧向弯曲		L/750			沿构件全长拉线，用钢尺量

注:L 为构件长度。

表 5-92 地袱、缘石、挂板安装允许偏差

项 目	允许偏差（mm）	检验频率		检验方法
		范 围	点 数	
直顺度	5	每跨侧	1	用10m线和钢尺量
相邻板块高差	3	每接缝（抽查10%）	1	用钢板尺和塞尺量

注:两个伸缩缝之间的为一个验收批。

②伸缩缝必须全部贯通,并与主梁伸缩缝相对应。

检查数量:全数检查。

检验方法:观察。

③地袱、缘石、挂板等水泥混凝土构件不得有孔洞、露筋、蜂窝、麻面、缺棱、掉角等缺陷;安装的线形应流畅平顺。

检查数量:全数检查。

检验方法:观察。

6. 防护设施质量检验

防护设施质量检验应符合下列规定:

1)主控项目

①混凝土栏杆、防撞护栏、防撞墩、隔离墩的强度应符合设计要求,安装必须牢固、稳定。

检查数量:全数检查。

检查方法:观察、检查混凝土试件强度试验报告。

②金属栏杆、防护网的品种、规格应符合设计要求,安装必须牢固。

检查数量:全数检查。

检查方法：观察、用钢尺量、检查产品合格证、检查进场检验记录、用焊缝量规检查。

2)一般项目

①预制混凝土栏杆允许偏差应符合表 5-93 的规定。栏杆安装允许偏差应符合表 5-94 的规定。

表 5-93　预制混凝土栏杆允许偏差

项　目		允许偏差（mm）	检验频率		检验方法
			范　围	点　数	
断面尺寸	宽	±4		1	用钢尺量
	高			1	
长度		0 −10	每件（抽查 10%，且不少于 5 件）	1	用钢尺量
侧向弯曲		$L/750$		1	沿构件全长拉线，用钢尺量

注：L 为构件长度。

表 5-94　栏杆安装允许偏差

项　目		允许偏差（mm）	检验频率		检验方法
			范　围	点　数	
直顺度	扶手	4	每跨侧	1	用 10m 线和钢尺量
垂直度	栏杆柱	3	每柱（抽查 10%）	2	用垂线和钢尺量，顺、横桥轴方向各 1 点
栏杆间距		±3	每柱（抽查 10%）		用钢尺量
相邻栏杆扶手高差	有柱	4	每柱（抽查 10%）		
	无柱	2			
栏杆平面偏位		4	每 30m		用经纬仪和钢尺量

注：现场浇筑的栏杆、扶手和钢结构栏杆、扶手的允许偏差可按本款执行。

②金属栏杆、防护网必须按设计要求作防护处理，不得漏涂、剥落。

检查数量：抽查 5%。

检验方法：观察、用涂层测厚检查。

③防撞护栏、防撞墩、隔离墩允许偏差应符合表 5-95 的规定。

表 5-95 防撞护栏、防撞墩、隔离墩允许偏差

项 目	允许偏差 （mm）	检 验 频 率		检 验 方 法
		范 围	点 数	
直顺度	5	每 20m	1	用 20m 线和钢尺量
平面偏位	4	每 20m	1	经纬仪放线，用钢尺量
预埋件位置	5	每件	2	经纬仪放线，用钢尺量
断面尺寸	±5	每 20m	1	用钢尺量
相邻高差	3	抽查 20%	1	用钢板尺和钢尺量
顶面高程	±10	每 20m	1	用水准仪测量

④防护网安装允许偏差应符合表 5-96 的规定。

表 5-96 防护网安装允许偏差

项 目	允许偏差 （mm）	检验频率		检 验 方 法
		范 围	点数	
防护网直顺度	5	每 10m	1	用 10m 线和钢尺量
立柱垂直度	5	每柱（抽查 20%）	2	用垂线和钢尺量，顺、横桥轴方向各 1 点
立柱中距	±10	每处（抽查 20%）	1	用钢尺量
高度	±5			

⑤防护网安装后，网面应平整，无明显翘曲、凹凸现象。

检查数量：全数检查。

检验方法：观察。

⑥混凝土结构表面不得有孔洞、露筋、蜂窝、麻面、缺棱、掉角等缺陷，线形应流畅平顺。

检查数量：全数检查。

检验方法：观察。

⑦防护设施伸缩缝必须全部贯通，并与主梁伸缩缝相对应。

检查数量：全数检查。

检查方法：观察。

7. 人行道质量检验

人行道质量检验应符合下列规定：

1）主控项目

人行道结构材质和强度应符合设计要求。

检查数量:全数检查。

检查方法:检查产品合格证和试件强度试验报告。

2)一般项目

人行道铺装允许偏差应符合表 5-97 的规定。

表 5-97　人行道铺装允许偏差

项　　目	允许偏差（mm）	检 验 频 率		检 验 方 法
		范围	点数	
人行道边缘平面偏位	5		2	用 20m 线和钢尺量
纵向高程	+10 0	每 20m 一个断面	2	用水准仪测量
接缝两侧高差	2		2	
横坡	±0.3%		3	
平整度	5		3	用 3m 直尺、塞尺量

十二、附属结构

1. 附属结构施工中涉及材料设备检验

附属结构施工中涉及模板与支架、钢筋、混凝土、砌体和钢结构质量检验应符合《城市桥梁工程施工与质量验收规范》CJJ 2—2008 的有关规定。

2. 隔声与防眩装置质量检验

隔声与防眩装置质量检验应符合下列规定:

1)主控项目

①声屏障的降噪效果应符合设计要求。

检查数量和检查方法:按环保或设计要求方法检测。

②隔声与防眩装置安装应符合设计要求,安装必须牢固、可靠。

检查数量:全数检查。

检查方法:观察、用钢尺量、用焊缝量规检查、手扳检查、检查施工记录。

2)一般项目

①隔声与防眩装置防护涂层厚度应符合设计要求,不得漏涂、剥落,表面不得有气泡、起皱、裂纹、毛刺和翘曲等缺陷。

检查数量:抽查 20%,且同类构件不少于 3 件。

检验方法:观察、涂层测厚仪检查。

②防眩板安装应与桥梁线形一致,板间距、遮光角应符合设计要求。

检查数量:全数检查。

检验方法:观察、用角度尺检查。

③声屏障安装允许偏差应符合表 5-98 的规定。

表 5-98 声屏障安装允许偏差

项 目	允许偏差 (mm)	检验频率		检验方法
		范围	点数	
中线偏位	10	每柱(抽查 30%)	1	用经纬仪和钢尺量
顶面高程	±20	每柱(抽查 30%)	1	用水准仪测量
金属立柱中距	±10	每处(抽查 30%)		用钢尺量
金属直柱垂直度	3	每柱(抽查 30%)	2	用垂线和钢尺量,顺、横桥各 1 点
屏体厚度	±2	每处(抽查 15%)	1	用游标卡尺量
屏体宽度、高度	±10	每处(抽查 15%)	1	用钢尺量

④防眩板安装允许偏差应符合表 5-99 的规定。

表 5-99 防眩板安装允许偏差

项 目	允许偏差 (mm)	检验频率		检验方法
		范 围	点 数	
防眩板直顺度	8	每跨侧	1	用 10m 线和钢尺量
垂直度	5	每柱(抽查 10%)	2	用垂线和钢尺量,顺、横桥各 1 点
立柱中距 高	±10	每处(抽查 10%)	1	用钢尺量

3. 梯道质量检验

梯道质量检验应符合《城市桥梁工程施工与质量验收规范》CJJ 2—2008 的第 21.6.1 条相关规定,且应符合下列规定:

一般项目

①混凝土梯道抗磨、防滑设施应符合设计要求。抹面、贴面面层与底层应黏结牢固。

检查数量:检查梯道数量的 20%。

检验方法:观察、小锤敲击。

②混凝土梯道允许偏差应符合表 5-100 的规定。

表 5-100　混凝土梯道允许偏差

项　目	允许偏差（mm）	检验频率		检验方法
		范　围	点　数	
踏步高度	±5		2	用钢尺量
踏面宽度	±5	每跑台阶	2	用钢尺量
防滑条位置	5	抽查10%	2	用钢尺量
防滑条高度	±3		2	用钢尺量
台阶平台尺寸	±5	每个	2	用钢尺量
坡道坡度	±2%	每跑	2	用坡度尺量

注:应保证平台不积水,雨水可由上向下自流出。

③钢梯道梁制作允许偏差应符合表 5-101 的规定。

表 5-101　钢梯道梁制作允许偏差

项　目	允许偏差（mm）	检验频率		检验方法
		范　围	点　数	
梁高	±2		2	
梁宽	±3		2	
梁长	±5		2	
梯道梁安装孔位置	±3		2	用钢尺量
对角线长度差	4	每件	2	
梯道梁踏步间距	±5		2	
梯道梁纵向挠曲	≤$L/1000$,且不大于 10		2	
踏步板不平直度	1/100		2	沿全长拉线,用钢尺量

注:L 为梁长(mm)。

④钢梯道安装允许偏差应符合表 5-102 的规定。

表 5-102　钢梯道安装允许偏差

项　目	允许偏差（mm）	检验频率		检验方法
		范　围	点　数	
梯道平台高程	±15			用水准仪测量
梯道平台水平度	15	每件		用水准仪测量
梯道侧向弯曲	10		2	沿全长拉线,用钢尺量
梯道轴线对定位轴线的偏位	5			用经纬仪测量
梯道栏杆高度和立杆间距	±3	每道		用钢尺量
无障碍C型坡道和螺旋梯道高程	±15			用水准仪测量

注:梯道平台水平度应保证梯道平台不积水,雨水可由上向下流出梯道。

4. 桥头搭板质量检验

桥头搭板质量检验应符合《城市桥梁工程施工与质量验收规范》CJJ 2—2008的第21.6.1条相关规定,且应符合下列规定:

一般项目

①桥头搭板允许偏差应符合表5-103的规定。

表5-103　混凝土桥头搭板(预制或现浇)允许偏差

项　　目	允许偏差（mm）	检验频率		检验方法
		范　围	点　数	
宽度	±10		2	
厚度	±5		2	用钢尺量
长度	±10		2	
顶面高程	±2	每块	3	用水准仪测量,每端3点
轴线偏位	10		2	用经纬仪测量
板顶纵坡	±0.3%		3	用水准仪测量,每端3点

②混凝土搭板、枕梁不得有蜂窝、露筋,板的表面应平整,板边缘应直顺。

检查数量:全数检查。

检验方法:观察。

③搭板、枕梁支承处接触严密、稳固,相邻板之间的缝隙应嵌填密实。

检查数量:全数检查。

检验方法:观察。

5. 防冲刷结构质量检验

防冲刷结构质量检验应符合《城市桥梁工程施工与质量验收规范》CJJ 2—2008的第21.6.1条相关规定,且应符合下列规定:

一般项目

①锥坡、护坡、护岸允许偏差应符合表5-104的规定。

表5-104　锥坡、护坡、护岸允许偏差

项　　目	允许偏差（mm）	检验频率		检验方法
		范　围	点　数	
顶面高程	±50	每个,50m	3	用水准仪测量
表面平整度	30	每个,50m	3	用2m直尺、钢尺量
坡度	不陡于设计	每个,50m	3	用钢尺量
厚度	不小于设计	每个,50m	3	用钢尺量

注:1. 不足50m部分,取1～2点;

2. 海堤结构允许偏差可按本表1、2、4项执行。

②导流结构允许偏差应符合表 5-105 的规定。

表 5-105　导流结构允许偏差

项　目		允许偏差 （mm）	检验频率		检验方法
			范　围	点　数	
平面位置		30		2	用经纬仪测量
长度		0 −100	每个	1	用钢尺量
断面尺寸		不小于设计		5	用钢尺量
高程	基底	不高于设计		5	用水准仪测量
	顶面	±30			

6. 照明系统质量检验

照明系统质量检验应符合《城市桥梁工程施工与质量验收规范》CJJ 2—2008 的相关规定,且应符合下列规定:

1)主控项目

①电缆、灯具等的型号、规格、材质和性能等应符合设计要求。

检查数量:全数检查。

检查方法:检查产品出厂合格证和进场验收记录。

②电缆接线应正确,接头应作绝缘保护处理,严禁漏电。接地电阻必须符合设计要求。

检查数量:全数检查。

检查方法:观察、用电气仪表检测。

2)一般项目

①电缆铺设位置正确,并应符合国家现行标准的规定。

检查数量:全数检查。

检查方法:观察、检查施工记录。

②灯杆(柱)金属构件必须作防腐处理,涂层厚度应符合设计要求。

检查数量:抽查 10%,且同类构件不少于 3 件。

检查方法:观察、用干膜测厚仪检查。

③灯杆、灯具安装位置应准确、牢固。

检查数量:全数检查。

检查方法:观察,螺栓用扳手检查,焊缝用量规量测。

④照明设施安装允许偏差应符合表 5-106 的规定。

表 5-106　照明设施安装允许偏差

项　目		允许偏差 (mm)	检验频率		检验方法
			范围	点数	
灯杆地面以上高度		±40			用钢尺量
灯杆(柱)竖直度		H/500	每杆 (柱)	1	用经纬仪测量
平面位置	纵向	20			经纬仪放线,用钢尺量
	横向	10			

注:表中 H 为灯杆高度。

十三、装饰与装修

1. 水泥砂浆抹面质量检验

水泥砂浆抹面质量检验应符合下列规定:

1)主控项目

①砂浆的强度应符合设计要求。

检查数量:全数检查。

检验方法:检查试件强度试验报告。

②水泥砂浆面层不得有裂缝,各抹面层之间及其与基层之间应黏结牢固,不得有脱层、空鼓等现象。

检查数量:全数检查。

检验方法:观察、用小锤轻击。

2)一般项目

①普通抹面表面应光滑、洁净、色泽均匀、无抹纹,抹面分隔条的宽度和深度应均匀一致,无错缝、缺棱掉角。

检查数量:按每 500m² 为一个检验批,不足 500m² 的也为一个检验批,每个检验批每 100m² 至少检验一处,每处不小于 10m²。

检查方法:观察、用钢尺量。

②普通抹面允许偏差应符合表 5-107 的规定。

表 5-107　普通抹面允许偏差

项　目	允许偏差 (mm)	检验频率		检验方法
		范围	点数	
平整度	4		4	用 2m 直尺和塞尺量
阴阳角方正	4	每跨、侧	3	用 200m 直角尺量
墙面垂直度	5		2	用 2m 靠尺量

③装饰抹面应符合下列规定:

a. 水刷石应石粒清晰,均匀分布,紧密平整,应无掉粒和接茬痕迹。

b. 水磨石应表面平整、光滑,石子显露密实均匀,应无砂眼、磨纹和漏磨处。分格条位置应准确、直顺。

c. 剁斧石应剁纹均匀、深浅一致、无漏剁处,不剁的边条宽窄应一致,棱角无损坏。

检查数量:按每 500m² 为一个检验批,不足 500m² 的也为一个检验批,每个检验批每 100m² 至少检验一处,每处不小于 10m²。

检查方法:观察、钢尺量。

④装饰抹面允许偏差应符合表 5-108 的规定。

表 5-108 装饰抹面允许偏差

项 目	允许偏差(mm)			检验频率		检 验 方 法
	水磨石	水刷石	剁斧石	范围	点数	
平整度	2	3	3		4	用 2m 直尺和塞尺量
阴阳角方正	2	3	3	每跨、侧	2	用 200m 直角尺量
墙面垂直度	3	5	4		2	用 2m 靠尺量
分格条平直	2	3	3		2	拉 2m 线(不足 2m 拉通线),用钢尺量

2. 镶饰面板和贴饰面砖质量检验

镶饰面板和贴饰面砖质量检验应符合下列规定:

1)主控项目

①饰面所用的材料(饰面板、砖,找平、黏结、勾缝等材料),其品种、规格和技术性能应符合设计要求及国家现行标准规定。

检查数量:按进场的批次和产品的抽样检验方案确定。

检验方法:观察、用钢尺或卡尺量、检查产品合格证、进场验收记录、性能检测报告和复验报告。

②饰面板镶安必须牢固。镶安饰面板的预埋件(或后置预埋件)、连接件的数量、规格、位置、连接方法和防腐处理应符合设计要求。后置预埋件的现场拉拔强度应符合设计要求。

检查数量:每 100m² 至少抽查一处,每处不小于 10m²。

检验方法:手扳、检查进场验收记录和现场拉拔强度检测报告、检查施工记录。

③饰面砖粘贴必须牢固。

检查数量:每 300m²(不足 300m² 按 300m² 计)同类墙体为 1 组,每组取 3 个试样。

检验方法:检查样件黏结强度检测报告和施工记录。

2)一般项目

①镶饰面板的墙(柱)应表面平整、洁净、色泽协调,石材表面不得有起碱、污痕,无显著的光泽受损处,无裂痕和缺损;饰面板嵌缝应平直、密实,宽度和深度

应符合设计要求,嵌填材料应色泽一致。

检查数量:全数检查。

检验方法:观察、钢尺量。

②贴饰面砖的墙(柱)应表面平整、洁净、色泽一致,镶贴无歪斜、翘曲、空鼓、掉角和裂纹等现象。嵌缝应平直、连续、密实,宽度和深度一致。

检查数量:全数检查。

检验方法:观察、用小锤轻击。

③饰面允许偏差应符合表 5-109 的规定。

表 5-109　饰面允许偏差

项 目	允许偏差(mm)						检验频率		检验方法
	天然石			人造石		饰面砖	范围	点数	
	镜面、光面	粗纹石麻面条纹石	天然石	水磨石	水刷石				
平整度	1	3		2	4	2	每跨侧,每饰面	4	用 2m 直尺和塞尺量
垂直度	2	3		2	4	2		2	用 2m 靠尺量
接缝平直	2	4	5	3	4	3		2	拉 5m 线,用钢尺量,横竖各 1 点
相邻板高差	0.3	3		0.5	3	1		2	用钢板尺和塞尺量
接缝宽度	0.5	1	2	0.5	2			2	用钢尺量
阳角方正	2	4		2		2		2	用 200mm 直角尺量

3. 涂饰质量检验

涂饰质量检验应符合下列规定:

1)主控项目

①涂饰材料的材质应符合设计要求。

检查数量:全数检查。

检验方法:检查产品合格证。

②涂料涂刷遍数、涂层厚度均应符合设计要求。

检查数量:按每 500m² 为一检验批,不足 500m² 的也为一个检验批,每个检验批每 100m² 至少检验一处。

检验方法:观察、用干膜测厚仪检查。

2)一般项目

表面应平整光洁,色泽一致。不得有脱皮、漏刷、返锈、透底、流坠、皱纹等现象。

检查数量:全数检查。

检验方法:观察。

第三节　工程竣工验收

(1)开工前,施工单位应会同建设单位、监理工程师确认构成建设项目的单位(子单位)工程、分部(子分部)工程、分项工程和检验批,作为施工质量检验、验收的基础,并应符合下列规定:

1)建设单位招标文件确定的每一个独立合同应为一个单位工程。

当合同文件包含的工程内涵较多,或工程规模较大、或由若干独立设计组成时,宜按工程部位或工程量、每一独立设计将单位工程分成若干子单位工程。

2)单位(子单位)工程应按工程的结构部位或特点、功能、工程量划分分部工程。

分部工程的规模较大或工程复杂时宜按材料种类、工艺特点、施工工法等,将分部工程划为若干子分部工程。

3)分部工程可由一个或若干个分项工程组成,应按主要工种、材料、施工工艺等划分分项工程。

4)分项工程可由一个或若干检验批组成。检验批应根据施工、质量控制和专业验收需要划定。各地区应根据城镇道路建设实际需要,划定适当的检验批。

5)各分部(子分部)工程相应的分项工程、检验批应按表 5-110 的规定执行。《城市桥梁工程施工与质量验收规范》CJJ 2—2008 未规定时,施工单位应在开工前会同建设单位、监理工程师共同研究确定。

表 5-110　城市桥梁分部(子分部)工程与相应的分项工程、检验批

序号	分部工程	子分部工程	分项工程	检验批
1	地基与基础	扩大基础	基坑开挖、地基、土方回填、现浇混凝土(模板与支架、钢筋、混凝土)、砌体	每个基坑
		沉入桩	预制桩(模板、钢筋、混凝土、预应力混凝土)、钢管桩、沉桩	每根桩
		灌注桩	机械成孔、人工挖孔、钢筋笼制作与安装、混凝土灌注	每根桩
		沉井	沉井制作(模板与支架、钢筋、混凝土、钢壳)、浮运、下沉就位、清基与填充	每节、座
		地下连续墙	成槽、钢筋骨架、水下混凝土	每个施工段
		承台	模板与支架、钢筋、混凝土	每个承台

（续）

序号	分部工程	子分部工程	分项工程	检验批
2	墩台	砌体墩台	石砌体、砌块砌体	每个砌筑段、浇筑段、施工段或每个墩台、每个安装段（件）
		现浇混凝土墩台	模板与支架、钢筋、混凝土、预应力混凝土	
		预制混凝土柱	预制柱（模板、钢筋、混凝土、预应力混凝土）、安装	
		台背填土	填土	
3	盖梁		模板与支架、钢筋、混凝土、预应力混凝土	每个盖梁
4	支座		垫石混凝土、支座安装、挡块混凝土	每个支座
5	索塔		现浇混凝土索塔（模板与支架、钢筋、混凝土、预应力混凝土）、钢构件安装	每个浇筑段、每根钢构件
6	锚锭		锚固体系制作、锚固体系安装、锚碇混凝土（模板与支架、钢筋、混凝土）、锚索张拉与压浆	每个制作件、安装件、基础
7	桥跨承重结构	支架上浇筑混凝土梁（板）	模板与支架、钢筋、混凝土、预应力钢筋	每孔、联、施工段
		装配式钢筋混凝土梁（板）	预制梁（板）（模板与支架、钢筋、混凝土、预应力混凝土）、安装梁（板）	每片梁
		悬臂浇筑预应力混凝土梁	0♯段（模板与支架、钢筋、混凝土、预应力混凝土）、悬浇段（挂篮、模板、钢筋、混凝土、预应力混凝土）	每个浇筑段
		悬臂拼装预应力混凝土梁	0♯段（模板与支架、钢筋、混凝土、预应力混凝土）、梁段预制（模板与支架、钢筋、混凝土）、拼装梁段、施加预应力	每个拼装段
		顶推施工混凝土梁	台座系统、导梁、梁段预制（模板与支架、钢筋、混凝土、预应力混凝土）、顶推梁段、施加预应力	每节段
		钢梁	现场安装	每个制作段、孔、联
		结合梁	钢梁安装、预应力钢筋混凝土梁预制（模板与支架、钢筋、混凝土、预应力混凝土）、预制梁安装、混凝土结构浇筑（模板与支架、钢筋、混凝土、预应力混凝土）	每段、孔
		拱部与拱上结构	砌筑拱圈、现浇混凝土拱圈、劲性骨架混凝土拱圈、装配式混凝土拱部结构、钢管混凝土拱（拱肋安装、混凝土压注）、吊杆、系杆拱、转体施工、拱上结构	每个砌筑段、安装段、浇筑段、施工段

（续）

序号	分部工程	子分部工程	分项工程	检验批
7	桥跨承重结构	斜拉桥的主梁与拉索	0♯段混凝土浇筑、悬臂浇筑混凝土主梁、支架上浇筑混凝土主梁、悬臂拼装混凝土主梁、悬拼钢箱梁、支架上安装钢箱梁、结合梁、拉索安装	每个浇筑段、制作段、安装段、施工段
		悬索桥的加劲梁与缆索	索鞍安装、主缆架设、主缆防护、索夹和吊索安装、加劲梁拼装	每个制作段、安装段、施工段
8	顶进箱涵		工作坑、滑板、箱涵预制（模板与支架、钢筋、混凝土）、箱涵顶进	每坑、每制作节、顶进节
9	桥面系		排水设施、防水层、桥面铺装层（沥青混合料铺装、混凝土铺—模板、钢筋、混凝土、伸缩装置、地袱和缘石与挂板、防护设施、人行道	每个施工段、每孔
10	附属结构		隔声与防眩装置、梯道（砌体、混凝土——模板与支架、钢筋、混凝土；钢结构）、桥头搭板（模板、钢筋、混凝土）、防冲刷结构、照明、挡土墙▲	每砌筑段、浇筑段、安装段、每座构筑物
11	装饰与装修		水泥砂浆抹面、饰面板、饰面砖和涂装	每跨、侧、饰面
12	引道▲			

注：表中"▲"项应符合国家现行标准《城镇道路工程施工与质量验收规范》CJJ1 的有关规定。

（2）施工中应按下列规定进行施工质量控制，并应进行过程检验、验收：

1）工程采用的主要材料、半成品、成品、构配件、器具和设备应按相关专业质量标准进行进场检验和使用前复验。现场验收和复验结果应经监理工程师检查认可。凡涉及结构安全和使用功能的，监理工程师应按规定进行平行检测或见证取样检测，并确认合格。

2）各分项工程应按《城市桥梁工程施工与质量验收规范》CJJ 2—2008 进行质量控制，各分项工程完成后应进行自检、交接检验，并形成文件，经监理工程师检查签认后，方可进行下一个分项工程施工。

（3）工程施工质量应按下列要求进行验收：

1）工程施工质量应符合《城市桥梁工程施工与质量验收规范》CJJ 2—2008 和相关专业验收规范的规定。

2）工程施工应符合工程勘察、设计文件的要求。

3）参加工程施工质量验收的各方人员应具备规定的资格。

4）工程质量的验收均应在施工单位自行检查评定合格的基础上进行。

5）隐蔽工程在隐蔽前，应由施工单位通知监理工程师和相关单位人员进行隐蔽验收，确认合格后，并形成隐蔽验收文件。

6)监理工程师应按规定对涉及结构安全的试块、试件和现场检测项目,进行平行检测、见证取样检测并确认合格。

7)检验批的质量应按主控项目和一般项目进行验收。

8)对涉及结构安全和使用功能的分部工程应进行抽样检测。

9)承担见证取样检测及有着结构安全检测的单位应具有相应资质。

10)工程的外观质量应由验收人员通过现场检查共同确认。

(4)隐蔽工程应由专业监理工程师负责验收。检验批及分项工程应由专业监理工程师组织施工单位项目专业质量(技术)负责人等进行验收。关键分项工程及重要部位应由建设单位项目负责人组织总监理工程师、专业监理工程师、施工单位项目负责人和技术质量负责人、设计单位专业设计人员等进行验收。分部工程应由总监理工程师组织施工单位项目负责人和技术质量负责人、专业监理工程师等进行验收。

(5)检验批合格质量应符合下列规定:

1)主控项目的质量应经抽样检验合格。

2)一般项目的质量应经抽样检验合格;当采用计数检验时,除有专门要求外,一般项目的合格点率应达到80%及以上,且不合格点的最大偏差值不得大于规定允许偏差值的1.5倍。

3)具有完整的施工操作依据和质量检查记录。

(6)分项工程质量验收合格应符合下列规定:

1)分项工程所含检验批均应符合合格质量的规定。

2)分项工程所含检验批的质量验收记录应完整。

(7)分部工程质量验收合格应符合下列规定:

1)分部工程所含分项工程的质量均应验收合格。

2)质量控制资料应完整。

3)涉及结构安全和使用功能的质量应按规定验收合格。

4)外观质量验收应符合要求。

(8)单位工程质量验收合格应符合下列规定:

1)单位工程所含分部工程的质量均应验收合格。

2)质量控制资料应完整。

3)单位工程所含分部工程中有关安全和功能的控制资料应完整。

4)影响桥梁安全使用和周围环境的参数指标应符合规定。

5)外观质量验收应符合要求。

(9)单位工程验收程序应符合下列规定:

1)施工单位应在自检合格基础上将竣工资料与自检结果,报监理工程师申请验收。

2)总监理工程师应约请相关人员审核竣工资料进行预检,并据结果写出评估报告,报建设单位组织验收。

3)建设单位项目负责人应根据监理工程师的评估报告组织建设单位项目技术质量负责人、有关专业设计人员、总监理工程师和专业监理工程师、施工单位项目负责人参加工程验收。

(10)工程竣工验收应由建设单位组织验收组进行。验收组应由建设、勘察、设计、施工、监理与设施管理等单位的有关负责人组成,亦可邀请有关方面专家参加。工程竣工验收应在构成桥梁的各分项工程、分部工程、单位工程质量验收均合格后进行。当设计规定进行桥梁功能、荷载试验时,必须在荷载试验完成后进行。桥梁工程竣工资料须于竣工验收前完成。

(11)工程竣工验收内容应符合下列规定:

1)主控项目

①桥下净空不得小于设计要求。

检查数量:全数检查。

检查方法:用水准仪测量或用钢尺量。

②单位工程所含分部工程有关安全和功能的检测资料应完整。

检查数量:全数检查。

检查方法:检查工程组卷资料,按规定进行工程实体抽查或对相关资料抽查。

2)一般项目

①桥梁实体检测允许偏差应符合表 5-111 的规定。

表 5-111　桥梁实体检测允许偏差

项　　目		允许偏差（mm）	检验频率		检验方法
			范围	点数	
桥梁轴线位移		10		3	用经纬仪或全站仪检测
桥宽	车行道 人行道	±10		3	用钢尺量每孔 3 处
	长度	+200, -100	每座或每跨、每孔	2	用测距仪
引道中线与桥梁中线偏差		±20		2	用经纬仪或全站仪检测
桥头高程衔接		±3		2	用水准仪测量

注:1. 项目 3 长度为桥梁总体检测长度;受桥梁形式、环境温度、伸缩缝位置等因素的影响,实际检测中通常检测两条伸缩缝之间的长度,或多条伸缩缝之间的累加长度;

2. 连续梁、结合梁两条伸缩缝之间长度允许偏差为±15mm。

②桥梁实体外形检查应符合下列要求：

a. 墩台混凝土表面应平整，色泽均匀，无明显错台、蜂窝麻面，外形轮廓清晰。

b. 砌筑墩台表面应平整，砌缝应无明显缺陷，勾缝应密实坚固、无脱落，线角应顺直。

c. 桥台与挡墙、护坡或锥坡衔接应平顺，应无明显错台；沉降缝、泄水孔设置正确。

d. 索塔表面应平整，色泽均匀，无明显错台和蜂窝麻面，轮廓清晰，线形直顺。

e. 混凝土梁体（框架桥体）表面应平整、色泽均匀、轮廓清晰、无明显缺陷；全桥整体线形应平顺、梁缝基本均匀。

f. 钢梁安装线形应平顺，防护涂装色泽应均匀、无漏涂、无划伤、无起皮，涂膜无裂纹。

g. 拱桥表面平整，无明显错台；无蜂窝麻面、露筋或砌缝脱落现象，色泽均匀；拱圈（拱肋）及拱上结构轮廓线圆顺、无折弯。

h. 索股钢丝应顺直、无扭转、无鼓丝、无交叉，锚环与锚垫板应密贴并居中，锚环及外丝应完好、无变形，防护层应无损伤，斜拉索色泽应均匀、无污染。

i. 桥梁附属结构应稳固，线形应直顺，应无明显错台、无缺棱掉角。

检查数量：全数检查。

检查方法：观察。

(12)工程竣工验收时可抽检各单位工程的质量情况。

(13)工程竣工验收合格后，建设单位应按规定将工程竣工验收报告和有关文件，报政府建设行政主管部门备案。

第六章 给水排水管道工程

第一节 质 量 控 制

一、土石方与地基处理

1. 一般规定

(1)沟槽的开挖、支护方式应根据工程地质条件、施工方法、周围环境等要求进行技术经济比较,确保施工安全和环境保护要求。

(2)沟槽开挖至设计高程后应由建设单位会同设计、勘察、施工、监理单位共同验槽。

(3)沟槽支护应根据沟槽的土质、地下水位、沟槽断面、荷载条件等因素进行设计;施工单位应按设计要求进行支护。

(4)土石方爆破施工必须按国家有关部门的规定,由有相应资质的单位进行施工。

(5)给排水管道铺设完毕并经检验合格后,应及时回填沟槽。

2. 施工降排水

(1)对有地下水影响的土方施工,应根据工程规模、工程地质、水文地质、周围环境等要求,制定施工降排水方案。

(2)设计降水深度在基坑(槽)范围内不应小于基坑(槽)底面以下0.5m。

(3)降水井的平面布置应符合下列规定:

1)在沟槽两侧应根据计算确定采用单排或双排降水井,在沟槽端部,降水井外延长度应为沟槽宽度的1～2倍;

2)在地下水补给方向可加密,在地下水排泄方向可减少。

(4)降水深度必要时应进行现场抽水试验,以验证并完善降排水方案。

(5)采取明沟排水施工时,排水井宜布置在沟槽范围以外,其间距不宜大于150m。

(6)施工降排水终止抽水后,降水井及拔除井点管所留的孔洞,应及时用砂石等填实;地下水静水位以上部分,可采用黏土填实。

3.沟槽开挖与支护

(1)沟槽的开挖应符合下列规定：

1)沟槽的开挖断面应符合施工组织设计(方案)的要求。槽底原状地基土不得扰动,机械开挖时槽底预留 200～300mm 土层由人工开挖至设计高程,整平;

2)槽底不得受水浸泡或受冻,槽底局部扰动或受水浸泡时,宜采用天然级配砂砾石或石灰土回填;槽底扰动土层为湿陷性黄土时,应按设计要求进行地基处理;

3)槽底土层为杂填土、腐蚀性土时,应全部挖除并按设计要求进行地基处理;

4)槽壁平顺,边坡坡度符合施工方案的规定;

5)在沟槽边坡稳固后设置供施工人员上下沟槽的安全梯。

(2)采用撑板支撑应经计算确定撑板构件的规格尺寸。

(3)沟槽支撑应符合以下规定：

1)支撑应经常检查,发现支撑构件有弯曲、松动、移位或劈裂等迹象时,应及时处理;雨期及春季解冻时期应加强检查;

2)拆除支撑前,应对沟槽两侧的建筑物、构筑物和槽壁进行安全检查,并应制定拆除支撑的作业要求和安全措施;

3)施工人员应由安全梯上下沟槽,不得攀登支撑。

(4)拆除撑板应符合下列规定：

1)支撑的拆除应与回填土的填筑高度配合进行,且在拆除后应及时回填;

2)对于设置排水沟的沟槽,应从两座相邻排水井的分水线向两端延伸拆除;

3)对于多层支撑沟槽,应待下层回填完成后再拆除其上层槽的支撑;

4)拆除单层密排撑板支撑时,应先回填至下层横撑底面,再拆除下层横撑,待回填至半槽以上,再拆除上层横撑;一次拆除有危险时,宜采取替换拆撑法拆除支撑。

(5)拆除钢板桩应符合下列规定：

1)在回填达到规定要求高度后,方可拔除钢板桩;

2)钢板桩拔除后应及时回填桩孔;

3)回填桩孔时应采取措施填实;采用砂灌回填时,非湿陷性黄土地区可冲水助沉;有地面沉降控制要求时,宜采取边拔桩边注浆等措施。

(6)铺设柔性管道的沟槽,支撑的拆除应按设计要求进行。

4.地基处理

(1)管道地基应符合设计要求,管道天然地基的强度不能满足设计要求时应按设计要求加固。

（2）槽底局部超挖或发生扰动时,处理应符合下列规定：

1）超挖深度不超过 150mm 时,可用挖槽原土回填夯实,其压实度不应低于原地基土的密实度；

2）槽底地基土壤含水量较大,不适于压实时,应采取换填等有效措施。

（3）排水不良造成地基土扰动时,可按以下方法处理：

1）扰动深度在 100mm 以内,宜填天然级配砂石或砂砾处理；

2）扰动深度在 300mm 以内,但下部坚硬时,宜填卵石或块石,再用砾石填充空隙并找平表面。

（4）设计要求换填时,应按要求清槽,并经检查合格；回填材料应符合设计要求或有关规定。

（5）柔性管道处理宜采用砂桩、搅拌桩等复合地基。

5. 沟槽回填

（1）管道沟槽回填应符合下列规定：

1）沟槽内砖、石、木块等杂物清除干净；

2）沟槽内不得有积水；

3）保持降排水系统正常运行,不得带水回填。

（2）井室、雨水口及其他附属构筑物周围回填应符合下列规定：

1）井室周围的回填,应与管道沟槽回填同时进行；不便同时进行时,应留台阶形接茬；

2）井室周围回填压实时应沿井室中心对称进行,且不得漏夯；

3）回填材料压实后应与井壁紧贴；

4）路面范围内的井室周围,应采用石灰土、砂、砂砾等材料回填,其回填宽度不宜小于 400mm；

5）严禁在槽壁取土回填。

（3）管道埋设的管顶覆土最小厚度应符合设计要求,且满足当地冻土层厚度要求；管顶覆土回填压实度达不到设计要求时应与设计协商进行处理。

二、开槽施工管道主体结构

1. 一般规定

（1）管道各部位结构和构造形式、所用管节、管件及主要工程材料等应符合设计要求。

（2）管道应在沟槽地基、管基质量检验合格后安装；安装时宜自下游开始,承口应朝向施工前进的方向。

（3）接口工作坑应配合管道铺设及时开挖,开挖尺寸应符合施工方案的要求。

（4）管节下入沟槽时，不得与槽壁支撑及槽下的管道相互碰撞；沟内运管不得扰动原状地基。

（5）合槽施工时，应先安装埋设较深的管道，当回填土高程与邻近管道基础高程相同时，再安装相邻的管道。

（6）管道安装时，应将管节的中心及高程逐节调整正确，安装后的管节应进行复测，合格后方可进行下一工序的施工。

（7）管道安装时，应随时清除管道内的杂物，暂时停止安装时，两端应临时封堵。

（8）压力管道上的阀门，安装前应逐个进行启闭检验。

（9）露天或埋设在对橡胶圈有腐蚀作用的土质及地下水中的柔性接口，应采用对橡胶圈无不良影响的柔性密封材料，封堵外露橡胶圈的接口缝隙。

（10）管道保温层的施工应符合下列规定：

1）在管道焊接、水压试验合格后进行；

2）法兰两侧应留有间隙，每侧间隙的宽度为螺栓长加 20～30mm；

3）保温层与滑动支座、吊架、支架处应留出空隙；

4）硬质保温结构，应留伸缩缝；

（11）污水和雨、污水合流的金属管道内表面，应按国家有关规范的规定和设计要求进行防腐层施工。

（12）管道安装完成后，应按相关规定和设计要求设置管道位置标识。

2.管道基础

（1）管道基础采用原状地基时，施工应符合下列规定：

1）原状土地基局部超挖或扰动时应进行处理；岩石地基局部超挖时，应将基底碎渣全部清理，回填低强度等级混凝土或粒径 10～15mm 的砂石回填夯实；

2）原状地基为岩石或坚硬土层时，管道下方应铺设砂垫层；

3）非永冻土地区，管道不得铺设在冻结的地基上；管道安装过程中，应防止地基冻胀。

（2）混凝土基础施工应符合下列规定：

1）平基与管座的模板，可一次或两次支设，每次支设高度宜略高于混凝土的浇筑高度；

3）管座与平基分层浇筑时，应先将平基凿毛冲洗干净；

4）管座与平基采用垫块法一次浇筑时，必须先从一侧灌注混凝土，对侧的混凝土高过管底与灌注侧混凝土高度相同时，两侧再同时浇筑，并保持两侧混凝土高度一致；

5)管道基础应按设计要求留变形缝,变形缝的位置应与柔性接口相一致;

6)管道平基与井室基础宜同时浇筑;跌落水井上游接近井基础的一段应砌砖加固,并将平基混凝土浇至井基础边缘;

7)混凝土浇筑中应防止离析;浇筑后应进行养护,强度低于 1.2MPa 时不得承受荷载。

(3)砂石基础施工应符合下列规定:

1)铺设前应先对槽底进行检查,槽底高程及槽宽须符合设计要求,且不应有积水和软泥;

2)柔性接口的刚性管道的基础结构,设计无要求时一般土质地段可铺设砂垫层;

3)管道有效支承角范围必须用中、粗砂填充插捣密实,与管底紧密接触,不得用其他材料填充。

3.钢管安装

(1)管道安装前,管节应逐根测量、编号。宜选用管径相差最小的管节组对对接。

(2)下管前应先检查管节的内外防腐层,合格后方可下管。

(3)管节组成管段下管时,管段的长度、吊距,应根据管径、壁厚、外防腐层材料的种类及下管方法确定。

(4)弯管起弯点至接口的距离不得小于管径,且不得小于 100mm。

(5)管节组对焊接时应先修口、清根,管端端面的坡口角度、钝边、间隙,应符合设计要求。

(6)对口时应使内壁齐平,错口的允许偏差应为壁厚的 20%,且不得大于 2mm。

(7)不同壁厚的管节对口时,管壁厚度相差不宜大于 3mm。

(8)直线管段不宜采用长度小于 800mm 的短节拼接。

(9)组合钢管固定口焊接及两管段间的闭合焊接,应在无阳光直照和气温较低时施焊;采用柔性接口代替闭合焊接时,应与设计协商确定。

(10)钢管对口检查合格后,方可进行接口定位焊接。定位焊接采用点焊时,应符合下列规定:

1)点焊焊条应采用与接口焊接相同的焊条;

2)点焊时,应对称施焊,其焊缝厚度应与第一层焊接厚度一致;

3)钢管的纵向焊缝及螺旋焊缝处不得点焊;

(11)焊接方式应符合设计和焊接工艺评定的要求,管径大于 800mm 时,应采用双面焊。

（12）管道采用法兰连接时,应符合下列规定:

1）法兰应与管道保持同心,两法兰间应平行;

2）螺栓应使用相同规格,且安装方向应一致;螺栓应对称紧固,紧固好的螺栓应露出螺母之外;

3）与法兰接口两侧相邻的第一至第二个刚性接口或焊接接口,待法兰螺栓紧固后方可施工;

4）法兰接口埋入土中时,应采取防腐措施。

4.钢管内外防腐

（1）管体的内外防腐层宜在工厂内完成,现场连接的补口按设计要求处理。

（2）水泥砂浆内防腐层应符合下列规定:

1）水泥砂浆内防腐层可采用机械喷涂、人工抹压、拖筒或离心预制法施工;工厂预制时,在运输、安装、回填土过程中,不得损坏水泥砂浆内防腐层;

2）管道端点或施工中断时,应预留搭茬;

3）水泥砂浆抗压强度符合设计要求,且不应低于30MPa;

4）采用人工抹压法施工时,应分层抹压;

5）水泥砂浆内防腐层成形后,应立即将管道封堵,终凝后进行潮湿养护;

（3）液体环氧涂料内防腐层应符合下列规定:

1）应按涂料生产厂家产品说明书的规定配制涂料,不宜加稀释剂;

2）涂料使用前应搅拌均匀;

3）宜采用高压无气喷涂工艺,在工艺条件受限时,可采用空气喷涂或挤涂工艺;

4）应调整好工艺参数且稳定后,方可正式涂敷;防腐层应平整、光滑,无流挂、无划痕等;涂敷过程中应随时监测湿膜厚度;

5）环境相对湿度大于85%时,应对钢管除湿后方可作业;严禁在雨、雪、雾及风沙等气候条件下露天作业。

（4）石油沥青涂料外防腐层施工应符合下列规定:

1）涂底料前管体表面应清除油垢、灰渣、铁锈;

2）涂底料时基面应干燥,基面除锈后与涂底料的间隔时间不得超过8h;

3）沥青涂料熬制温度宜在230℃左右,最高温度不得超过250℃,熬制时间宜控制在4~5h,每锅料应抽样检查;

4）涂沥青后应立即缠绕玻璃布;

5）包扎聚氯乙烯膜保护层作业时,不得有褶皱、脱壳现象;

6）沟槽内管道接口处施工,应在焊接、试压合格后进行,接茬处应黏结牢固、严密。

（5）环氧煤沥青外防腐层施工应符合下列规定：

1）焊接表面应光滑无刺、无焊瘤、棱角；

2）应按产品说明书的规定配制涂料；

3）底料应在表面除锈合格后尽快涂刷，空气湿度过大时，应立即涂刷；

4）面料涂刷和包扎玻璃布，应在底料表干后、固化前进行，底料与第一道面料涂刷的间隔时间不得超过24h。

（6）防腐管在下沟槽前应进行检验，检验不合格应修补至合格。沟槽内的管道，其补口防腐层应经检验合格后方可回填。

（7）阴极保护施工应与管道施工同步进行。

（8）阴极保护系统的阳极的种类、性能、数量、分布与连接方式，测试装置和电源设备应符合国家有关标准的规定和设计要求。

5.球墨铸铁管安装

（1）管节及管件下沟槽前，应清除承口内部的油污、飞刺、铸砂及凹凸不平的铸瘤。

（2）沿直线安装管道时，宜选用管径公差组合最小的管节组对连接，确保接口的环向间隙应均匀。

（3）采用滑入式或机械式柔性接口时，橡胶圈的质量、性能、细部尺寸，应符合国家有关球墨铸铁管及管件标准的规定。

（4）橡胶圈安装经检验合格后，方可进行管道安装。

（5）安装滑入式橡胶圈接口时，推入深度应达到标记环，并复查与其相邻已安好的第一至第二个接口推入深度。

（6）安装机械式柔性接口时，应使插口与承口法兰压盖的轴线相重合；螺栓安装方向应一致，用扭矩扳手均匀、对称地紧固。

6.钢筋混凝土管及预（自）应力混凝土管安装

（1）管节安装前应进行外观检查，发现裂缝、保护层脱落、空鼓、接口掉角等缺陷，应修补并经鉴定合格后方可使用。

（2）管节安装前应将管内外清扫干净，安装时应使管道中心及内底高程符合设计要求，稳管时必须采取措施防止管道发生滚动。

（3）柔性接口形式应符合设计要求。

（4）柔性接口的钢筋混凝土管、预（自）应力混凝土管安装前，承口内工作面、插口外工作面应清洗干净；套在插口上的橡胶圈应平直、无扭曲，应正确就位；橡胶圈表面和承口工作面应涂刷无腐蚀性的润滑剂。

（5）刚性接口的钢筋混凝土管道施工应符合下列规定：

1）抹带前应将管口的外壁凿毛、洗净；

2)钢丝网端头应在浇筑混凝土管座时插入混凝土内,在混凝土初凝前,分层抹压钢丝网水泥砂浆抹带;

3)抹带完成后应立即用吸水性强的材料覆盖,3~4h后洒水养护;

4)水泥砂浆填缝及抹带接口作业时落入管道内的接口材料应清除。

(6)钢筋混凝土管沿直线安装时,管口间的纵向间隙应符合设计及产品标准要求;预(自)应力混凝土管沿曲线安装时,管口间的纵向间隙最小处不得小于5mm。

(7)预(自)应力混凝土管不得截断使用。

(8)井室内暂时不接支线的预留管(孔)应封堵。

(9)预(自)应力混凝土管道采用金属管件连接时,管件应进行防腐处理。

7.预应力钢筒混凝土管安装

(1)承插式橡胶圈柔性接口施工时应符合下列规定:

1)清理管道承口内侧、插口外部凹槽等连接部位和橡胶圈;

2)将橡胶圈套入插口上的凹槽内,保证橡胶圈在凹槽内受力均匀、没有扭曲翻转现象;

3)用配套的润滑剂涂擦在承口内侧和橡胶圈上,检查涂覆是否完好;

4)在插口上按要求做好安装标记,以便检查插入是否到位;

5)接口安装时,将插口一次插入承口内,达到安装标记为止;

(2)采用钢制管件连接时,管件应进行防腐处理。

(3)现场合拢应符合以下规定:

1)安装过程中,应严格控制合拢处上、下游管道接装长度、中心位移偏差;

2)合拢位置宜选择在设有人孔或设备安装孔的配件附近;

3)不允许在管道转折处合拢;

4)现场合拢施工焊接不宜在当日高温时段进行。

8.玻璃钢管安装

接口连接、管道安装应符合下列规定:

1)采用套筒式连接的,应清除套筒内侧和插口外侧的污渍和附着物;

2)管道安装就位后,套筒式或承插式接口周围不应有明显变形和胀破;

3)施工过程中应防止管节受损伤,避免内表层和外保护层剥落;

4)检查井、透气井、阀门井等附属构筑物或水平折角处的管节,应采取避免不均匀沉降造成接口转角过大的措施;

5)混凝土或砌筑结构等构筑物墙体内的管节,可采取设置橡胶圈或中介层法等措施,管外壁与构筑物墙体的交界面密实、不渗漏。

9.硬聚氯乙烯管、聚乙烯管及其复合管安装

（1）管道铺设应符合下列规定：

1）采用承插式（或套筒式）接口时，宜人工布管且在沟槽内连接；

2）采用电熔、热熔接口时，宜在沟槽边上将管道分段连接后以弹性铺管法移入沟槽；移入沟槽时，管道表面不得有明显的划痕。

（2）管道连接应符合下列规定：

1）承插式柔性连接、套筒（带或套）连接、法兰连接、卡箍连接等方法采用的密封件、套筒件、法兰、紧固件等配套管件，必须由管节生产厂家配套供应；电熔连接、热熔连接应采用专用电器设备、挤出焊接设备和工具进行施工；

2）管道连接时必须对连接部位、密封件、套筒等配件清理干净，并采取防腐措施；

3）承插式柔性接口连接宜在当日温度较高时进行，插口端不宜插到承口底部，插入前应在插口端外壁做出插入深度标记；插入完毕后，承插口周围空隙均匀，连接的管道平直；

4）电熔连接、热熔连接、套筒（带或套）连接、法兰连接、卡箍连接应在当日温度较低或接近最低时进行；接头处应有沿管节圆周平滑对称的外翻边，内翻边应铲平；

5）管道与井室宜采用柔性连接，连接方式符合设计要求；

6）管道系统设置的弯头、三通、变径处应采用混凝土支墩或金属卡箍拉杆等技术措施；

7）安装完的管道中心线及高程调整合格后，即将管底有效支撑角范围用中粗砂回填密实，不得用土或其他材料回填。

三、不开槽施工管道主体结构

1.一般规定

（1）施工前应进行现场调查研究，并对建设单位提供的工程沿线的有关工程地质、水文地质和周围环境情况，以及沿线地下与地上管线、周边建（构）筑物、障碍物及其他设施的详细资料进行核实确认；必要时应进行坑探。

（2）施工前应编制施工方案，严格按施工方案进行施工。

（3）根据工程设计、施工方法、工程水文地质条件，对邻近建（构）筑物、管线，应采用土体加固或其他有效的保护措施。

（4）根据设计要求、工程特点及有关规定，对管（隧）道沿线影响范围地表或地下管线等建（构）筑物设置观测点，进行监控测量。监控测量的信息应及时反馈，以指导施工，发现问题及时处理。

（5）顶管施工的管节应符合下列规定：

1）管节的规格及其接口连接形式应符合设计要求；

2）钢筋混凝土成品管质量应符合国家现行标准，管节及接口的抗渗性能应符合设计要求；

3）钢管制作质量应符合设计要求，且焊缝等级应不低于Ⅱ级；外防腐结构层满足设计要求，顶进时不得被土体磨损；

4）双插口、钢承口钢筋混凝土管钢材部分制作与防腐应按钢管要求执行；

6）橡胶圈应符合设计要求，与管节黏附牢固、表面平顺；

7）衬垫的厚度应根据管径大小和顶进情况选定。

（6）盾构管片的结构形式、制作材料、防水措施应符合设计要求。

（7）水平定向法施工，应根据设计要求选用聚乙烯管或钢管；夯管法施工采用钢管，管材的规格、性能还应满足施工方案要求；成品管产品质量应符合设计要求。

（8）施工中应做好掘进、管道轴线跟踪测量记录。

2.工作井

（1）工作井围护结构应根据工程水文地质条件、邻近建（构）筑物、地下与地上管线情况，以及结构受力、施工安全等要求，经技术经济比较后确定。

（2）工作井施工应遵守下列规定：

1）编制专项施工方案；

2）应根据工作井的尺寸、结构形式、环境条件等因素确定支护（撑）形式；

3）土方开挖过程中，应遵循"开槽支撑、先撑后挖、分层开挖，严禁超挖"的原则进行开挖与支撑；

4）井底应保证稳定和干燥，并应及时封底；

5）井底封底前，应设置集水坑，坑上应设有盖；封闭集水坑时应进行抗浮验算；

（3）顶管的顶进工作井、盾构的始发工作井的后背墙施工应符合下列规定：

1）后背墙结构强度与刚度必须满足顶管、盾构最大允许顶力和设计要求；

2）后背墙平面与掘进轴线应保持垂直，表面应坚实平整，能有效地传递作用力；

3）施工前必须对后背土体进行允许抗力的验算，验算通不过时应对后背土体加固，以满足施工安全、周围环境保护要求；

（4）工作井尺寸应结合施工场地、施工管理、洞门拆除、测量及垂直运输等要求确定。

（5）工作井洞口施工应符合下列规定：

1)顶留进、出洞口的位置应符合设计和施工方案的要求;

2)洞口土层不稳定时,应对土体进行改良,进出洞施工前应检查改良后的土体强度和渗漏水情况;

3)设置临时封门时,应考虑周围土层变形控制和施工安全等要求。封门应拆除方便,拆除时应减小对洞门土层的扰动;

4)浅埋暗挖施工的洞口影响范围的土层应进行预加固处理。

3.顶管

(1)顶管施工应根据工程具体情况采用下列技术措施:

1)一次顶进距离大于100m时,应采用中继间技术;

2)在砂砾层或卵石层顶管时,应采取管节外表面熔蜡措施、触变泥浆技术等减少顶进阻力和稳定周围土体;

3)长距离顶管应采用激光定向等测量控制技术。

(2)计算施工顶力时,应综合考虑管节材质、顶进工作井后背墙结构的允许最大荷载、顶进设备能力、施工技术措施等因素。

(3)施工最大顶力有可能超过允许顶力时,应采取减少顶进阻力、增设中继间等施工技术措施。

(4)顶管进、出工作井时应根据工程地质和水文地质条件、埋设深度、周围环境和顶进方法,选择技术经济合理的技术措施。

(5)顶进作业应符合下列规定:

1)应根据土质条件、周围环境控制要求、顶进方法、各项顶进参数和监控数据、顶管机工作性能等,确定顶进、开挖、出土的作业顺序和调整顶进参数;

2)掘进过程中应严格量测监控,实施信息化施工,确保开挖掘进工作面的土体稳定和土(泥水)压力平衡;并控制顶进速度、挖土和出土量,减少土体扰动和地层变形;

3)管道顶进过程中,应遵循"勤测量、勤纠偏、微纠偏"的原则,控制顶管机前进方向和姿态,并应根据测量结果分析偏差产生的原因和发展趋势,确定纠偏的措施;

4)开始顶进阶段,应严格控制顶进的速度和方向;

5)进入接收工作井前应提前进行顶管机位置和姿态测量,并根据进口位置提前进行调整;

6)在软土层中顶进混凝土管时,为防止管节飘移,宜将前3~5节管体与顶管机联成一体;

7)应严格控制管道线形,对于柔性接口管道,其相邻管间转角不得大于该管材的允许转角。

（6）中继间的安装、运行、拆除应符合下列规定：

1）中继间壳体应有足够的刚度；其千斤顶的数量应根据该段施工长度的顶力计算确定，并沿周长均匀分布安装；其伸缩行程应满足施工和中继间结构受力的要求；

2）中继间安装前应检查各部件，确认正常后方可安装；安装完毕应通过试运转检验后方可使用；

3）中继间的启动和拆除应由前向后依次进行；

4）拆除中继间时，应具有对接接头的措施；中继间的外壳若不拆除，应在安装前进行防腐处理。

（7）根据工程实际情况正确选择顶管机，顶进中对地层变形的控制应符合下列要求：

1）通过信息化施工，优化顶进的控制参数，使地层变形最小；

2）采用同步注浆和补浆，及时填充管外壁与土体之间的施工间隙，避免管道外壁土体扰动；

3）发生偏差应及时纠偏；

4）避免管节接口、中继间、工作井洞口及顶管机尾部等部位的水土流失和泥浆渗漏，并确保管节接口端面完好；

5）保持开挖量与出土量的平衡。

（8）顶管管道贯通后应做好下列工作：

1）工作井中的管端应按下列规定处理：

a.进入接收工作井的顶管机和管端下部应设枕垫；

b.管道两端露在工作井中的长度不小于0.5m，且不得有接口；

c.工作井中露出的混凝土管道端部应及时浇筑混凝土基础；

2）顶管结束后进行触变泥浆置换时，应采取下列措施：

a.采用水泥砂浆、粉煤灰水泥砂浆等易于固结或稳定性较好的浆液置换泥浆填充管外侧超挖、塌落等原因造成的空隙；

b.拆除注浆管路后，将管道上的注浆孔封闭严密；

c.将全部注浆设备清洗干净；

3）钢筋混凝土管顶进结束后，管道内的管节接口间隙应按设计要求处理；设计无要求时，可采用弹性密封膏密封，其表面应抹平、不得凸入管内。

（9）管道的垂直顶升施工应符合下列规定：

1）垂直顶升范围内的特殊管段，其结构形式应符合设计要求，结构强度、刚度和管段变形情况应满足承载顶升反力的要求；特殊管段土基应进行强度、稳定性验算，并根据验算结果采取相应的土体加固措施；

2)顶进的特殊管段位置应准确,开孔管节在水平顶进时应采取防旋转的措施,保证顶升口的垂直度、中心位置满足设计和垂直顶升要求;开孔管节与相邻管节应连结牢固;

3)垂直顶升应符合下列规定:

a.应按垂直立管的管节组对编号顺序依次进行;

b.立管管节就位时应位置正确,并保证管节与止水框装置内圈的周围间隙均匀一致,止水嵌条止水可靠;

c.立管管节应平稳、垂直向上顶升;顶升各千斤顶行程应同步、匀速,并避免顶块偏心受力;

d.垂直立管的管节间接口连接正确、牢固,止水可靠;

e.应有防止垂直立管后退和管节下滑的措施;

4)垂直顶升完成后,应完成下列工作:

a.做好与水平开口管节顶升口的接口处理,确保底座管节与水平管连接强度可靠;

b.立管进行防腐和阴极保护施工;

c.管道内应清洁干净,无杂物;

5)垂直顶升管在水下揭去帽盖时,必须在水平管道内灌满水并按设计要求采取立管稳管保护及揭帽盖安全措施后进行;

6)外露的钢制构件防腐应符合设计要求。

4.盾构

(1)盾构施工应根据设计要求和工程具体情况确定盾构类型、施工工艺,布设管片生产及地下、地面生产辅助设施,做好施工准备工作。

(2)盾构进、出工作井施工应符合下列规定:

1)土层不稳定时需对洞口土体进行加固,盾构出始发工作井前应对经加固的洞口土体进行检查;

2)出始发工作井拆除封门前应将盾构靠近洞口,拆除后应将盾构迅速推入土层内,缩短正面土层的暴露时间;洞圈与管片外壁之间应及时安装洞口止水密封装置;

3)盾构出工作井后的50～100环内,应加强管道轴线测量和地层变形监测;并应根据盾构进入土层阶段的施工参数,调整和优化下阶段的掘进作业要求;

4)盾构进接收工作井前100环应进行轴线、洞门中心位置测量,根据测量情况及时调整盾构推进姿态和方向。

(3)盾构掘进应符合下列规定:

1)应根据盾构机类型采取相应的开挖面稳定方法,确保前方土体稳定;

2）盾构掘进轴线按设计要求进行控制，每掘进一环应对盾构姿态、衬砌位置进行测量；

3）根据地层情况、设计轴线、埋深、盾构机类型等因素确定推进千斤顶的编组；

4）根据地质、埋深、地面的建筑设施及地面的隆沉值等情况，及时调整盾构的施工参数和掘进速度；

5）掘进中遇有停止推进且间歇时间较长时，应采取维持开挖面稳定的措施；

6）在拼装管片或盾构掘进停歇时，应采取防止盾构后退的措施；

7）根据盾构选型、施工现场环境，合理选择土方输送方式和机械设备；

8）盾构掘进每次达到1/3管道长度时，对已建管道部分的贯通测量不少于一次；曲线管道还应增加贯通测量次数。

（4）管片拼装应符合下列规定：

1）管片下井前应进行防水处理，管片与连接件等应有专人检查，配套送至工作面，拼装前应检查管片编组编号；

2）拼装前应清理盾尾底部，并检查拼装机运转是否正常；拼装机在旋转时，操作人员应退出管片拼装作业范围；

3）每环中的第一块拼装定位准确，自下而上，左右交叉对称依次拼装，最后封顶成环；

4）拼装时保持盾构姿态稳定，防止盾构后退、变坡变向；

5）防止损伤管片防水密封条、防水涂料及衬垫；有损伤或挤出、脱槽、扭曲时，及时修补或调换；

6）防止管片损伤，并控制相邻管片间环面平整度、整环管片的圆度、环缝及纵缝的拼接质量，所有螺栓连接件应安装齐全并及时检查复紧。

（5）盾构法施工及环境保护的监控内容应包括：地表隆沉、管道轴线监测，以及地下管道保护、地面建（构）筑物变形的量测等。有特殊要求时还应进行管道结构内力、分层土体变位、孔隙水压力的测量。施工监测情况应及时反馈，并指导施工。

（6）盾构施工的给排水管道应按设计要求施做现浇钢筋混凝土二次衬砌；现浇钢筋混凝土二次衬砌前应隐蔽验收合格。

5. 浅埋暗挖

（1）按工程结构、水文地质、周围环境情况选择施工方案。

（2）按设计要求和施工方案做好加固土层和降排水等开挖施工准备。

（3）开挖前应对土层进行加固，并使其符合设计要求。

（4）土方开挖应符合下列规定：

1)宜用激光准直仪控制中线和隧道断面仪控制外轮廓线;

2)按设计要求确定开挖方式,内径小于 3m 的管道,宜用正台阶法或全断面开挖;

3)每开挖一榀钢拱架的间距,应及时支护、喷锚、闭合,严禁超挖;

4)土层变化较大时,应及时控制开挖长度;在稳定性较差的地层中,应采用保留核心工的开挖方法,核心土的长度不宜小于 2.5m;

(5)初期衬砌施工应符合下列规定:

1)混凝土的强度符合设计要求,且宜采用湿喷方式;

2)按设计要求设置变形缝,且变形缝间距不宜大于 15m;

3)支护钢格栅、钢架以及钢筋网的加工、安装符合设计要求;运输、堆放应采取防止变形措施;安装前应除锈,并抽样试拼装,合格后方可使用;

4)初期衬砌应尽早闭合,混凝土达到设计强度后,应及时进行背后注浆,以防止土体扰动造成土层沉降;

5)大断面分部开挖应设置临时支护。

(6)防水层施工应符合下列规定:

1)应在初期支护基本稳定,且衬砌检查合格后进行;

2)防水层材料应符合设计要求,排水管道工程宜采用柔性防水层;

3)清理混凝土表面,剔除尖、突部位,并用水泥砂浆压实、找平,防水层铺设基面凹凸高差不应大于 50mm,基面阴阳角应处理成圆角或钝角,圆弧半径不宜小于 50mm;

(7)二次衬砌施工应符合下列规定:

1)在防水层验收合格后,结构变形基本稳定的条件下施作;

2)采取措施保护防水层完好;

3)伸缩缝应根据设计设置,并与初期支护变形缝位置重合;止水带安装应在两侧加设支撑筋,并固定牢固,浇筑混凝土时不得有移动位置、卷边、跑灰等现象;

4)拆模时间应根据结构断面形式及混凝土达到的强度确定;矩形断面,侧墙应达到设计强度的 70%;顶板应达到 100%。

6.定向钻及夯管

(1)定向钻及夯管施工应根据设计要求和施工方案组织实施。

(2)定向钻施工应符合下列规定:

1)导向孔钻进应符合下列规定:

a.钻机必须先进行试运转,确定各部分运转正常后方可钻进;

b.第一根钻杆入土钻进时,应采取轻压慢转的方式,稳定钻进导入位置和保证入土角；

c. 钻孔时应匀速钻进，并严格控制钻进给进力和钻进方向；

d. 每进一根钻杆应进行钻进距离、深度、侧向位移等的导向探测，曲线段和有相邻管线段应加密探测；

e. 保持钻头正确姿态，发生偏差应及时纠正，且采用小角度逐步纠偏；钻孔的轨迹偏差不得大于终孔直径，超出误差允许范围宜退回进行纠偏；

f. 绘制钻孔轨迹平面、剖面图。

2）扩孔应符合下列规定：

a. 从出土点向入土点回扩，扩孔器与钻杆连接应牢固；

b. 根据管径、管道曲率半径、地层条件、扩孔器类型等确定一次或分次扩孔方式；

c. 严格控制回拉力、转速、泥浆流量等技术参数，确保成孔稳定和线形要求，无坍孔、缩孔等现象；

d. 扩孔孔径达到终孔要求后应及时进行回拖管道施工。

3）回拖应符合下列规定：

a. 从出土点向入土点回拖；

b. 回拖管段的质量、拖拉装置安装及其与管段连接等经检验合格后，方可进行拖管；

c. 严格控制钻机回拖力、扭矩、泥浆流量、回拖速率等技术参数，严禁硬拉硬拖；

d. 回拖过程中应有发送装置，避免管段与地面直接接触和减小摩擦力；发送装置可采用水力发送沟、滚筒管架发送道等形式，并确保进入地层前的管段曲率半径在允许范围内。

（3）夯管施工应符合下列规定：

1）第一节管入土层时应检查设备运行工作情况，并控制管道轴线位置；每夯入 1m 应进行轴线测量，其偏差控制在 15mm 以内；

2）后续管节夯进应符合下列规定：

a. 第一节管夯至规定位置后，将连接器与第一节管分离，吊入第二节管进行与第一节管接口焊接；

b. 后续管节每次夯进前，应待已夯入管与吊入管的管节接口焊接完成，按设计要求进行焊缝质量检验和外防腐层补口施工后，方可与连接器及穿孔机连接夯进施工。

3）管节夯进过程中应严格控制气动压力、夯进速率，气压必须控制在穿孔机工作气压定值内；并应及时检查导轨变形情况以及设备运行、连接器连接、导轨

面与滑块接触情况等;

4)夯管完成后进行排土作业,排土方式采用人工结合机械方式排土;小口径管道可采用气压、水压方法;排土完成后应进行余土、残土的清理;

(4)定向钻和夯管施工过程监测和保护应符合下列规定:

1)定向钻的入土点、出土点以及夯管的起始、接收工作井设有专人联系和有效的联系方式;

2)定向钻施工时,应做好待回拖管段的检查、保护工作;

3)根据地质条件、周围环境、施工方式等,对沿线地面、建(构)筑物、管线等进行监测,并做好保护工作。

四、沉管和桥管施工主体结构

1.一般规定

(1)穿越水体的管道施工方法,应根据水下管道长度和管径、水体深度、水体流速、水底土质、航运要求、管道使用年限、潮汐和风浪情况等因素确定。

(2)施工前应结合工程详细勘察报告、水文气象资料和设计施工图纸,进行现场调查研究,掌握工程沿线的有关工程地质、水文地质和周围环境情况和资料,以及沿线地下和地上管线、建(构)筑物、障碍物及其他设施的详细资料。

(3)施工前应对施工范围内及河道地形进行校测,建立施工测量控制系统,并可根据需要设置水上、水下控制桩。

(4)管段吊运时,其吊点、牵引点位置宜设置管段保护装置,起吊缆绳不宜直接捆绑在管壁上。

(5)沉管和桥管段与斜管段之间应采用弯管连接。钢制弯头处的加强措施应符合设计要求;钢筋混凝土弯头可现浇或预制,混凝土强度和抗渗性能不应低于设计要求。

(6)与陆上管道连接的弯管,在支墩施工前应按设计要求对弯管进行临时固定,以免发生位移、沉降。

(7)处于通航河道时,夜间施工应有保证通航的照明。。

2.沉管

(1)沉管施工方法的选择,应根据管道所处河流的工程水文地质、气象、航运交通等条件,周边环境、建(构)筑物、管线,以及设计要求和施工技术能力等因素,经技术经济比较后确定。

(2)沉管基槽浚挖应符合下列规定:

1)水下基槽浚挖前,应对管位进行测量放样复核,开挖成槽过程中应及时进行复测;

2)根据工程地质和水文条件因素,以及水上交通和周围环境要求,结合基槽设计要求选用浚挖方式和船舶设备;

3)基槽采用爆破成槽时,应进行试爆确定爆破施工方式;

4)基槽底部宽度和边坡应根据工程具体情况进行确定,必要时进行试挖;

5)基槽浚挖深度应符合设计要求,超挖时应采用砂或砾石填补;

6)基槽经检验合格后应及时进行管基施工和管道沉放。

(3)沉管管基处理应符合下列规定:

1)管道及管道接口的基础,所用材料和结构形式应符合设计要求,投料位置应准确;

2)基槽宜设置基础高程标志,整平时可由潜水员或专用刮平装置进行水下粗平和细平;

3)管基顶面高程和宽度应符合设计要求;

4)采用管座、桩基时,施工应符合国家相关标准、规范的规定,管座、基础桩位置和顶面高程应符合设计和施工要求。

(4)组对拼装管道(段)的沉放应符合下列规定:

1)水面浮运法施工,管道(段)沉放时,应符合下列规定:

a.测量定位准确,并在沉放中经常校测;

b.管道(段)充水时同时排气,充水应缓慢、适量,并应保证排气通畅;

c.应控制沉放速度,确保管道(段)整体均匀、缓慢下沉;

d.两端起重设备在吊装时应保持管道(段)水平,并同步沉放于基槽底,管道(段)稳固后,再撤走起重设备;

e.及时做好管道(段)沉放记录。

2)铺管船法施工应符合下列规定:

a.发送管道(段)的专用铺管船只及其管道(段)接口连接、管道(段)发送、水中托浮、锚泊定位等装置经检查符合要求;

b.管道(段)发送前应对基槽断面尺寸、轴线及槽底高程进行测量复核;待发送管与已发送管的接口连接及防腐层施工质量应经检验合格;铺管船应经测量定位;

c.管道(段)发送时铺管船航行应满足管道轴线控制要求,航行应缓慢平稳;应及时检查设备运行、管道(段)状况;管道(段)弯曲不应超过管材允许弹性弯曲要求;管道(段)发送平稳,管道(段)及防腐层无变形、损伤现象;

d.及时做好发送管及接口拼装、管位测量等沉管记录。

(5)顶制钢筋混凝土管的沉放应符合下列规定:

1)干坞结构形式应根据设计和施工方案确定,构筑干坞应设计要求;

2)预制管节的混凝土强度、抗渗性能、管节渗漏检验达到设计要求后,方可进水浮运;

3)钢筋混凝土管节(段)两端封墙及压载施工应符合下列规定:

a.封墙结构应符合设计要求,位置不宜设置在管节(段)接口施工范围内、并便于拆除;

b.封墙应设置排水阀、进气阀,并根据需要设置入孔;所有预留洞口应设止水装置;

c.压载装置应满足设计和施工方案要求并便于装拆,布置应对称、配重应一致。

4)沉管基槽浚挖及管基处理施工应符合设计和相关规范的要求;在基槽断面方向两侧可打两排短桩设置高程导轨,便于控制基础整平施工;

5)管节(段)在浮起后出坞前,管节(段)四角干舷若有高差、倾斜,可通过分舱压载调整,严禁倾斜出坞;

6)管节(段)浮运、沉放应符合下列规定:

a.根据工程具体情况,并考虑对水下周围环境及水面交通的影响因素,选用管节(段)拖运、系驳、沉放、水下对接方式和配备相关设备;

b.管节(段)浮运到位后应进行测量定位,工作船只设备等应定位锚泊,并做好下沉前的准备工作;

c.管节(段)下沉前应设置接口对接控制标志并进行复核测量;下沉时应控制管节(段)轴向位置、已沉放管节(段)与待沉放管节(段)间的纵向间距,确保接口准确对接;

d.所有沉放设备、系统经检查运行可靠,管段定位、锚碇系统设置可靠;

e.沉放应分初步下沉、靠拢下沉和着地下沉阶段,严格按施工方案执行,并应连续测量和及时调整压载;

f.沉放作业应考虑管节的惯性运行影响,下沉应缓慢均匀,压载应平稳同步,管节(段)受力应均匀稳定、无变形损伤。

(6)管节(段)沉放经检查合格后应及时进行稳管和回填,防止管道漂移。

3.桥管

(1)桥管管道施工应根据工程具体情况确定施工方法,管道安装可采取整体吊装、分段悬臂拼装、在搭设的临时支架上拼装等方法。

(2)施工中应对管节(段)的吊点和其他受力点位置进行强度、稳定性和变形验算,必要时应采取加固措施。

(3)桥管采用分段拼装时还应符合下列规定:

1)高空焊接拼装作业时应设置防风、防雨设施,并做好安全防护措施;

2)分段悬臂拼装时,每管段轴线安装的挠度曲线变化应符合设计要求;

3)管段间拼装焊接应符合设计和相关规范要求。

4)应进行管道位置、挠度的跟踪测量,必要时应进行应力跟踪测量。

(4)钢管管道外防腐层的涂装前基面处理及涂装施工应符合设计要求。

五、管道附属构筑物

1.一般规定

(1)管道附属构筑物的位置、结构类型和构造尺寸等应按设计要求施工。

(2)管道附属构筑物的基础(包括支墩侧基)应建在原状土上,当原状土地基松软或被扰动时,应按设计要求进行地基处理。

(3)施工中应采取相应的技术措施,避免管道主体结构与附属构筑物之间产生过大差异沉降,而致使结构开裂、变形、破坏。

(4)管道接口不得包覆在附属构筑物的结构内部。

2.井室

(1)井室的混凝土基础应与管道基础同时浇筑。

(2)管道穿过井壁的施工应符合设计要求。

(3)砌筑结构的井室施工应符合下列规定:

1)砌筑前砌块应充分湿润;砌筑砂浆配合比符合设计要求,现场拌制应拌合均匀、随用随拌;

2)排水管道检查井内的流槽,宜与井壁同时进行砌筑;

3)砌筑时应同时安装踏步,踏步安装后在砌筑砂浆未达到规定抗压强度前不得踩踏;

4)内外井壁应采用水泥砂浆勾缝;有抹面要求时,抹面应分层压实。

(4)预制装配式结构的井室施工应符合下列规定:

1)预制构件装配位置和尺寸正确,安装牢固;

2)采用水泥砂浆接缝时,企口坐浆与竖缝灌浆应饱满,装配后的接缝砂浆凝结硬化期间应加强养护,并不得受外力碰撞或震动;

3)底板与井室、井室与盖板之间的拼缝,水泥砂浆应填塞严密,抹角光滑平整。

(5)现浇钢筋混凝土结构的井室施工应符合下列规定:

1)浇筑前,钢筋、模板工程经检验合格,混凝土配合比满足设计要求;

2)振捣密实,无漏振、走模、漏浆等现象;

3)及时进行养护,强度等级未达设计要求不得受力;

4)浇筑时应同时安装踏步,踏步安装后在混凝土未达到规定抗压强度前不得踩踏。

(6)有支、连管接入的井室,应在井室施工的同时安装预留支、连管,预留管的管径、方向、高程应符合设计要求,管与井壁衔接处应严密;排水检查井的预留管管口宜采用低强度砂浆砌筑封口抹平。

(7)井室施工达到设计高程后,应及时浇筑或安装井圈,井圈应以水泥砂浆坐浆并安放平稳。

(8)井室内部处理应符合下列规定:

1)预留孔、预埋件应符合设计和管道施工工艺要求;

2)排水检查井的流槽表面应平顺、圆滑、光洁,并与上下游管道底部接顺;

3)透气井及排水落水井、跌水井的工艺尺寸应按设计要求进行施工;

4)阀门井的井底距承口或法兰盘下缘以及井壁与承口或法兰盘外缘应留有安装作业空间,其尺寸应符合设计要求。

3. 支墩

(1)管节及管件的支墩和锚定结构位置准确,锚定牢固。钢制锚固件必须采取相应的防腐处理。

(2)支墩应在坚固的地基上修筑。无原状土作后背墙时,应采取措施保证支墩在受力情况下,不致破坏管道接口。采用砌筑支墩时,原状土与支墩之间应采用砂浆填塞。

(3)支墩应在管节接口做完、管节位置固定后修筑。

(4)支墩施工前,应将支墩部位的管节、管件表面清理干净。

(5)支墩宜采用混凝土浇筑,其强度等级不应低于 C15。采用砌筑结构时,水泥砂浆强度不应低于 M7.5。

(6)管节安装过程中的临时固定支架,应在支墩的砌筑砂浆或混凝土达到规定强度后方可拆除。

(7)管道及管件支墩施工完毕,并达到强度要求后方可进行水压试验。

4. 雨水口

(1)雨水口的位置及深度应符合设计要求。

(2)基础施工应符合下列规定:

1)开挖雨水口槽及雨水管支管槽,每侧宜留出 300~500mm 的施工宽度;

2)槽底应夯实并及时浇筑混凝土基础;

3)采用预制雨水口时,基础顶面宜铺设 20~30mm 厚的砂垫层。

(3)雨水口砌筑应符合下列规定:

1)管端面在雨水口内的露出长度,不得大于 20mm,管端面应完整无破损;

2)砌筑时,灰浆应饱满,随砌随勾缝,抹面应压实;

3)雨水口底部应用水泥砂浆抹出雨水口泛水坡；

4)砌筑完成后雨水口内应保持清洁,及时加盖,保证安全。

(4)预制雨水口安装应牢固,位置平正。

(5)位于道路下的雨水口、雨水支、连管应根据设计要求浇筑混凝土基础。

(6)井框、井箅应完整无损、安装平稳、牢固。

第二节　质 量 验 收

一、土石方与地基处理

1.沟槽开挖与地基处理

沟槽开挖与地基处理应符合下列规定:

1)主控项目

①原状地基土不得扰动、受水浸泡或受冻;

检查方法:观察,检查施工记录。

②地基承载力应满足设计要求;

检查方法:观察,检查地基承载力试验报告。

③进行地基处理时,压实度、厚度满足设计要求;

检查方法:按设计或规定要求进行检查,检查检测记录、试验报告。

2)一般项目

沟槽开挖的允许偏差应符合表 6-1 的规定。

表 6-1　沟槽开挖的允许偏差

序号	检查项目	允许偏差(mm)	检查数量		检查方法
			范围	点数	
1	槽底高程	土方　　±20 石方　　+20、−200	两井之间	3	用水准仪测量
2	槽底中线每侧宽度	不小于规定	两井之间	6	挂中线用钢尺量测,每侧计 3 点
3	沟槽边坡	不陡于规定	两井之间	6	用坡度尺量测,每侧计 3 点

2.沟槽支护质量检验

沟槽支护应符合现行国家标准《建筑地基基础工程施工质量验收规范》GB

· 253 ·

50202 的相关规定,对于撑板、钢板桩支撑还应符合下列规定:

1)主控项目

①支撑方式、支撑材料符合设计要求;

检查方法:观察,检查施工方案。

②支护结构强度、刚度、稳定性符合设计要求;

检查方法:观察,检查施工方案、施工记录。

2)一般项目

①横撑不得妨碍下管和稳管;

检查方法:观察。

②支撑构件安装应牢固、安全可靠,位置正确;

检查方法:观察。

③支撑后,沟槽中心线每侧的净宽不应小于施工方案设计要求;

检查方法:观察,用钢尺量测。

④钢板桩的轴线位移不得大于 50mm;垂直度不得大于 1.5%;

检查方法:观察,用小线、垂球量测。

3.沟槽回填质量检验

沟槽回填应符合下列规定:

1)主控项目

①回填材料符合设计要求;

检查方法:观察;按国家有关规范的规定和设计要求进行检查,检查检测报告。

检查数量:条件相同的回填材料,每铺筑 1000m² ,应取样一次,每次取样至少应做两组测试;回填材料条件变化或来源变化时,应分别取样检测。

②沟槽不得带水回填,回填应密实;

检查方法:观察,检查施工记录。

③柔性管道的变形率不得超过设计要求的规定,管壁不得出现纵向隆起、环向扁平和其他变形情况;

检查方法:观察,方便时用钢尺直接量测,不方便时用圆度测试板或芯轴仪在管内拖拉量测管道变形率;检查记录,检查技术处理资料;

检查数量:试验段(或初始 50m)不少于 3 处,每 100m 正常作业段(取起点、中间点、终点近处各一点),每处平行测量 3 个断面,取其平均值。

④回填土压实度应符合设计要求,设计无要求时,应符合表 6-2、表 6-3 的规定。柔性管道沟槽回填部位与压实度见图 6-1。

表 6-2　刚性管道沟槽回填土压实度

序号	项目			最低压实度(%)		检查数量		检查方法
				重型击实标准	轻型击实标准	范围	点数	
1	石灰土类垫层			93	95	100m		
2	沟槽在路基范围外	胸腔部分	管侧	87	90	两井之间或1000m²	每层每侧一组（每组3点）	用环刀法检查或采用现行国家标准《土工试验方法标准》GB/T 50123 中其他方法
			管顶以上 500mm	87±2（轻型）				
		其余部分		≥90（轻型）或按设计要求				
		农田或绿地范围表层 500mm 范围内		不宜压实、预留沉降量、表面整平				
3	沟槽在路基范围内	胸腔部分	管侧	87	90	两井之间或1000m²	每层每侧一组（每组3点）	用环刀法检查或采用现行国家标准《土工试验方法标准》GB/T 50123 中其他方法
			管顶以上 250mm	87±2（轻型）				
		由路槽底算起的深度范围（mm）	≤800					
			快速路及主干路	95	98			
			次干路	93	95			
			支路	90	92			
		>800~1500	快速路及主干路	93	95			
			次干路	90	92			
			支路	87	90			
		>1500	快速路及主干路	87	90			
			次干路	87	90			
			支路	87	90			

注:表中重型击实标准的压实度和轻型击实标准的压实度分别以相应的标准击实试验法求得的最大干密度为100％。

表 6-3　柔性管道沟槽回填土压实度

槽内部位		压实度（%）	回填材料	检查数量		检查方法
				范围	点数	
管道基础	管底基础	≥90	中、粗砂	—	—	用环刀法检查或采用现行国家标准《土工试验方法标准》GB/T 50123 中其他方法
	管道有效支撑角范围	≥95		每 100m	每层每侧一组（每组 3 点）	
管顶以上 500mm	管道两侧	≥95	中、粗砂、碎石屑，最大粒径小于 40mm 的砂砾或符合要求的原土	两井之间或每 1000m²		
	管道两侧	≥90				
	管道上部	85±2				
管顶 500～1000mm		≥90	原土回填			

注：回填土的压实度。除设计要求用重型击实标准外。其他皆以轻型击实标准试验获得最大干密度为 100%。

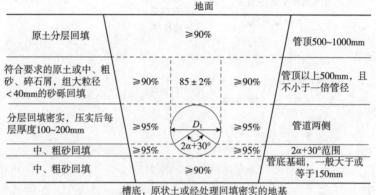

图 6-1　柔性管道沟槽回填部位与压实度示意图

2）一般项目

①回填应达到设计高程，表面应平整；

检查方法：观察，有疑问处用水准仪测量。

②回填时管道及附属构筑物无损伤、沉降、位移；

检查方法：观察，有疑问处用水准仪测量。

二、开槽施工管道主体结构

1.管道基础质量检验

管道基础应符合下列规定：

1）主控项目

①原状地基的承载力符合设计要求；

检查方法:观察,检查地基处理强度或承载力检验报告、复合地基承载力检验报告。

②混凝土基础的强度符合设计要求;

检验数量:混凝土验收批与试块留置按照现行国家标准《给水排水构筑物工程施工及验收规范》GB 50141—2008 第 6.2.8 条第 2 款执行;

检查方法:混凝土基础的混凝土强度验收应符合现行国家标准《混凝土强度检验评定标准》GBJ 107 的有关规定。

③砂石基础的压实度符合设计要求或《给水排水管道工程施工及验收规范》GB 50268—2008 的规定;

检查方法:检查砂石材料的质量保证资料、压实度试验报告。

2)一般项目

①原状地基、砂石基础与管道外壁间接触均匀,无空隙;

检查方法:观察,检查施工记录。

②混凝土基础外光内实,无严重缺陷;混凝土基础的钢筋数量、位置正确;

检查方法:观察,检查钢筋质量保证资料,检查施工记录。

③管道基础的允许偏差应符合表 6-4 的规定。

表 6-4 管道基础的允许偏差

序号	检查项目		允许偏差(mm)	检查数量		检查方法
				范围	点数	
1	垫层	中线每侧宽度	不小于设计要求			挂中心线钢尺检查,每侧一点
		高程 压力管道	±30			水准仪测量
		高程 无压管道	0,−15			
		厚度	不小于设计要求			钢尺量测
2	混凝土基础、管座	平基 中线每侧宽度	+10,0	每个验收批	每 10m 测 1 点,且不少于 3 点	挂中心线钢尺量测,每侧一点
		平基 高程	0,−15			水准仪测量
		平基 厚度	不小于设计要求			钢尺量测
		管座 肩宽	+10,−5			钢尺量测,挂高程线
		管座 肩高	+20			钢尺量测,每侧一点
3	土(砂及砂砾)基础	高程 压力管道	±30			水准仪测量
		高程 无压管道	0,−15			
		平基厚度	不小于设计要求			钢尺量测
		土弧基础腋角高度	不小于设计要求			钢尺量测

2.钢管接口连接质量检验

钢管接口连接应符合下列规定:

1）主控项目

①管节及管件、焊接材料等的质量应符合《给水排水管道工程施工及验收规范》GB 50268—2008 第5.3.2条的规定；

检查方法：检查产品质量保证资料；检查成品管进场验收记录，检查现场制作管的加工记录。

②接口焊缝坡口应符合《给水排水管道工程施工及验收规范》GB 50268—2008 第5.3.8条的规定；

检查方法：逐口检查，用量规量测；检查坡口记录。

③焊口错边符合《给水排水管道工程施工及验收规范》GB 50268—2008 第5.3.17条的规定，焊口无十字型焊缝；

检查方法：逐口检查，用长300mm的直尺在接口内壁周围顺序贴靠量测错边量。

④焊口焊接质量应符合《给水排水管道工程施工及验收规范》GB 50268—2008 第5.3.17条的规定和设计要求；

检查方法：逐口观察，按设计要求进行抽检；检查焊缝质量检测报告。

⑤法兰接口的法兰应与管道同心，螺栓自由穿入，高强度螺栓的终拧扭矩应符合设计要求和有关标准的规定；

检查方法：逐口检查；用扭矩扳手等检查；检查螺栓拧紧记录。

2）一般项目

①接口组对时，纵、环缝位置应符合《给水排水管道工程施工及验收规范》GB 50268—2008 第5.3.9条的规定；

检查方法：逐口检查；检查组对检验记录；用钢尺量测。

②管节组对前，坡口及内外侧焊接影响范围内表面应无油、漆、垢、锈、毛刺等污物；

检查方法：观察；检查管道组对检验记录。

③不同壁厚的管节对接应符合《给水排水管道工程施工及验收规范》GB 50268—2008 第5.3.10条的规定；

检查方法：逐口检查，用焊缝量规、钢尺量测；检查管道组对检验记录。

④焊缝层次有明确规定时，焊接层数、每层厚度及层间温度应符合焊接作业指导书的规定，且层间焊缝质量均应合格；

检查方法：逐个检查；对照设计文件、焊接作业指导书检查每层焊缝检验记录。

⑤法兰中轴线与管道中轴线的允许偏差应符合：D_i 小于或等于 300mm 时，允许偏差小于或等于 1mm；D_i 大于 300mm 时，允许偏差小于或等于 2mm；

检查方法：逐个接口检查；用钢尺、角尺等量测。

⑥连接的法兰之间应保持平行，其允许偏差不大于法兰外径的 1.5‰，且不大于 2mm；螺孔中心允许偏差应为孔径的 5%；

检查方法:逐口检查;用钢尺、塞尺等量测。

3.钢管内防腐层质量检验

钢管内防腐层应符合下列规定:

1)主控项目

①内防腐层材料应符合国家相关标准的规定和设计要求;给水管道内防腐层材料的卫生性能应符合国家相关标准的规定;

检查方法:对照产品标准和设计文件,检查产品质量保证资料;检查成品管进场验收记录。

②水泥砂浆抗压强度符合设计要求,且不低于 30MPa;

检查方法:检查砂浆配合比、抗压强度试块报告。

③液体环氧涂料内防腐层表面应平整、光滑,无气泡、无划痕等,湿膜应无流淌现象;

检查方法:观察,检查施工记录。

2)一般项目

①水泥砂浆防腐层的厚度及表面缺陷的允许偏差应符合表 6-5 的规定。

表 6-5　水泥砂浆防腐层厚度及表面缺陷的允许偏差

	检查项目	允许偏差	检查数量 范围	检查数量 点数	检查方法
1	裂缝宽度	≤0.8	每处		用裂缝观测仪测量
2	裂缝沿管道纵向长度	≤管道的周长,且≤2.0m			钢尺量测
3	平整度	<2			用 300mm 长的直尺量测
4	防腐层厚度	D_i≤1000　±2 1000<D_i≤1800　±3 D_i>1800　+4,−3	管节	取两个截面,每个截面测2点,取偏差值最大1点	用测厚仪测量
5	麻点、空窝等表面缺陷的深度	D_i≤1000　2 1000<D_i≤1800　3 D_i>1800　4			用直钢丝或探尺量测
6	缺陷面积	≤500mm²	每处		用钢尺量测
7	空鼓面积	不得超过2处,且每处≤10000mm²	每平方米		用小锤轻击砂浆表面,用钢尺量测

注:1.表中单位除注明者外,均为 mm;
　　2.工厂涂覆管节,每批抽查 20%;施工现场涂覆管节,逐根检查。

②液体环氧涂料内防腐层的厚度、电火花试验应符合表 6-6 的规定。

表 6-6　液体环氧涂料内防腐层厚度及电火花试验规定

检查项目		允许偏差（mm）	检查数量		检查方法
			范围	点数	
1	干膜厚度（μm）	普通级　≥200	每根（节）管	两个断面，各 4 点	用测厚仪测量
		加强级　≥250			
		特加强级　≥300			
2	电火花试验漏点数	普通级　3	个/m²	连续检测	用电火花检漏仪测量，检漏电压值根据涂层厚度按 5V/μm 计算，检漏仪探头移动速度不大于 0.3m/s
		加强级　1			
		特加强级　0			

注:1.焊缝处的防腐层厚度不得低于管节防腐层规定厚度的 80%；
　　2.凡漏点检测不合格的防腐层都应补涂,直至合格。

4.钢管外防腐层质量检验

钢管外防腐层应符合下列规定:

1)主控项目

①外防腐层材料(包括补口、修补材料)、结构等应符合国家相关标准的规定和设计要求;

检查方法:对照产品标准和设计文件,检查产品质量保证资料;检查成品管进场验收记录。

②外防腐层的厚度、电火花检漏、黏结力应符合表 6-7 的规定。

表 6-7　外绝缘防腐层厚度、电火花检漏、黏结力验收标准

检查项目		允许偏差	检查数量			检查方法
			防腐成品管	补口	补伤	
1	厚度	符合 GB 50268—2008 第 5.4.9 条的相关规定	每 20 根 1 组(不足 20 根按 1 组),每组抽查 1 根。测管两端和中间共 3 个截面,每截面测互相垂直的 4 点	逐个检测,每个随机抽查 1 个截面。每个截面测互相垂直的 4 点	逐个检测,每处随机测 1 点	用测厚仪测量
2	电火花检漏		全数检查	全数检查	全数检查	用电火花检漏仪逐根连续测量
3	黏结力		每 20 根为 1 组(不足 20 根按 1 组),每组抽 1 根,每根 1 处	每 20 个补口抽 1 处	—	按 GB 50268—2008 表 5.4.9 的规定,用小刀切割观察

注:按组抽检时,若被检测点不合格,则该组应加倍抽检;若加倍抽检仍不合格,则该组为不合格。

2)一般项目

①钢管表面除锈质量等级应符合设计要求；

检查方法：观察；检查防腐管生产厂提供的除锈等级报告，对照典型样板照片检查每个补口处的除锈质量，检查补口处除锈施工方案。

②管道外防腐层（包括补口、补伤）的外观质量应符合《给水排水管道工程施工及验收规范》GB 50268—2008 的相关规定；

检查方法：观察；检查施工记录。

③管体外防腐材料搭接、补口搭接、补伤搭接应符合要求；

检查方法：观察；检查施工记录。

5. 钢管阴极保护工程质量

钢管阴极保护工程质量应符合下列规定：

1)主控项目

①钢管阴极保护所用的材料、设备等应符合国家有关标准的规定和设计要求；

检查方法：对照产品相关标准和设计文件，检查产品质量保证资料；检查成品管进场验收记录。

②管道系统的电绝缘性、电连续性经检测满足阴极保护的要求；

检查方法：阴极保护施工前应全线检查；检查绝缘部位的绝缘测试记录、跨接线的连接记录；用电火花检漏仪、高阻电压表、兆欧表测电绝缘性，万用表测跨线等的电连续性。

③阴极保护的系统参数测试应符合下列规定：

a. 设计无要求时，在施加阴极电流的情况下，测得管/地电位应小于或等于−850mV（相对于铜—饱和硫酸铜参比电极）；

b. 管道表面与同土壤接触的稳定的参比电极之间阴极极化电位值最小为100mV；

c. 土壤或水中含有硫酸盐还原菌，且硫酸根含量大于0.5％时，通电保护电位应小于或等于−950mV（相对于铜—饱和硫酸铜参比电极）；

d. 被保护体埋置于干燥的或充气的高电阻率（大于500Ω·m）土壤中时，测得的极化电位小于或等于−750mV（相对于铜—饱和硫酸铜参比电极）；

检查方法：按国家现行标准《埋地钢质管道阴极保护参数测试方法》SY/T 0023 的规定测试；检查阴极保护系统运行参数测试记录。

2)一般项目

①管道系统中阳极、辅助阳极的安装应符合《给水排水管道工程施工及验收规范》GB 50268—2008　第5.4.13、5.4.14 条的规定；

检查方法：逐个检查；用钢尺或经纬仪、水准仪测量。

②所有连接点应按规定做好防腐处理，与管道连接处的防腐材料应与管道相同；

检查方法：逐个检查；检查防腐材料质量合格证明、性能检验报告；检查施工记录、施工测试记录。

③阴极保护系统的测试装置及附属设施的安装应符合下列规定：

a.测试桩埋设位置应符合设计要求，顶面高出地面 400mm 以上；

b.电缆、引线铺设应符合设计要求，所有引线应保持一定松弛度，并连接可靠牢固；

c.接线盒内各类电缆应接线正确，测试桩的舱门应启闭灵活、密封良好；

d.检查片的材质应与被保护管道的材质相同，其制作尺寸、设置数量、埋设位置应符合设计要求，且埋深与管道底部相同，距管道外壁不小于 300mm；

e.参比电极的选用、埋设深度应符合设计要求；

检查方法：逐个观察(用钢尺量测辅助检查)；检查测试纪录和测试报告。

6.球墨铸铁管接口连接质量检验

球墨铸铁管接口连接应符合下列规定：

1)主控项目

①管节及管件的产品质量应符合《给水排水管道工程施工及验收规范》GB 50268—2008 第 5.5.1 条的规定；

检查方法：检查产品质量保证资料，检查成品管进场验收记录。

②承插接口连接时，两管节中轴线应保持同心，承口、插口部位无破损、变形、开裂；插口推入深度应符合要求；

检查方法：逐个观察；检查施工记录。

③法兰接口连接时，插口与承口法兰压盖的纵向轴线一致，连接螺栓终拧扭矩应符合设计或产品使用说明要求；接口连接后，连接部位及连接件应无变形、破损；

检查方法：逐个接口检查，用扭矩扳手检查；检查螺栓拧紧记录。

④橡胶圈安装位置应准确，不得扭曲、外露；沿圆周各点应与承口端面等距，其允许偏差应为±3mm；

检查方法：观察，用探尺检查；检查施工记录。

2)一般项目

①连接后管节间平顺，接口无突起、突弯、轴向位移现象；

检查方法：观察；检查施工测量记录。

②接口的环向间隙应均匀，承插口间的纵向间隙不应小于 3mm；

检查方法：观察，用塞尺、钢尺检查。

③法兰接口的压兰、螺栓和螺母等连接件应规格型号一致，采用钢制螺栓和螺母时，防腐处理应符合设计要求；

检查方法：逐个接口检查；检查螺栓和螺母质量合格证明书、性能检验报告。

④管道沿曲线安装时，接口转角应符合《给水排水管道工程施工及验收规范》GB 50268—2008　第5.5.8条的规定；

检查方法：用直尺量测曲线段接口。

7.钢筋混凝土管、预（自）应力混凝土管、预应力钢筒混凝土管接口连接质量检验

钢筋混凝土管、预（自）应力混凝土管、预应力钢筒混凝土管接口连接应符合下列规定：

1）主控项目

①管及管件、橡胶圈的产品质量应符合《给水排水管道工程施工及验收规范》GB 50268—2008的规定；

检查方法：检查产品质量保证资料；检查成品管进场验收记录。

②柔性接口的橡胶圈位置正确，无扭曲、外露现象；承口、插口无破损、开裂；双道橡胶圈的单口水压试验合格；

检查方法：观察，用探尺检查；检查单口水压试验记录。

③刚性接口的强度符合设计要求，不得有开裂、空鼓、脱落现象；

检查方法：观察；检查水泥砂浆、混凝土试块的抗压强度试验报告。

2）一般项目

①柔性接口的安装位置正确，其纵向间隙应符合《给水排水管道工程施工及验收规范》GB 50268—2008的相关规定；

检查方法：逐个检查，用钢尺量测；检查施工记录。

②刚性接口的宽度、厚度符合设计要求；其相邻管接口错口允许偏差：D_i小于700mm时，应在施工中自检；D_i大于700mm，小于或等于1000mm时，应不大于3mm；D_i大于1000mm时，应不大于5mm；

检查方法：两井之间取3点，用钢尺、塞尺量测；检查施工记录。

③管道沿曲线安装时，接口转角应符合《给水排水管道工程施工及验收规范》GB 50268—2008的相关规定；

检查方法：用直尺量测曲线段接口。

④管道接口的填缝应符合设计要求，密实、光洁、平整；

检查方法：观察，检查填缝材料质量保证资料、配合比记录。

8.化学建材管接口连接质量检验

化学建材管接口连接应符合下列规定：

1)主控项目

①管节及管件、橡胶圈等的产品质量应符合《给水排水管道工程施工及验收规范》GB 50268—2008 的规定；

检查方法：检查产品质量保证资料；检查成品管进场验收记录。

②承插、套筒式连接时，承口、插口部位及套筒连接紧密，无破损、变形、开裂等现象；插入后胶圈应位置正确，无扭曲等现象；双道橡胶圈的单口水压试验合格；

检查方法：逐个接口检查；检查施工方案及施工记录，单口水压试验记录；用钢尺、探尺量测。

③聚乙烯管、聚丙烯管接口熔焊连接应符合下列规定：

a.焊缝应完整，无缺损和变形现象；焊缝连接应紧密，无气孔、鼓泡和裂缝；电熔连接的电阻丝不裸露；

b.熔焊焊缝焊接力学性能不低于母材；

c.热熔对接连接后应形成凸缘，且凸缘形状大小均匀一致，无气孔、鼓泡和裂缝；接头处有沿管节圆周平滑对称的外翻边，外翻边最低处的深度不低于管节外表面；管壁内翻边应铲平；对接错边量不大于管材壁厚的 10%。且不大于 3mm。

检查方法：观察；检查熔焊连接工艺试验报告和焊接作业指导书，检查熔焊连接施工记录、熔焊外观质量检验记录、焊接力学性能检测报告。

检查数量：外观质量全数检查；熔焊焊缝焊接力学性能试验每 200 个接头不少于 1 组；现场进行破坏性检验或翻边切除检验（可任选一种）时，现场破坏性检验每 50 个接头不少于 1 个，现场内翻边切除检验每 50 个接头不少于 3 个；单位工程中接头数量不足 50 个时，仅做熔焊焊缝焊接力学性能试验，可不做现场检验。

④卡箍连接、法兰连接、钢塑过渡接头连接时，应连接件齐全、位置正确、安装牢固，连接部位无扭曲、变形；

检查方法：逐个检查。

2)一般项目

①承插、套筒式接口的插入深度应符合要求，相邻管口的纵向间隙应不小于10mm；环向间隙应均匀一致；

检查方法：逐口检查，用钢尺量测；检查施工记录。

②承插式管道沿曲线安装时的接口转角，玻璃钢管的不应大于《给水排水管道工程施工及验收规范》GB 50268—2008 的规定；聚乙烯管、聚丙烯管的接口转角应不大于 1.5°；硬聚氯乙烯管的接口转角应不大于 1.0°；

检查方法:用直尺量测曲线段接口;检查施工记录。

③熔焊连接设备的控制参数满足焊接工艺要求;设备与待连接管的接触面无污物,设备及组合件组装正确、牢固、吻合;焊后冷却期间接口未受外力影响;

检查方法:观察,检查专用熔焊设备质量合格证明书、校检报告,检查熔焊记录。

④卡箍连接、法兰连接、钢塑过渡连接件的钢制部分以及钢制螺栓、螺母、垫圈的防腐要求应符合设计要求;

检查方法:逐个检查;检查产品质量合格证明书、检验报告。

9.管道铺设质量检验

管道铺设应符合下列规定:

1)主控项目

①管道埋设深度、轴线位置应符合设计要求,无压力管道严禁倒坡;

检查方法:检查施工记录、测量记录。

②刚性管道无结构贯通裂缝和明显缺损情况;

检查方法:观察,检查技术资料。

③柔性管道的管壁不得出现纵向隆起、环向扁平和其他变形情况;

检查方法:观察,检查施工记录、测量记录。

④管道铺设安装必须稳固,管道安装后应线形平直;

检查方法:观察,检查测量记录。

2)一般项目

①管道内应光洁平整,无杂物、油污;管道无明显渗水和水珠现象;

检查方法:观察,渗漏水程度检查按《给水排水管道工程施工及验收规范》GB 50268—2008 的要求执行。

②管道与井室洞口之间无渗漏水;

检查方法:逐井观察,检查施工记录。

③管道内外防腐层完整,无破损现象;

检查方法:观察,检查施工记录。

④钢管管道开孔应符合《给水排水管道工程施工及验收规范》GB 50268—2008 的规定;

检查方法:逐个观察,检查施工记录。

⑤闸阀安装应牢固、严密,启闭灵活,与管道轴线垂直;

检查方法:观察检查,检查施工记录。

⑥管道铺设的允许偏差应符合表 6-8 的规定。

表 6-8　管道铺设的允许偏差(mm)

检查项目		允许偏差		检查数量		检查方法
				范围	点数	
1	水平轴线	无压管道	15			经纬仪测量或挂
		压力管道	30			中线用钢尺量测
2	管底高程	$D_i \leqslant 1000$ 无压管道	±10	每节管	1点	水准仪测量
		压力管道	±30			
		$D_i > 1000$ 无压管道	±15			
		压力管道	±30			

三、不开槽施工管道主体结构

1. 工作井的围护结构、井内结构施工质量验收

工作井的围护结构、井内结构施工质量验收标准应按现行国家标准《建筑地基基础工程施工质量验收规范》GB 50202、《给水排水构筑物工程施工及验收规范》GB 50141 的相关规定执行。

2. 工作井质量检验

工作井应符合下列规定：

1)主控项目

①工程原材料、成品、半成品的产品质量应符合国家相关标准规定和设计要求；

检查方法：检查产品质量合格证、出厂检验报告和进场复验报告。

②工作井结构的强度、刚度和尺寸应满足设计要求,结构无滴漏和线流现象；

检查方法：观察按《给水排水管道工程施工及验收规范》GB 50268—2008 附录 F 的规定逐座进行检查,检查施工记录。

③混凝土结构的抗压强度等级、抗渗等级符合设计要求；

检查数量：每根钻孔灌柱桩、每幅地下连续墙混凝土为一个验收批,抗压强度、抗渗试块应各留置一组；沉井及其他现浇结构的同一配合比混凝土,每工作班且每浇筑 100m³ 为一个验收批,抗压强度试块留置不应少于 1 组；每浇筑 500m³ 混凝土抗渗试块留置不应少于 1 组；

检查方法：检查混凝土浇筑记录,检查试块的抗压强度、抗渗试验报告。

2)一般项目

①结构无明显渗水和水珠现象；

检查方法：按《给水排水管道工程施工及验收规范》GB 50268—2008 附录 F

的规定逐座观察。

②顶管顶进工作井、盾构始发工作井的后背墙应坚实、平整;后座与井壁后背墙联系紧密;

检查方法:逐个观察;检查相关施工记录。

③两导轨应顺直、平行、等高,盾构基座及导轨的夹角符合规定;导轨与基座连接应牢固可靠,不得在使用中产生位移;

检查方法:逐个观察、量测。

④工作井施工的允许偏差应符合表 6-9 的规定。

表 6-9 工作井施工的允许偏差

	检查项目		允许偏差（mm）	检查数量		检查方法
				范围	点数	
1	井内导轨安装	顶面高程 顶管、夯管	+3.0	每座	每根导轨 2 点	用水准仪测量、水平尺量测
		盾构	+5.0			
		中心水平位置 顶管、夯管	3		每根导轨 2 点	用经纬仪测量
		盾构	5			
		两轨间距 顶管、夯管	±2		2 个断面	用钢尺量测
		盾构	±5			
2	盾构后座管片	高程	±10	每环底部	1 点	用水准仪测量
		水平轴线	±10		1 点	
3	井尺寸	矩形 每侧长、宽	不小于设计要求	每座	2 点	挂中线用尺量测
		圆形 半径				
4	进、出井预留洞口	中心位置	20	每个	竖、水平各 1 点	用经纬仪测量
		内径尺寸	±20		垂直向各 1 点	用钢尺量测
5	井底板高程		±30	每座	4 点	用水准仪测量
6	顶管、盾构工作井后背墙	垂直度	0.1%H	每座	1 点	用垂线,角尺量测
		水平扭转度	0.1%L			

注:H 为后背墙的高度(mm);L 为后背墙的长度(mm)。

3.顶管管道质量检验

顶管管道应符合下列规定:

1)主控项目

①管节及附件等工程材料的产品质量应符合国家有关标准的规定和设计

要求;

检查方法:检查产品质量合格证明书、各项性能检验报告,检查产品制造原材料质量保证资料;检查产品进场验收记录。

②接口橡胶圈安装位置正确,无位移、脱落现象;钢管的接口焊接质量应符合《给水排水管道工程施工及验收规范》GB 50268—2008 的相关规定,焊缝无损探伤检验符合设计要求;

检查方法:逐个接口观察;检查钢管接口焊接检验报告。

③无压管道的管底坡度无明显反坡现象;曲线顶管的实际曲率半径符合设计要求;

检查方法:观察;检查顶进施工记录、测量记录。

④管道接口端部应无破损、顶裂现象,接口处无滴漏;

检查方法:逐节观察,其中渗漏水程度检查按《给水排水管道工程施工及验收规范》GB 50268—2008 附录 F 执行。

2)一般项目

①管道内应线形平顺、无突变、变形现象;一般缺陷部位,应修补密实、表面光洁;管道无明显渗水和水珠现象;

检查方法:按《给水排水管道工程施工及验收规范》GB 50268—2008 附录 F、附录 G 的规定逐节观察。

②管道与工作井出、进洞口的间隙连接牢固,洞口无渗漏水;

检查方法:观察每个洞口。

③钢管防腐层及焊缝处的外防腐层及内防腐层质量验收合格;

检查方法:观察;按《给水排水管道工程施工及验收规范》GB 50268—2008 第 5 章的相关规定进行检查。

表 6-10　顶管施工贯通后管道的允许偏差

检查项目		允许偏差（mm）	检查数量		检查方法
			范围	点数	
1 直线顶管水平轴线	顶进长度<300m	50			用经纬仪测量或挂中线用尺量测
	300m≤顶进长度<1000m	100			
	顶进长度≥1000m	L/10			
2 直线顶管内底高程	顶进长度<300m D_i<1500	+30,−40	每管节	1点	用水准仪或水平仪测量
	顶进长度<300m D_i≥1500	+40,−50			
	300m≤顶进长度<1000m	+60,−80			用水准仪测量
	顶进长度≥1000m	+80,−100			

（续）

检查项目			允许偏差（mm）	检查数量		检查方法
				范围	点数	
3	曲线顶管水平轴线	$R \leqslant 150D_i$	水平曲线	150			用经纬仪测量
			竖曲线	150			
			复合曲线	200			
		$R > 150D_i$	水平曲线	150			
			竖曲线	150			
			复合曲线	150			
4	曲线顶管内底高程	$R \leqslant 150D_i$	水平曲线	+100，−150	每管节	1点	用水准仪测量
			竖曲线	+150，−200			
			复合曲线	±200			
		$R > 150D_i$	水平曲线	+100，−150			
			竖曲线	+100，−150			
			复合曲线	±200			
5	相邻管间错口	钢管、玻璃钢管		≤2			用钢尺量测,见 GB 50268—2008 第4.6.3条的有关规定
		钢筋混凝土管		15%壁厚,且≤20			
6	钢筋混凝土管曲线顶管相邻管间接口的最大间隙与最小间隙之差			≤ΔS			
7	钢管、玻璃钢管道竖向变形			≤0.03D_i			
8	对顶时两端错口			50			

注:D_i 为管道内径(mm);

　　L 为顶进长度(mm);

　　ΔS 为曲线顶管相邻管节接口允许的最大间隙与最小间隙之差(mm);

　　R 为曲线顶管的设计曲率半径(mm)。

④有内防腐层的钢筋混凝土管道,防腐层应完整、附着紧密;

检查方法:观察。

⑤管道内应清洁,无杂物、油污;

检查方法:观察。

⑥顶管施工贯通后管道的允许偏差应符合表6-10的规定。

4. 垂直顶升管道质量检验

垂直顶升管道应符合下列规定:

1)主控项目

①管节及附件的产品质量应符合国家相关标准的规定和设计要求;

检查方法:检查产品质量合格证明书、各项性能检验报告,检查产品制造原材料质量保证资料;检查产品进场验收记录。

②管道直顺,无破损现象;水平特殊管节及相邻管节无变形、破损现象;顶升管道底座与水平特殊管节的连接符合设计要求;

检查方法:逐个观察,检查施工记录。

③管道防水、防腐蚀处理符合设计要求;无滴漏和线流现象;

检查方法:逐个观察,检查施工记录,渗漏水程度检查按《给水排水管道工程施工及验收规范》GB 50268—2008 附录 F 执行。

2)一般项目

①管节接口连接件安装正确、完整;

检查方法:逐个观察;检查施工记录。

②防水、防腐层完整,阴极保护装置符合设计要求;

检查方法:逐个观察,检查防水、防腐材料技术资料、施工记录。

③管道无明显渗水和水珠现象;

检查方法:按《给水排水管道工程施工及验收规范》GB 50268—2008 附录 F 的规定逐节观察。

④水平管道内垂直顶升施工的允许偏差应符合表 6-11 的规定。

表 6-11　水平管道内垂直顶升施工的允许偏差

	检查项目		允许偏差（mm）	检查数量		检查方法
				范围	点数	
1	顶升管帽盖顶面高程		±20	每根	1点	用水准仪测量
2	顶升管管节安装	管节垂直度	≤1.5‰H	每节	各1点	用垂线量
		管节连接端面平行度	≤1.5‰D_0,且≤2			用钢尺、角尺等量测
3	顶升管节间错口		≤20			用钢尺量测
4	顶升管道垂直度		0.5‰H	每根	1点	用垂线量
5	顶升管的中心轴线	沿水平管纵向	30	顶头、底座管节	各1点	用经纬仪测量或钢尺量测
		沿水平管横向	20			
6	开口管顶升口中心轴线	沿水平管纵向	40	每处	1点	
		沿水平管横向	30			

注:H 为垂直顶升管总长度(mm);D_0 为垂直顶升管外径(mm)。

5.盾构管片制作质量检验

盾构管片制作应符合下列规定:

1)主控项目

①工厂预制管片的产品质量应符合国家相关标准的规定和设计要求;

检查方法:检查产品质量合格证明书、各项性能检验报告,检查制造产品的原材料质量保证资料。

②现场制作的管片应符合下列规定:

a.原材料的产品应符合国家相关标准的规定和设计要求；

b.管片的钢模制作的允许偏差应符合表6-12的规定；

检查方法：检查产品质量合格证明书、各项性能检验报告、进场复验报告；管片的钢模制作允许偏差按表6-12的规定执行。

③管片的混凝土强度等级、抗渗等级符合设计要求；

检查方法：检查混凝土抗压强度，抗渗试块报告。

检查数量：同一配合比当天同一班组或每浇筑5环管片混凝土为一个验收批，留置抗压强度试块1组；每生产10环管片混凝土应留置抗渗试块1组。

表6-12　管片的钢模制作的允许偏差

检查项目		允许偏差	检查数量		检查方法
			范围	点数	
1	宽度	±0.4mm		6点	
2	弧弦长	±0.4mm		2点	
3	底座夹角	±1°	每块钢模	4点	用专用量轨、卡尺及钢尺等量测
4	纵环向芯棒中心距	±0.5mm		全检	
5	内腔高度	±1mm		3点	

④管片表面应平整，外观质量无严重缺陷、且无裂缝；铸铁管片或钢制管片无影响结构和拼装的质量缺陷；

检查方法：逐个观察；检查产品进场验收记录。

⑤单块管片尺寸的允许偏差应符合表6-13的规定。

表6-13　单块管片尺寸的允许偏差

检查项目		允许偏差（mm）	检查数量		检查方法
			范围	点数	
1	宽度	±1		内、外侧各3点	
2	弧弦长	±1		两端面各1点	
3	管片的厚度	+3，−1		3点	用卡尺、钢尺、直尺、角尺、专用弧形板量测
4	环面平整度	0.2	每块	2点	
5	内、外环面与端面垂直度	1		4点	
6	螺栓孔位置	±1		3点	
7	螺栓孔直径	±1		3点	

⑥钢筋混凝土管片抗渗试验应符合设计要求；

检查方法：将单块管片放置在专用试验架上，按设计要求水压恒压2h，渗水深度不得超过管片厚度的1/5为合格。

检查数量：工厂预制管片，每生产50环应抽查1块管片做抗渗试验；连续三次合格时则改为每生产100环抽查1块管片，再连续三次合格则最终改为200环抽查1块管片做抗渗试验；如出现一次不合格，则恢复每50环抽查1块管片，并按上述抽查要求进行试验。

现场生产管片，当天同一班组或每浇筑5环管片，应抽查1块管片做抗渗试验。

⑦管片进行水平组合拼装检验时应符合表6-14的规定。

表6-14　管片水平组合拼装检验的允许偏差

检查项目		允许偏差（mm）	检查数量		检查方法
			范围	点数	
1	环缝间隙	≤2	每条缝	6点	
2	纵缝间隙	≤2		6点	
3	成环后内径（不放衬垫）	±2	每环	4点	
4	成环后外径（不放衬垫）	+4,-2		4点	
5	纵、环向螺栓穿进后，螺栓杆与螺孔的间隙	$(D_1-D_2)<2$	每处	各1点	插钢丝检查

注：D_1为螺孔直径，D_2为螺栓杆直径，单位：mm。

检查数量：每套钢模（或铸铁、钢制管片）先生产3环进行水平拼装检验，合格后试生产100环再抽查3环进行水平拼装检验；合格后正式生产时，每生产200环应抽查3环进行水平拼装检验；管片正式生产后出现一次不合格时，则应加倍检验。

2)一般项目

①钢筋混凝土管片无缺棱、掉边、麻面和露筋，表面无明显气泡和一般质量缺陷；铸铁管片或钢制管片防腐层完整；

检查方法：逐个观察；检查产品进场验收记录。

②管片预埋件齐全，预埋孔完整、位置正确；

检查方法：观察；检查产品进场验收记录。

③防水密封条安装凹槽表面光洁，线形直顺；

检查方法：逐个观察。

④管片的钢筋骨架制作的允许偏差应符合表6-15的规定。

表 6-15 钢筋混凝土管片的钢筋骨架制作的允许偏差

检查项目	允许偏差（mm）	检查数量		检查方法
		范围	点数	
1 主筋间距	±10		4点	
2 骨架长、宽、高	+5,−10		各2点	
3 环、纵向螺栓孔	畅通、内圆面平整		每处1点	
4 主筋保护层	±3	每榀	4点	用卡尺、钢尺量测
5 分布筋长度	±10		4点	
6 分布筋间距	±5		4点	
7 箍筋间距	±10		4点	
8 顶埋件位置	±5		每处1点	

6.盾构掘进和管片拼装质量检验

盾构掘进和管片拼装应符合下列规定：

1)主控项目

①管片防水密封条性能符合设计要求,粘贴牢固、平整、无缺损,防水垫圈无遗漏;

检查方法:逐个观察,检查防水密封条质量保证资料。

②环、纵向螺栓及连接件的力学性能符合设计要求,螺栓应全部穿入,拧紧力矩应符合设计要求;

检查方法:逐个观察;检查螺栓及连接件的材料质量保证资料、复试报告,检查拼装拧紧记录。

③钢筋混凝土管片拼装无内外贯穿裂缝,表面无大于 0.2mm 的推顶裂缝以及混凝土剥落和露筋现象;铸铁、钢制管片无变形、破损;

检查方法:逐片观察,用裂缝观察仪检查裂缝宽度。

④管道无线漏、滴漏水现象;

检查方法:按《给水排水管道工程施工及验收规范》GB 50268—2008 附录 F 的规定,全数观察。

⑤管道线形平顺,无突变现象;圆环无明显变形;

检查方法:观察。

2)一般项目

①管道无明显渗水;

检查方法:按《给水排水管道工程施工及验收规范》GB 50268—2008 附录 F 的规定全数观察。

②钢筋混凝土管片表面不宜有一般质量缺陷;铸铁、钢制管片防腐层完好;

检查方法:全数观察,其中一般质量缺陷判定按《给水排水管道工程施工及验收规范》GB 50268—2008 附录 G 的规定执行。

③钢筋混凝土管片的螺栓手孔封堵时不得有剥落现象,且封堵混凝土强度符合设计要求;

检查方法:观察;检查封堵混凝土的抗压强度试块试验报告。

④管片在盾尾内管片拼装成环的允许偏差应符合表 6-16 的规定。

表 6-16　在盾尾内管片拼装成环的允许偏差

检查项目		允许偏差	检查数量		检查方法
			范围	点数	
1	环缝张开	≤2		1	插片检查
2	纵缝张开	≤2			插片检查
3	衬砌环直径圆度	5‰D_i		4	用钢尺量测
4	相邻管片间的高差 环向	5	每环		用钢尺量测
	纵向	6			
5	成环环底高程	±100		1	用水准仪测量
6	成环中心水平轴线	±100			用经纬仪测量

注:环缝、纵缝张开的允许偏差仅指直线段。

⑤管道贯通后的允许偏差应符合表 6-17 的规定。

表 6-17　管道贯通后的允许偏差

检查项目		允许偏差（mm）	检查数量		检查方法
			范围	点数	
1	相邻管片间的高差 环向	15		4	用钢尺量测
	纵向	20			
2	环缝张开	2		1	插片检查
3	纵缝张开	2			
4	衬砌环直径圆度	8‰D_i	每5环	4	用钢尺量测
5	管底高程 输水管道	±150			用水准仪测量
	套管或管廊	±100		1	
6	管道中心水平轴线	±150			用经纬仪测量

注:环缝、纵缝张开的允许偏差仅指直线段。

7.盾构施工管道的钢筋混凝土二次衬砌质量检验

盾构施工管道的钢筋混凝土二次衬砌应符合下列规定:

1）主控项目

①钢筋数量、规格应符合设计要求；

检查方法：检查每批钢筋的质量保证资料和进场复验报告。

②混凝土强度等级、抗渗等级符合设计要求；

检查方法：检查混凝土抗压强度、抗渗试块报告；

检查数量：同一配合比，每连续浇筑一次混凝土为一验收批，应留置抗压、抗渗试块各 1 组。

③混凝土外观质量无严重缺陷；

检查方法：按《给水排水管道工程施工及验收规范》GB 50268—2008 附录 G 的规定逐段观察；检查施工技术资料。

④防水处理符合设计要求，管道无滴漏、线漏现象；

检查方法：按《给水排水管道工程施工及验收规范》GB 50268—2008 附录 F 的规定观察；检查防水材料质量保证资料、施工记录、施工技术资料。

2）一般项目

①变形缝位置符合设计要求，且通缝、垂直；

检查方法：逐个观察。

②拆模后无隐筋现象，混凝土不宜有一般质量缺陷；

检查方法：按《给水排水管道工程施工及验收规范》GB 50268—2008 附录 G 的规定逐段观察；检查施工技术资料。

③管道线形平顺，表面平整、光洁；管道无明显渗水现象；

检查方法：全数观察。

④钢筋混凝土衬砌施工质量的允许偏差应符合表 6-18 的规定。

表 6-18　钢筋混凝土衬砌施工质量的允许偏差

	检查项目	允许偏差（mm）	检查数量		检查方法
			范围	点数	
1	内径	±20		不少于 1 点	用钢尺量测
2	内衬壁厚	±15		不少于 2 点	
3	主钢筋保护层厚度	±5		不少于 4 点	
4	变形缝相邻高差	10	每榀	不少于 1 点	
5	管底高程	±100			用水准仪测量
6	管道中心水平轴线	±100		不少于 1 点	用经纬仪测量
7	表面平整度	10			沿管道轴向用 2m 直尺量测
8	管道直顺度	15	每20m	1 点	沿管道轴向用 20m 小线测

8.浅埋暗挖管道的土层开挖质量检验

浅埋暗挖管道的土层开挖应符合下列规定：

1）主控项目

①开挖方法必须符合施工方案要求,开挖土层稳定；

检查方法:全过程检查;检查施工方案、施工技术资料,施工和监测记录。

②开挖断面尺寸不得小于设计要求,且轮廓圆顺;若出现超挖,其超挖允许值不得超出现行国家标准《地下铁道工程施工及验收规范》(GB 50299—1999)的规定；

检查方法:检查每个开挖断面;检查设计文件、施工方案、施工技术资料、施工记录。

2）一般项目

①土层开挖的允许偏差应符合表 6-19 的规定。

表 6-19　土层开挖的允许偏差

序号	检查项目	允许偏差 （mm）	检查数量		检查方法
			范围	点数	
1	轴线偏差	±30	每榀	4	挂中心线用尺量每侧 2 点
2	高程	±30	每榀	1	用水准仪测量

注:管道高度大于 2m 时,轴线偏差每侧测量 3 点。

②小导管注浆加固质量符合设计要求；

检查方法:全过程检查,检查施工技术资料、施工记录。

9.浅埋暗挖管道的初期衬砌质量检验

浅埋暗挖管道的初期衬砌应符合下列规定：

1）主控项目

①支护钢格栅、钢架的加工、安装应符合下列规定：

a.每批钢筋、型钢材料规格、尺寸、焊接质量应符合设计要求；

b.每榀钢格栅、钢架的结构形式,以及部件拼装的整体结构尺寸应符合设计要求,且无变形；

检查方法:观察;检查材料质量保证资料,检查加工记录。

②钢筋网安装应符合下列规定：

a.每批钢筋材料规格、尺寸应符合设计要求；

b.每片钢筋网加工、制作尺寸应符合设计要求,且无变形；

检查方法:观察;检查材料质量保证资料。

③初期衬砌喷射混凝土应符合下列规定：

a.每批水泥、骨料、水、外加剂等原材料,其产品质量应符合国家标准的规定和设计要求;

b.混凝土抗压强度应符合设计要求;

检查方法:检查材料质量保证资料、混凝土试件抗压和抗渗试验报告。

检查数量:混凝土标准养护试块,同一配合比,管道拱部和侧墙每20m混凝土为一验收批,抗压强度试块各留置一组;同一配合比,每40m管道混凝土留置抗渗试块一组。

2)一般项目

①初期支护钢格栅、钢架的加工、安装应符合下列规定:

表 6-20 钢格栅、钢架的加工与安装的允许偏差

检查项目		允许偏差	检查数量		检查方法
			范围	点数	
1 加工	拱架（顶拱、墙拱） 矢高及弧长	+200mm		2	用钢尺量测
	墙架长度	±20mm		1	
	拱、墙架横断面(高、宽)	+100mm		2	
	格栅组装后外轮廓尺寸 高度	±30mm		2	
	宽度	±20mm		2	
	扭曲度	≤20mm		3	
2 安装	横向和纵向位置	横向±30mm, 纵向±50mm	每榀	2	用钢尺量测
	垂直度	5‰		2	用垂球及钢尺量测
	高程	±30mm		2	用水准仪测量
	与管道中线倾角	≤2°		1	用经纬仪测量
	间距 格栅	±100mm		每处 1	用钢尺量测
	钢架	±50mm		每处 1	

注:首榀钢格栅应经检验合格后,方可投入批量生产。

a.每榀钢格栅各节点连接必须牢固,表面无焊渣;

b.每榀钢格栅与壁面应楔紧,底脚支垫稳固,相邻格栅的纵向连接必须绑扎牢固;

c.钢格栅、钢架的加工与安装的允许偏差符合表6-20的规定。

检查方法:观察;检查制造、加工记录,按表6-20的规定检查允许偏差。

②钢筋网安装应符合下列规定:

a.钢筋网必须与钢筋格栅、钢架或锚杆连接牢固;

b.钢筋网加工、铺设的允许偏差应符合表 6-21 的规定。

检查方法:观察;按表 6-21 的规定检查允许偏差。

表 6-21　钢筋网加工、铺设的允许偏差

检查项目		允许偏差（mm）	检查数量		检查方法
			范围	点数	
1	钢筋网加工	钢筋间距	±10	片	2	用钢尺量测
		钢筋搭接长	±15			
2	钢筋网铺设	搭接长度	≥200	一榀钢拱架长度	4	用钢尺量测
		保护层	符合设计要求		2	用垂球及尺量测

③初期衬砌喷射混凝土应符合下列规定:

a.喷射混凝土层表面应保持平顺、密实,且无裂缝、无脱落、无漏喷、无露筋、无空鼓、无渗漏水等现象;

b.初期衬砌喷射混凝土质量的允许偏差符合表 6-22 的规定。

检查方法:观察;按表 6-22 的规定检查允许偏差。

表 6-22　初期衬砌喷射混凝土质量的允许偏差

检查项目	允许偏差（mm）	检查数量		检查方法
		范围	点数	
1	平整度	≤30	每 20m	2	用 2m 靠尺和塞尺量测
2	矢、弦比	≯1/6	每 20m	1 个断面	用尺量测
3	喷射混凝土层厚度	见表注 1	每 20m	1 个断面	钻孔法或其他有效方法,并见表注 2

注:1.喷射混凝土层厚度允许偏差,60%以上检查点厚度不小于设计厚度,其余点处的最小厚度不小于设计厚度的 1/2;厚度总平均值不小于设计厚度;

2.每 20m 管道检查一个断面,每断面以拱部中线开始,每间隔 2～3m 设一个点,但每一检查断面的拱部不应少于 3 个点,总计不应少于 5 个点。

10.浅埋暗挖管道的防水层质量检验

浅埋暗挖管道的防水层应符合下列规定:

1)主控项目

每批的防水层及衬垫材料品种、规格必须符合设计要求;

检查方法:观察;检查产品质量合格证明、性能检验报告等。

2)一般项目

①双焊缝焊接,焊缝宽度不小于 10mm. 且均匀连续,不得有漏焊、假焊、焊

焦、焊穿等现象;

检查方法:观察;检查施工记录。

②防水层铺设质量的允许偏差符合表 6-23 的规定。

表 6-23　防水层铺设质量的允许偏差

检查项目		允许偏差（mm）	检查数量		检查方法
			范围	点数	
1	基面平整度	≤50			用 2m 直尺量取最大值
2	卷材环向与纵向搭接宽度	≥100	每 5m	2	用钢尺量测
3	衬垫搭接宽度	≥50			

注:本表防水层系低密度聚乙烯(LDPE)卷材。

11.浅埋暗挖管道的二次衬砌质量检验

浅埋暗挖管道的二次衬砌应符合下列规定:

1)主控项目

①原材料的产品质量保证资料应齐全,每生产批次的出厂质量合格证明书及各项性能检验报告应符合国家相关标准规定和设计要求;

检查方法:检查产品质量合格证明书、各项性能检验报告、进场复验报告。

②伸缩缝的设置必须根据设计要求,并应与初期支护变形缝位置重合;

检查方法:逐缝观察;对照设计文件检查。

③混凝土抗压、抗渗等级必须符合设计要求。

检查数量:

a.同一配比,每浇筑一次垫层混凝土为一验收批,抗压强度试块各留置一组;同一配比,每浇筑管道每 30m 混凝土为一验收批,抗压强度试块留置 2 组(其中 1 组作为 28d 强度);如需要与结构同条件养护的试块,其留置组数可根据需要确定;

b.同一配比,每浇筑管道每 30m 混凝土为一验收批,留置抗渗试块 1 组;

检查方法:检查混凝土抗压、抗渗试件的试验报告。

2)一般项目

①模板和支架的强度、刚度和稳定性,外观尺寸、中线、标高、预埋件必须满足设计要求;模板接缝应拼接严密,不得漏浆;

检查方法:检查施工记录、测量记录。

②止水带安装牢固,浇筑混凝土时,不得产生移动、卷边、漏灰现象;

检查方法:逐个观察。

③混凝土表面光洁、密实,防水层完整不漏水;

检查方法：逐段观察。

④二次衬砌模板安装质量、混凝土施工的允许偏差应分别符合表 6-24、表 6-25 的规定。

表 6-24　二次衬砌模板安装质量的允许偏差

	检查项目	允许偏差	检查数量		检查方法
			范围	点数	
1	拱部高程（设计标高加预留沉降量）	±10mm	每20m	1	用水准仪测量
2	横向（以中线为准）	±10mm	每20m	2	用钢尺量测
3	侧模垂直度	≤3‰	每截面	2	垂球及钢尺量测
4	相邻两块模板表面高低差	≤2mm	每5m	2	用尺量测取较大值

注：本表项目只适用分项工程检验，不适用分部及单位工程质量验收。

表 6-25　二次衬砌混凝土施工的允许偏差

序号	检查项目	允许偏差（mm）	检查数量		检查方法
			范围	点数	
1	中线	≤30	每5m	2	用经纬仪测量，每侧计1点
2	高程	+20，−30	每20m	1	用水准仪测量

12. 定向钻施工管道质量检验

定向钻施工管道应符合下列规定：

1）主控项目

①管节、防腐层等工程材料的产品质量应符合国家相关标准的规定和设计要求；

检查方法：检查产品质量保证资料；检查产品进场验收记录。

②管节组对拼接、钢管外防腐层（包括焊口补口）的质量经检验（验收）合格；

检查方法：管节及接口全数观察；按《给水排水管道工程施工及验收规范》（GB 50268—2008）第 5 章的相关规定进行检查。

③钢管接口焊接、聚乙烯管、聚丙烯管接口熔焊检验符合设计要求，管道预水压试验合格；

检查方法：接口逐个观察；检查焊接检验报告和管道预水压试验记录，其中管道预水压试验应按《给水排水管道工程施工及验收规范》GB 50268—2008 第 7.1.7 条第 7 款的规定执行。

④管段回拖后的线形应平顺、无突变、变形现象，实际曲率半径符合设计要求；

检查方法：观察；检查钻进、扩孔、回拖施工记录、探测记录。

2）一般项目

①导向孔钻进、扩孔、管段回拖及钻进泥浆（液）等符合施工方案要求；

检查方法：检查施工方案，检查相关施工记录和泥浆（液）性能检验记录。

②管段回拖力、扭矩、回拖速度等应符合施工方案要求，回拖力无突升或突降现象；

检查方法：观察；检查施工方案，检查回拖记录。

③布管和发送管段时，钢管防腐层无损伤，管段无变形；回拖后拉出暴露的管段防腐层结构应完整、附着紧密；

检查方法：观察。

④定向钻施工管道的允许偏差应符合表 6-26 的规定。

表 6-26　定向钻施工管道的允许偏差

检查项目			允许偏差（mm）	检查数量		检查方法
				范围	点数	
1	入土点位置	平面轴向、平面横向	20			
		垂直向高程	±20			
2	出土点位置	平面轴向	500	每入、出土点	各 1 点	用经纬仪、水准仪测量、用钢尺量测
		平面横向	$1/2$ 倍 D_i			
		垂直向高程　压力管道	$±1/2$ 倍 D_i			
		无压管道	±20			
3	管道位置	水平轴线	$1/2$ 倍 D_i	每节管	不少于 1 点	用导向探测仪检查
		管道内底高程　压力管道	$±1/2$ 倍 D_i			
		无压管道	$+20，-30$			
4	控制井	井中心轴向、横向位置	20	每座	各 1 点	用经纬仪、水准仪测量、钢尺量测
		井内洞口中心位置	20			

注：D_i 为管道内径（mm）。

13. 夯管施工管道质量检验

夯管施工管道应符合下列规定：

1）主控项目

①管节、焊材、防腐层等工程材料的产品应符合国家相关标准的规定和设计要求；

检查方法：检查产品质量合格证明书、各项性能检验报告，检查产品制造原材料质量保证资料;检查产品进场验收记录。

②钢管组对拼接、外防腐层(包括焊口补口)的质量经检验(验收)合格;钢管接口焊接检验符合设计要求;

检查方法:全数观察;按《给水排水管道工程施工及验收规范》GB 50268—2008 第 5 章的相关规定进行检查,检查焊接检验报告。

③管道线形应平顺、无变形、裂缝、突起、突弯、破损现象;管道无明显渗水现象;

检查方法:观察,其中渗漏水程度按《给水排水管道工程施工及验收规范》GB 50268—2008 附录 F 的规定观察。

2)一般项目

①管内应清理干净,无杂物、余土、污泥、油污等;内防腐层的质量经检验(验收)合格;

检查方法:观察;按《给水排水管道工程施工及验收规范》GB 50268—2008 第 5 章的相关规定进行内防腐层检查。

②夯出的管节外防腐结构层完整、附着紧密,无明显划伤、破损等现象;

检查方法:观察;检查施工记录。

③夯入的起始管节,其轴向水平位置、管中心高程的允许偏差应控制在 ±20mm 范围内;

检查方法:用经纬仪、水准仪测量;检查施工记录。

④夯锤的锤击力、夯进速度应符合施工方案要求;承受锤击的管端部无变形、开裂、残缺等现象,并满足接口组对焊接的要求;

检查方法:逐节检查;用钢尺、卡尺、焊缝量规等测量管端部;检查施工技术方案,检查夯进施工记录。

⑤夯管贯通后的管道的允许偏差应符合表 6-27 的规定。

表 6-27　夯管贯通后的管道的允许偏差

	检查项目		允许偏差 (mm)	检查数量		检查方法
				范围	点数	
1	轴线水平位移		80			用经纬仪测量或挂中线用钢尺量测
2	管道内 底高程	$D_i < 1500$	40	每管节	1 点	用水准仪测量
		$D_i \geqslant 1500$	60			
3	相邻管间错口		≤2			用钢尺量测

注:1. D_i 为管道内径(mm)。

2. $D_i \leqslant 700$mm 时,检查项目 1 和 2 可直接测量管道两端,检查项目 3 可检查施工记录。

四、沉管和桥管施工主体结构

1.沉管基槽浚挖及管基处理

沉管基槽浚挖及管基处理应符合下列规定：

1）主控项目

①沉管基槽中心位置和浚挖深度符合设计要求；

检查方法：检查施工测量记录、浚挖记录。

②沉管基槽处理、管基结构形式应符合设计要求；

检查方法：可由潜水员水下检查；检查施工记录、施工资料。

2）一般项目

①浚挖成槽后基槽应稳定，沉管前基底回淤量不大于设计和施工方案要求，基槽边坡不陡于《给水排水管道工程施工及验收规范》GB 50268—2008 的有关规定；

检查方法：检查施工记录、施工技术资料；必要时水下检查。

②管基处理所用的工程材料规格、数量等符合设计要求；

检查方法：检查施工记录、施工技术资料。

③沉管基槽浚挖及管基处理的允许偏差应符合表 6-28 的规定。

表 6-28　沉管基槽浚挖及管基处理的允许偏差

	检查项目		允许偏差（mm）	检查数量		检查方法
				范围	点数	
1	基槽底部高程	土	0，−300	每 5～10m 取一个断面	基槽宽度不大于 5m 时测 1 点；基槽宽度大于 5m 时测不少于 2 点	用回声测深仪、多波束仪、测深图检查；或用水准仪、经纬仪测量、钢尺量测定位标志，潜水员检查
		石	0，−500			
2	整平后基础顶面高程	压力管道	0，−200			
		无压管道	0，−100			
3	基槽底部宽度		不小于规定			
4	基槽水平轴线		100			
5	基础宽度		不小于设计要求		1点	
6	整平后基础平整度	砂基础	50			潜水员检查，用刮平尺量测
		砾石基础	150			

2.组对拼装管道（段）的沉放质量检验

组对拼装管道（段）的沉放应符合下列规定：

1）主控项目

①管节、防腐层等工程材料的产品质量保证资料齐全，各项性能检验报告应符合相关国家相关标准的规定和设计要求；

检查方法:检查产品质量合格证明书、各项性能检验报告,检查产品制造原材料质量保证资料;检查产品进场验收记录。

②陆上组对拼装管道(段)的接口连接和钢管防腐层(包括焊口、补口)的质量经验收合格;钢管接口焊接、聚乙烯管、接口熔焊检验符合设计要求,管道预水压试验合格;

检查方法:管道(段)及接口全数观察,按《给水排水管道工程施工及验收规范》GB 50268—2008 第 5 章的相关规定进行检查;检查焊接检验报告和管道预水压试验记录,其中管道预水压试验应按《给水排水管道工程施工及验收规范》GB 50268—2008 第 7.1.7 条第 7 款的规定执行。

③管道(段)下沉均匀、平稳,无轴向扭曲、环向变形和明显轴向突弯等现象;水上、水下的接口连接质量经检验符合设计要求;

检查方法:观察;检查沉放施工记录及相关检测记录;检查水上、水下的接口连接检验报告等。

2)一般项目

①沉放前管道(段)及防腐层无损伤,无变形;

检查方法:观察,检查施工记录。

②对于分段沉放管道,其水上、水下的接口防腐质量检验合格;

检查方法:逐个检查接口连接及防腐的施工记录,检验记录。

③沉放后管底与沟底接触均匀和紧密;

检查方法:检查沉放记录;必要时由潜水员检查。

④沉管下沉铺设的允许偏差应符合表 6-29 的规定。

表 6-29　沉管下沉铺设的允许偏差

	检查项目		允许偏差	检查数量		检查方法
				范围	点数	
1	管道高程	压力管道	0,−200	每 10m	1 点	用回声测深仪、多波束仪、测深图检查;或用水准仪、经纬仪测量、钢尺量测定位标志
		无压管道	0,−100			
2	管道水平轴线位置		50	每 10m	1 点	

3.沉放的预制钢筋混凝土管节制作质量检验

沉放的预制钢筋混凝土管节制作应符合下列规定:

1)主控项目

①原材料的产品质量保证资料齐全,各项性能检验报告应符合国家相关标准的规定和设计要求;

检查方法:检查产品质量合格证明书、各项性能检验报告、进场复验报告。

②钢筋混凝土管节制作中的钢筋、模板、混凝土质量经验收合格;

检查方法:按国家有关规范的规定和设计要求进行检查。

③混凝土强度、抗渗性能应符合设计要求;

检查方法:检查混凝土浇筑记录,检查试块的抗压强度、抗渗试验报告。

检查数量:底板、侧墙、顶板、后浇带等每部位的混凝土,每工作班不应少于1组、且每浇筑 100m³ 为一验收批,抗压强度试块留置不应少于1组;每浇筑500m³ 混凝土及每后浇带为一验收批,抗渗试块留置不应少于1组。

④混凝土管节无严重质量缺陷;

检查方法:按《给水排水管道工程施工及验收规范》GB 50268—2008 附录 G的规定进行观察,对可见的裂缝用裂缝观察仪检测;检查技术处理方案。

⑤管节抗渗检验时无线流、滴漏和明显渗水现象;经检测平均渗漏量满足设计要求;

检查方法:逐节检查;进行预水压渗漏试验;检查渗漏检验记录。

2)一般项目

①混凝土重度应符合设计要求。其允许偏差为:$+0.01t/m^3$,$-0.02t/m^3$;

检查方法:检查混凝土试块重度检测报告,检查原材料质量保证资料、施工记录等。

②预制结构的外观质量不宜有一般缺陷,防水层结构符合设计要求;

检查方法:观察;按《给水排水管道工程施工及验收规范》GB 50268—2008附录 G 的规定检查,检查施工记录。

③钢筋混凝土管节预制的允许偏差应符合表 6-30 的规定。

表 6-30 钢筋混凝土管节预制的允许偏差

检查项目		允许偏差 (mm)	检查数量		检查方法
			范围	点数	
1	外包尺寸 长	±10			
	宽	±10	每 10m	各 4 点	
	高	±5			
2	结构厚度 底板、顶板	±5	每部位	各 4 点	
	侧墙	±5			用钢尺量测
3	断面对角线尺寸差	0.5%L	两端面	各 2 点	
4	管节内净空尺寸 净宽	±10	每 10m	各 4 点	
	净高	±10			
5	顶板、底板、外侧墙的主钢筋保护层厚度	±5	每 10m	各 4 点	
6	平整度	5	每 10m	2 点	用 2m 直尺量测
7	垂直度	10	每 10m	2 点	用垂线测

注:L 为断面对角线长(mm)。

4.沉放的预制钢筋混凝土管节接口预制加工(水力压接法)质量检验

沉放的预制钢筋混凝土管节接口预制加工(水力压接法)应符合下列规定：

1)主控项目

①端部钢壳材质、焊缝质量等级应符合设计要求；

检查方法:检查钢壳制造材料的质量保证资料、焊缝质量检验报告。

②端部钢壳端面加工成型的允许偏差应符合表 6-31 的规定。

表 6-31 端部钢壳端面加工成型的允许偏差

检查项目		允许偏差 (mm)	检查数量		检查方法
			范围	点数	
1	不平整度	<5,且每延米内<1	每个钢壳的钢板面、端面	每2m 各1点	
2	垂直度	<5		两侧、中间各1点	
3	端面竖向倾斜度	<5	每个钢壳	两侧、中间各2点	全站仪测量或吊垂线测端面上下外缘两点之差

③专用的柔性接口橡胶圈材质及相关性能应符合相关规范规定和设计要求,其外观质量应符合表 6-32 的规定；

表 6-32 橡胶圈外观质量要求

缺陷名称	中间部分	边翼部分
气泡	直径≤1mm 气泡,不超过 3 处/m	直径≤2mm 气泡．不超过 3 处/m
杂质	面积≤4mm^2 气泡,不超过 3 处/m	面积≤8mm^2 气泡．不超过 3 处/m
凹痕	不允许	允许有深度不超过 0.5mm,面积不大于 10mm^2 的凹痕,不超过 2 处/m
接缝	不允许有裂口及“海绵”现象;高度≤1.5mm 的凸起,不超过 2 处/m	
中心偏心	中心孔周边对称部位厚度差不超过 1mm	

检查方法:观察;检查每批橡胶圈的质量合格证明、性能检验报告。

2)一般项目

①按设计要求进行端部钢壳的制作与安装；

检查方法:逐个观察;检查钢壳的制作与安装记录。

②钢壳防腐处理符合设计要求；

检查方法:观察;检查钢壳防腐材料的质量保证资料,检查除锈、涂装记录。

③柔性接口橡胶圈安装位置正确,安装完成后处于松弛状态,并完整地附着

在钢端面上；

检查方法：逐个观察。

5.预制钢筋混凝土管的沉放质量检验

预制钢筋混凝土管的沉放应符合下列规定：

1)主控项目

①沉放前、后管道无变形、受损；沉放及接口连接后管道无滴漏、线漏和明显渗水现象；

检查方法：观察，按《给水排水管道工程施工及验收规范》GB 50268—2008附录 F 的规定检查渗漏水程度；检查管道沉放、接口连接施工记录。

②沉放后，对于无裂缝设计的沉管严禁有任何裂缝；对于有裂缝设计的沉管，其表面裂缝宽度、深度应符合设计要求；

检查方法：观察，对可见的裂缝用裂缝观察仪检测；检查技术处理方案。

③接口连接形式符合设计文件要求；柔性接口无渗水现象；混凝土刚性接口密实、无裂缝，无滴漏、线漏和明显渗水现象；

检查方法：逐个观察；检查技术处理方案。

2)一般项目

①管道及接口防水处理符合设计要求；

检查方法：观察；检查防水处理施工记录。

②管节下沉均匀、平稳，无轴向扭曲、环向变形、纵向弯曲等现象；

检查方法：观察；检查沉放施工记录。

③管道与沟底接触均匀和紧密；

检查方法：潜水员检查；检查沉放施工及测量记录。

④钢筋混凝土管沉放的允许偏差应符合表 6-33 的规定。

表 6-33　钢筋混凝土管沉放的允许偏差

	检查项目		允许偏差	检查数量		检查方法
				范围	点数	
1	管道高程	压力管道	0，−200	每 10m	1 点	用水准仪、经纬仪、测深仪测量或全站仪测量
		无压管道	0，−100			
2	沉放后管节四角高差		50	每管节	4 点	
3	管道水平轴线位置		50	每 10m	1 点	
4	接口连接的对接错口		20	每接口每面	各 1 点	用钢尺量测

6.沉管的稳管及回填质量检验

沉管的稳管及回填应符合下列规定：

1）主控项目

①稳管、管基二次处理、回填时所用的材料应符合设计要求；

检查方法：观察；检查材料相关的质量保证资料。

②稳管、管基二次处理、回填应符合设计要求，管道未发生漂浮和位移现象；

检查方法：观察；检查稳管、管基二次处理、回填施工记录。

2）一般项目

①管道未受外力影响而发生变形、破坏；

检查方法：观察。

②二次处理后管基承载力符合设计要求；

检查方法：检查二次处理检验报告及记录。

③基槽回填应两侧均匀，管顶回填高度符合设计要求。

检查方法：观察，用水准仪或测深仪每 10m 测 1 点检测回填高度；检查回填施工、检测记录。

7.桥管管道的基础、下部结构工程的施工质量

桥管管道的基础、下部结构工程的施工质量应按国家现行标准《城市桥梁工程施工与质量验收规范》CJJ 2 的相关规定和设计要求验收。

8.桥管管道质量检验

桥管管道应符合下列规定：

1）主控项目

①管材、防腐层等工程材料的产品质量保证资料齐全,各项性能检验报告应符合相关国家标准的规定和设计要求；

检查方法：检查产品质量合格证明书、各项性能检验报告,检查产品制造原材料质量保证资料；检查产品进场验收记录。

②钢管组对拼装和防腐层（包括焊口补口）的质量经验收合格；钢管接口焊接检验符合设计要求；

检查方法：管节及接口全数观察；按《给水排水管道工程施工及验收规范》GB 50268—2008 第 5 章的相关规定进行检查,检查焊接检验报告。

③钢管预拼装尺寸的允许偏差应符合表 6-34 的规定。

表 6-34　钢管预拼装尺寸的允许偏差

检查项目	允许偏差（mm）	检查数量		检查方法
		范围	点数	
长度	±3	每件	2 点	用钢尺量测
管口端面圆度	$D_0/500$,且≤5	每端面	1 点	

（续）

检查项目	允许偏差(mm)	检查数量		检查方法
		范围	点数	
管口端面与管道轴线的垂直度	$D_0/500$,且≤3	每端面	1点	用焊缝量规测量
侧弯曲矢高	$L/1500$,且≤5	每件	1点	用拉线、吊线和钢尺量测
跨中起拱度	$\pm L/5000$	每件	1点	
对口错边	$t/10$,且≤2	每件	3点	用焊缝量规、游标卡尺测量

注：L 为管道长度(mm)；t 为管道壁厚(mm)。

④桥管位置应符合设计要求，安装方式正确，且安装牢固、结构可靠、管道无变形和裂缝等现象；

检查方法：观察，检查相关施工记录。

2）一般项目

①桥管的基础、下部结构工程的施工质量经验收合格；

检查方法：按国家有关规范的规定和设计要求进行检查，检查其施工验收记录。

②管道安装条件经检查验收合格，满足安装要求；

检查方法：观察；检查施工方案、管道安装条件交接验收记录。

③桥管钢管分段拼装焊接时，接口的坡口加工、焊缝质量等级应符合焊接工艺和设计要求；

检查方法：观察，检查接口的坡口加工记录、焊缝质量检验报告。

④管道支架规格、尺寸等，应符合设计要求；支架应安装牢固、位置正确，工作状况及性能符合设计文件和产品安装说明的要求；

检查方法：观察；检查相关质量保证及技术资料、安装记录、检验报告等。

⑤桥管管道安装的允许偏差应符合表 6-35 的规定。

表 6-35　桥管管道安装的允许偏差

	检查项目		允许偏差 （mm）	检查数量		检查方法
				范围	点数	
1	支架	顶面高程	±5	每件	1点	用水准仪测量
		中心位置(轴向、横向)	10		各1点	用经纬仪测量， 或挂中线用钢尺量测
		水平度	$L/1500$		2点	用水准仪测量
2	管道水平轴线位置		10	每跨	2点	用经纬仪测量
3	管道中部垂直上拱矢高		10		1点	用水准仪测量， 或拉线和钢尺量测

（续）

	检查项目		允许偏差（mm）	检查数量		检查方法
				范围	点数	
4	支架地脚螺栓（锚栓）中心位移		5			用经纬仪测量，或挂中线用钢尺量测
5	活动支架的偏移量		符合设计要求			用钢尺量测
6	弹簧支架	工作圈数	≤半圈	每件	1点	观察检查
		在自由状态下，弹簧各圈节距	≤平均节距10%			用钢尺量测
		两端支承面与弹簧轴线垂直度	≤自由高度10%			挂中线用钢尺量测
7	支架处的管道顶部高程		±10			用水准仪测量

注：L 为支架底座的边长（m）。

⑥钢管涂装材料、涂层厚度及附着力符合设计要求；涂层外观应均匀，无褶皱、空泡、凝块、透底等现象，与钢管表面附着紧密，色标符合规定；

检查方法：观察；用 5～10 倍的放大镜检查；用测厚仪量测厚度。

检查数量：涂层干膜厚度每 5m 测 1 个断面，每个断面测相互垂直的 4 个点；其实测厚度平均值不得低于设计要求，且小于设计要求厚度的点数不应大于10%，最小实测厚度不应低于设计要求的 90%。

五、管道附属构筑物

1. 井室质量检验

井室应符合下列要求：

1）主控项目

①所用的原材料、预制构件的质量应符合国家有关标准的规定和设计要求；

检查方法：检查产品质量合格证明书、各项性能检验报告、进场验收记录。

②砌筑水泥砂浆强度、结构混凝土强度符合设计要求；

检查方法：检查水泥砂浆强度、混凝土抗压强度试块试验报告。

检查数量：每 50m³ 砌体或混凝土每浇筑 1 个台班一组试块。

③砌筑结构应灰浆饱满、灰缝平直，不得有通缝、瞎缝；预制装配式结构应坐浆、灌浆饱满密实，无裂缝；混凝土结构无严重质量缺陷；井室无渗水、水珠现象；

检查方法:逐个观察。

2)一般项目

①井壁抹面应密实平整,不得有空鼓,裂缝等现象;混凝土无明显一般质量缺陷;井室无明显湿渍现象;

检查方法:逐个观察。

②井内部构造符合设计和水力工艺要求,且部位位置及尺寸正确,无建筑垃圾等杂物;检查井流槽应平顺、圆滑、光洁;

检查方法:逐个观察。

③井室内踏步位置正确、牢固;

检查方法:逐个观察,用钢尺量测。

④井盖、座规格符合设计要求,安装稳固;

检查方法:逐个观察。

⑤井室的允许偏差应符合表 6-36 的规定。

表 6-36　井室的允许偏差

	检查项目		允许偏差 (mm)	检查数量		检查方法
				范围	点数	
1	平面轴线位置(轴向、垂直轴向)		15		2	用钢尺量测、 经纬仪测量
2	结构断面尺寸		+10,0		2	用钢尺量测
3	井室尺寸	长、宽	±20		2	用钢尺量测
		直径				
4	井口高程	农田或绿地	+20	每座	1	用水准仪测量
		路面	与道路规定一致			
5	井底高程	开槽法 管道铺设 $D_i \leqslant 1000$	±10		2	
		$D_i > 1000$	±15			
		不开槽法 管道铺设 $D_i < 1500$	+10,-20			
		$D_i \geqslant 1500$	+20,-40			
6	踏步安装	水平及垂直间距、外露长度	±10			
7	脚窝	高、宽、深	±10		1	用尺量测偏差较大值
8	流槽宽度		+10			

注:D_i 为管道内径。

2.雨水口及支、连管质量检验

雨水口及支、连管应符合下列要求:

1)主控项目

①所用的原材料、预制构件的质量应符合国家有关标准的规定和设计要求;

检查方法:检查产品质量合格证明书、各项性能检验报告、进场验收记录。

②雨水口位置正确,深度符合设计要求,安装不得歪扭;

检查方法:逐个观察,用水准仪、钢尺量测。

③井框、井箅应完整、无损,安装平稳、牢固;支、连管应直顺,无倒坡、错口及破损现象;

检查数量:全数观察。

④井内、连接管道内无线漏、滴漏现象;

检查数量:全数观察。

2)一般项目

①雨水口砌筑勾缝应直顺、坚实,不得漏勾、脱落;内、外壁抹面平整光洁;

检查数量:全数观察。

②支、连管内清洁、流水通畅,无明显渗水现象;

检查数量:全数观察。

③雨水口、支管的允许偏差应符合表 6-37 的规定。

表 6-37　雨水口、支管的允许偏差

	检查项目	允许偏差(mm)	检查数量		检查方法
			范围	点数	
1	井框、井箅吻合	≤10			
2	井口与路面高差	−5,0			
3	雨水口位置与道路边线平行	≤10	每座	1	用钢尺量测较大值(高度、深度亦可用水准仪测量)
4	井内尺寸	长、宽:+20,0 深:0,−20			
5	井内支、连管管口底高度	0,−20			

3.支墩质量检验

支墩应符合下列要求:

1)主控项目

①所用的原材料质量应符合国家有关标准的规定和设计要求;

检查方法:检查产品质量合格证明书、各项性能检验报告、进场验收记录。

②支墩地基承载力、位置符合设计要求;支墩无位移、沉降;

检查方法:全数观察;检查施工记录、施工测量记录、地基处理技术资料。

③砌筑水泥砂浆强度、结构混凝土强度符合设计要求；

检查方法：检查水泥砂浆强度、混凝土抗压强度试块试验报告。

检查数量：每 50m³ 砌体或混凝土每浇筑 1 个台班一组试块。

2）一般项目

①混凝土支墩应表面平整、密实；砖砌支墩应灰缝饱满，无通缝现象，其表面抹灰应平整、密实；

检查方法：逐个观察。

②支墩支承面与管道外壁接触紧密，无松动、滑移现象；

检查方法：全数观察。

③管道支墩的允许偏差应符合表 6-38 的规定。

表 6-38　管道支墩的允许偏差

	检查项目	允许偏差（mm）	检查数量		检查方法
			范围	点数	
1	平面轴线位置（轴向、垂直轴向）	15		2	用钢尺量测或经纬仪测量
2	支撑面中心高程	±15	每座		用水准仪测量
3	结构断面尺寸（长、宽、厚）	+10,0		3	用钢尺量测

第三节　管道功能性试验

一、一般规定

（1）给排水管道安装完成后应按下列要求进行管道功能性试验：

1）压力管道应进行压力管道水压试验，试验分为预试验和主试验阶段；试验合格的判定依据分为允许压力降值和允许渗水量值，按设计要求确定；设计无要求时，应根据工程实际情况，选用其中一项值或同时采用两项值作为试验合格的最终判定依据；

2）无压管道应进行管道的严密性试验，严密性试验分为闭水试验和闭气试验，按设计要求确定；设计无要求时，应根据实际情况选择闭水试验或闭气试验进行管道功能性试验；

3）压力管道水压试验进行实际渗水量测定时，宜采用注水法。

（2）管道功能性试验涉及水压、气压作业时，应有安全防护措施，作业人员应按相关安全作业规程进行操作。管道水压试验和冲洗消毒排出的水，应及时排放至规定地点，不得影响周围环境和造成积水，并应采取措施确保人员、交通通行和附近设施的安全。

(3)压力管道水压试验或闭水试验前,应做好水源的引接、排水的疏导等方案。

(4)向管道内注水应从下游缓慢注入,注入时在试验管段上游的管顶及管段中的高点应设置排气阀,将管道内的气体排除。

(5)冬期进行压力管道水压或闭水试验时,应采取防冻措施。

(6)单口水压试验合格的大口径球墨铸铁管、玻璃钢管、预应力钢筒混凝土管或预应力混凝土管等管道,设计无要求时应符合下列要求:

1)压力管道可免去预试验阶段,而直接进行主试验阶段;

2)无压管道应认同严密性试验合格,无需进行闭水或闭气试验。

(7)全断面整体现浇的钢筋混凝土无压管渠处于地下水位以下时,除设计有要求外,管渠的混凝土强度、抗渗性能检验合格,并按《给水排水管道工程施工及验收规范》GB 50268—2008 附录 F 的规定进行检查符合设计要求时,可不必进行闭水试验。

(8)管道采用两种(或两种以上)管材时,宜按不同管材分别进行试验;不具备分别试验的条件必须组合试验,且设计无具体要求时,应采用不同管材的管段中试验控制最严的标准进行试验。

(9)管道的试验长度除《给水排水管道工程施工及验收规范》GB 50268—2008 规定和设计另有要求外,压力管道水压试验的管段长度不宜大于 1.0km;无压力管道的闭水试验,条件允许时可一次试验不超过 5 个连续井段;对于无法分段试验的管道,应由工程有关方面根据工程具体情况确定。

(10)给水管道必须水压试验合格,并网运行前进行冲洗与消毒,经检验水质达到标准后,方可允许并网通水投入运行。

(11)污水、雨污水合流管道及湿陷土、膨胀土、流砂地区的雨水管道,必须经严密性试验合格后方可投入运行。

二、压力管道水压试验

(1)水压试验前,施工单位应编制的试验方案,其内容应包括:

1)后背及堵板的设计;

2)进水管路、排气孔及排水孔的设计;

3)加压设备、压力计的选择及安装的设计;

4)排水疏导措施;

5)升压分级的划分及观测制度的规定;

6)试验管段的稳定措施和安全措施。

（2）试验管段的后背应符合下列规定：

1）后背应设在原状土或人工后背上，土质松软时应采取加固措施；

2）后背墙面应平整并与管道轴线垂直。

（3）采用钢管、化学建材管的压力管道，管道中最后一个焊接接口完毕一个小时以上方可进行水压试验。

（4）水压试验管道内径大于或等于 600mm 时，试验管段端部的第一个接口应采用柔性接口，或采用特制的柔性接口堵板。

（5）水压试验采用的设备、仪表规格及其安装应符合下列规定：

1）采用弹簧压力计时，精度不低于 1.5 级，最大量程宜为试验压力的 1.3～1.5 倍，表壳的公称直径不宜小于 150mm，使用前经校正并具有符合规定的检定证书；

2）水泵、压力计应安装在试验段的两端部与管道轴线相垂直的支管上。

（6）开槽施工管道试验前，附属设备安装应符合下列规定：

1）非隐蔽管道的固定设施已按设计要求安装合格；

2）管道附属设备已按要求紧固、锚固合格；

3）管件的支墩、锚固设施混凝土强度已达到设计强度；

4）未设置支墩、锚固设施的管件，应采取加固措施并检查合格。

（7）水压试验前，管道回填土应符合下列规定：

1）管道安装检查合格后，应按规定回填上；

2）管道顶部回填土宜留出接口位置以便检查渗漏处。

（8）水压试验前准备工作应符合下列规定：

1）试验管段所有敞口应封闭，不得有渗漏水现象；

2）试验管段不得用闸阀做堵板，不得含有消火栓、水锤消除器、安全阀等附件；

3）水压试验前应清除管道内的杂物。

（9）试验管段注满水后，宜在不大于工作压力条件下充分浸泡后再进行水压试验。

（10）水压试验应符合下列规定：

1）试验压力应按表 6-39 选择确定。

表 6-39　压力管道水压试验的试验压力（MPa）

管材种类	工作压力 P	试验压力
钢管	P	$P+0.5$，且不小于 0.9
球墨铸铁管	$\leqslant 0.5$	$2P$
	>0.5	$P+0.5$

（续）

管材种类	工作压力 P	试验压力
预（自）应力混凝土管、	≤0.6	1.5P
预应力钢筒混凝土管	>0.6	P+0.3
现浇钢筋混凝土管渠	≥0.1	1.5P
化学建材管	≥0.1	1.5P，且不小于0.8

2）预试验阶段：将管道内水压缓缓地升至试验压力并稳压30min。期间如有压力下降可注水补压，但不得高于试验压力；检查管道接口、配件等处有无漏水、损坏现象；有漏水、损坏现象时应及时停止试压，查明原因并采取相应措施后重新试压。

3）主试验阶段：停止注水补压，稳定15min；当15min后压力下降不超过允许压力降数值时，将试验压力降至工作压力并保持恒压30min，进行外观检查若无漏水现象，则水压试验合格。

4）管道升压时，管道的气体应排除；升压过程中，发现弹簧压力计表针摆动、不稳，且升压较慢时，应重新排气后再升压。

5）应分级升压，每升一级应检查后背、支墩、管身及接口，无异常现象时再继续升压。

6）水压试验过程中，后背顶撑、管道两端严禁站人。

7）水压试验时，严禁修补缺陷；遇有缺陷时，应做出标记，卸压后修补。

（11）大口径球墨铸铁管、玻璃钢管及顶应力钢筒混凝土管道的接口单口水压试验应符合下列规定：

1）安装时应注意将单口水压试验用的进水口（管材出厂时已加工）置于管道顶部；

2）管道接口连接完毕后进行单口水压试验，试验压力为管道设计压力的2倍，且不得小于0.2MPa；

3）试压采用手提式打压泵，管道连接后将试压嘴固定在管道承口的试压孔上，连接试压泵，将压力升至试验压力，恒压2min，无压力降为合格；

4）试压合格后，取下试压嘴，在试压孔上拧上M10mm×20mm不锈钢螺栓并拧紧；

5）水压试验时应先排净水压腔内的空气；

6）单口试压不合格且确认是接口漏水时，应马上拔出管节，找出原因，重新安装，直至符合要求为止。

三、无压管道的闭水试验

（1）闭水试验法应按设计要求和试验方案进行。

(2)试验管段应按井距分隔,抽样选取,带井试验。

(3)无压管道闭水试验时,试验管段应符合下列规定:

1)管道及检查井外观质量已验收合格;

2)管道未回填土且沟槽内无积水;

3)全部预留孔应封堵,不得渗水;

4)管道两端堵板承载力经核算应大于水压力的合力;除预留进出水管外,应封堵坚固,不得渗水;

5)顶管施工,其注浆孔封堵且管口按设计要求处理完毕,地下水位于管底以下。

(4)管道闭水试验应符合下列规定:

1)试验段上游设计水头不超过管顶内壁时,试验水头应以试验段上游管顶内壁加 2m 计;

2)试验段上游设计水头超过管顶内壁时,试验水头应以试验段上游设计水头加 2m 计;

3)计算出的试验水头小于 10m,但已超过上游检查井井口时,试验水头应以上游检查井井口高度为准;

4)管道闭水试验应按《给水排水管道工程施工及验收规范》GB 50268—2008 附录 D(闭水法试验)进行。

(5)管道闭水试验时,应进行外观检查,不得有漏水现象,且符合《给水排水管道工程施工及验收规范》GB 50268—2008 的相关规定时,管道闭水试验为合格:

(6)管道内径大于 700mm 时,可按管道井段数量抽样选取 1/3 进行试验;试验不合格时,抽样井段数量应在原抽样基础上加倍进行试验。

(7)不开槽施工的内径大于或等于 1500mm 钢筋混凝土管道,设计无要求且地下水位高于管道顶部时,可采用内渗法测渗水量;渗漏水量测方法按《给水排水管道工程施工及验收规范》GB 50268—2008 附录 F 的规定进行,符合下列规定时,则管道抗渗性能满足要求,不必再进行闭水试验:

1)管壁不得有线流、滴漏现象;

2)对有水珠、渗水部位应进行抗渗处理;

3)管道内渗水量允许值 $q \leqslant 2[L/(m^2 \cdot d)]$。

四、无压管道的闭气试验

(1)闭气试验适用于混凝土类的无压管道在回填土前进行的严密性试验。

(2)闭气试验时,地下水位应低于管外底 150mm,环境温度为 −15～50℃。

（3）下雨时不得进行闭气试验。

（4）闭气试验合格标准应符合下列规定：

1）规定标准闭气试验时间符合表 6-40 的规定，管内实测气体压力 $P\geqslant$ 1500Pa 则管道闭气试验合格。

2）被检测管道内径大于或等于 1600mm 时，应记录测试时管内气体温度（℃）的起始值 T_1 及终止值 T_2，并将达到标准闭气时间时膜盒表显示的管内压力值 P 记录，用下列公式加以修正，修正后管内气体压降值为 ΔP：

$$\Delta P=103300-(P+101300)(273+T_1)/(273+T_2) \tag{6-1}$$

ΔP 如果小于 500Pa，管道闭气试验合格。

3）管道闭气试验不合格时，应进行漏气检查、修补后复检。

表 6-40　钢筋混凝土无压管道闭气检验规定标准闭气时间

管道 DN (mm)	管内气体压力(Pa)		规定标准闭气时间 $S('''')$	管道 DN (mm)	管内气体压力(Pa)		规定标准闭气时间 $S('''')$
	起点压力	终点压力			起点压力	终点压力	
300	—	—	1'45"	1300			16'45"
400			2'30"	1400			19'
500			3'15"	1500			20'45"
600			4'45"	1600			22'30"
700			6'15"	1700			24'
800	2000	≥1500	7'15"	1800	2000	≥1500	25'45"
900			8'30"	1900			28'
1000			10'30"	2000			30'
1100			12'15"	2100			32'30"
1200			15'	2200			35'

五、给水管道冲洗与消毒

（1）给水管道冲洗与消毒应符合下列要求：

1）给水管道严禁取用污染水源进行水压试验、冲洗，施工管段处于污染水水域较近时，必须严格控制污染水进入管道；如不慎污染管道，应由水质检测部门对管道污染水进行化验，并按其要求在管道并网运行前进行冲洗与消毒；

2）管道冲洗与消毒应编制实施方案；

3）施工单位应在建设单位、管理单位的配合下进行冲洗与消毒；

4）冲洗时，应避开用水高峰，冲洗流速不小于 1.0m/s，连续冲洗。

(2)给水管道冲洗消毒准备工作应符合下列规定：

1)用于冲洗管道的清洁水源已经确定；

2)消毒方法和用品已经确定，并准备就绪；

3)排水管道已安装完毕，并保证畅通、安全；

4)冲洗管段末端已设置方便、安全的取样口；

5)照明和维护等措施已经落实。

(3)管道冲洗与消毒应符合下列规定：

1)管道第一次冲洗应用清洁水冲洗至出水口水样浊度小于 3NTU 为止，冲洗流速应大于 1.0m/s。

2)管道第二次冲洗应在第一次冲洗后，用有效氯离子含量不低于 20mg/L 的清洁水浸泡 24h 后，再用清洁水进行第二次冲洗直至水质检测、管理部门取样化验合格为止。

第七章 给水排水构筑物工程

第一节 质 量 控 制

一、土石方与地基基础

1. 一般规定

(1)降排水系统应经检查和试运转,一切正常后方可开始施工。

(2)平整场地的表面坡度应符合设计要求,设计无要求时,流水方向的坡度大于或等于 0.2%。

(2)基坑(槽)开挖前,应根据围堰或围护结构的类型、工程水文地质条件、施工工艺和地面荷载等因素制定施工方案,经审批后方可施工。

(3)围堰、围护结构应经验收合格后方可进行基坑开挖。挖至设计高程后应及时组织验收,合格后进入下道工序施工,并应减少基坑裸露时间。基坑验收后应予保护,防止扰动。

2. 围堰

(1)围堰结构应满足设计要求,构造简单,便于施工、维护和拆除。围堰与构筑物外缘之间,应留有满足施工排水与施工作业要求的宽度。

(2)围堰类型的选择应根据基坑及河道的水文地质、施工方法和装备、环境保护等因素,经技术经济比较后确定。

(3)土、袋装土围堰施工应符合下列规定:

1)填筑前必须清理基底;

2)填筑材料应以黏性土为主;

3)填筑顺序应自岸边起始,双向合拢时,拢口应设置于水深较浅区域;

4)围堰填筑完成后,堰内应进行压渗处理,堰外迎水面进行防冲刷加固;

(4)钢板桩围堰施工应符合下列规定:

1)选用的钢板桩材质、型号和性能应满足设计要求;

2)悬臂钢板桩,其埋设深度、强度、刚度、稳定性均应经计算、验算;

3)钢板桩搬运起吊时,应防止锁口损坏和由于自重导致变形;在存放期间应防止变形及锁口内积水；

4)钢板桩的接长应以同规格、等强度的材料焊接；焊接时应用夹具夹紧,先焊钢板桩接头,后焊连接钢板；

(5)在通航河道上的围堰布置要满足航行的要求,并设置警告标志和警示灯。

3.施工降排水

(1)降排水施工必须采取有效的措施,控制施工降排水对周围构筑物和环境的不良影响。

(2)施工过程中不得间断降排水,并应对降排水系统进行检查和维护；构筑物未具备抗浮条件时,严禁停止降排水。

(3)明排水施工应符合下列规定：

1)适用于排除地表水或土质坚实、土层渗透系数较小、地下水位较低、水量较少、降水深度在 5m 以内的基坑(槽)排水；

2)施工时应保证基坑边坡的稳定和地基不被扰动；

3)集水井施工应符合下列规定：

①宜布置在构筑物基础范围以外,且不得影响基坑的开挖及构筑物施工；

②基坑面积较大或基坑底部呈倒锥形时,可在基础范围内设置,集水井筒与基础紧密连接,便于封堵；

③井壁宜加支护；土层稳定且井深不大于 1.2m 时,可不加支护；

④处于细砂、粉砂、粉土或粉质黏土等土层时,应采取过滤或封闭措施；封底后的井底高程应低于基坑底,且不宜小于 1.2m；

4)排水沟施工应符合下列规定：

①配合基坑的开挖及时降低深度,其深度不宜小于 0.3m；

②基坑挖至设计高程,渗水量较少时,宜采用盲沟排水；

③基坑挖至设计高程,渗水量较大时,宜在排水沟内埋设直径 150～200mm 设有滤水孔的排水管,且排水管两侧和上部应回填卵石或碎石。

(4)井点降水施工应符合下列规定：

1)设计降水深度在基坑(槽)范围内不宜小于基坑(槽)底面以下 0.5m；

2)应根据设计降水深度、地下静水位、土层渗透系数及涌水量选用井点系统；

3)井点孔的直径应为井点管外径加 2 倍管外滤层厚度；井点孔应垂直,其深度可略大于井点管所需深度,超深部分可用滤料回填；

4)井点管应居中安装且保持垂直；填滤料时井点管口应临时封堵,滤料沿井点管周围均匀灌入,灌填高度应高出地下静水位；

5)轻型井点的集水总管底面及抽水设备基座的高程宜尽量降低。

（5）施工降排水终止抽水后，排水井及拔除井点管所留的孔洞，应及时用砂、石等填实；地下静水位以上部分，可用黏土填实。

4.基坑开挖与支护

（1）基坑的边坡应经稳定性验算确定。

（2）基坑开挖的顺序、方法应符合设计要求，并应遵循"对称平衡、分层分段（块）、限时挖土、限时支撑"的原则。

（3）采用明排水的基坑，当边坡岩土出现裂缝、沉降失稳等征兆时，必须立即停止开挖，进行加固、削坡等处理。

（4）设有支撑的基坑，应遵循"开槽支撑、先撑后挖、分层开挖和严禁超挖"的原则开挖，并应按施工方案在基坑边堆置土方。

（5）基坑施工中，地基不得扰动或超挖；局部扰动或超挖，并超出允许偏差时，应与设计商定或采取下列处理措施：

1)排水不良发生扰动时，应全部清除扰动部分，用卵石、碎石或级配烁石回填；

2)岩土地基局部超挖时，应全部清除基底碎渣，回填低强度混凝土或碎石。

（6）开挖深度大于5m，或地基为软弱土层，地下水渗透系数较大或受场地限制不能放坡开挖时，应采取支护措施。

（7）基坑支护应综合考虑基坑深度及平面尺寸、施工场地及周围环境要求、施工装备、工艺能力及施工工期等因素。

（8）基坑支护应符合下列规定：

1)支护结构应具有足够的强度、刚度和稳定性；

2)支护部件的型号、尺寸、支撑点的布设位置，各类桩的入土深度及锚杆的长度和直径等应经计算确定；

3)围护墙体、支撑围檩、支撑端头处设置传力构造，围檩及支撑不应偏心受力，围檩集中受力部位应加肋板；

（9）支护的设置应符合下列规定：

1)开挖到规定深度时，应及时安装支护构件；

2)设在基坑中下层的支撑梁及土锚杆，应在挖土至规定深度后及时安装；

3)支护的连接点必须牢固可靠。

（10）基坑开挖与支护施工应进行量测监控，监测项目、监测控制值应根据设计要求及基坑侧壁安全等级进行选择。

5.地基基础

（1）施工前应进行施工场地的整理，满足施工机具的作业要求；并应复核施工测量的轴线、水准点。

(2)地基处理施工应符合下列规定：

1)灰土地基、砂石地基和粉煤灰地基：应将表层的浮土清除，并应控制材料配比、含水量、分层厚度及压实度，混合料应搅拌均匀；地层遇有局部软弱土层或孔穴，挖除后用素土或灰土分层填实；

2)强夯处理地基：应将施工场地的积水及时排除，地下水位降低到夯层面以下 2m；施工应控制夯锤落距、次数、夯击位置和夯击范围；

3)注浆加固地基：应根据设计要求及工程具体情况选用浆液材料，并应进行现场试验，确定浆液配比、施工参数及注浆顺序；浆液应搅拌充分、筛网过滤；施工中应严格控制施工参数和注浆顺序。

(3)复合地基施工应符合下列规定：

1)复合地基桩，应按设计要求进行工艺性试桩，以验证或调整设计参数，并确定施工工艺、技术参数；

2)复合地基桩，应控制所用材料配比，以及桩(孔)位、桩(孔)径、桩长(孔深)、桩(孔)身垂直度的偏差；

3)水泥土搅拌桩，应控制水泥浆注入量、机头喷浆提升速度、搅拌次数；停浆(灰)面宜比设计桩顶高 300～500mm；

4)复合地基桩施工完成后，应检验桩体强度和地基承载力。

(4)工程基础桩施工应符合下列规定：

1)成桩工艺、技术参数应满足设计要求；必要时应进行承载力或成桩工艺的试桩；

2)沉入桩，应控制沉桩的垂直度、贯入度、标高，桩顶的完整性；应按施工工艺、技术参数和地形地貌安排施工顺序；施加桩顶的作用力与桩帽、桩垫、桩身的中心轴线应重合；

3)沉入斜桩时，其倾斜角应符合设计要求，并避免影响后沉入桩施工。

(5)构筑物的垫层、基础及底板施工应符合下列规定：

1)对地基面层进行清理；

2)清除成桩顶端的预留高出部分和松散部分；

3)对桩顶的钢筋进行整形、处理；

4)按设计要求或有关规定设置变形缝。

6.基坑回填

(1)基坑回填应在构筑物的地下部分验收合格后及时进行。

(2)回填前应清除基坑内的杂物、建筑垃圾，并将积水排除干净。

(3)每层回填厚度及压实遍数，应根据土质情况及所用机具，经过现场试验确定,层厚差不得超出 100mm。

(4)钢、木板桩支撑的基坑回填,支撑的拆除应自下而上逐层进行。

(5)基坑回填后,必须保持原有的测量控制桩点和沉降观测桩点;并应继续进行观测直至确认沉降趋于稳定,四周建(构)筑物安全为止。

(6)基坑回填土表面应略高于地面,整平,并利于排水。

二、取水与排放构筑物

1.一般规定

(1)施工前应编制施工方案,涉及水上作业时还应征求相关河道、航道和堤防管理部门的意见。

(2)施工应满足下列规定:

1)施工前应建立施工测量控制系统,对施工范围内的河道地形进行校测,并可根据需要设置地面、水上及水下控制桩点;

2)施工船舶、设备的停靠、锚泊及预制件驳运、浮运和施工作业时,应符合河道、航道等管理部门的有关规定;

3)水下开挖基坑或沟槽应根据河道的水文、地质、航运等条件,确定水下挖泥、出泥及水下爆破、出渣等施工方案,必要时可进行试挖或试爆;

4)完工后应及时拆除全部施工设施,清理现场,修复原有护堤、护岸等;

5)应按国家航运部门有关规定和设计要求,设置水下构筑物及管道警示标志、水中及水面构筑物的防冲撞设施;

6)宜利用枯水季节进行施工,同时应考虑冰冻影响。

(3)应根据工程环境、施工特点,做好构筑物结构和周围环境监控量测。

2.地下水取水构筑物

(1)施工期间应避免地面污水及非取水层水渗入取水层。

(2)施工完毕并经检验合格后,应按下列规定进行抽水清洗:

1)抽水清洗前应将构筑物中的泥沙和其他杂物清除干净;

2)抽水清洗时,大口井应在井中水位降到设计最低动水位以下停止抽水;渗渠应在集水井中水位降到集水管底以下停止抽水,待水位回升至静水位左右应再行抽水;

4)应及时记录抽水清洗时的静水位、水位下降值、含砂量测定结果。

(3)抽水清洗后,应按下列规定测定产水量:

1)测定大口井或渗渠集水井中的静水位;

2)抽出的水应排至降水影响半径范围以外;

3)按设计产水量进行抽水,并测定井中的相应动水位;

4)测定产水量时,水位和水量的稳定延续时间应符合设计要求;

5)及时记录产水量及其相应的水位下降值检测结果。

(4)大口井、渗渠施工所用的管节、滤料应符合下列规定:

1)管节的规格、性能及尺寸公差应符合国家相关产品标准的规定;

2)井筒混凝土无漏筋、孔洞、夹渣、疏松现象;

3)辐射管管节的外观应直顺、无残缺、无裂缝,管端光洁平齐且与管节轴线垂直;

4)有裂缝、缺口、露筋的集水管不得使用;

5)铺设大口井或渗渠的反滤层前,应将大口井中或渗渠沟槽中的杂物全部清除;

6)滤料铺设时,应采用溜槽或其他方法将滤料送至大口井。

(5)大口井施工应符合《给水排水构筑物工程施工及验收规范》GB 50141—2008 的相关规定,并且井筒施工、井底反滤层铺设、大口井周围散水下回填黏土施工应符合相关规范的要求。

(6)辐射管施工应符合下列规定:

1)每根辐射管的施工应连续作业,不宜中断;埋入含水层中,辐射管向出水口应有不小于 4‰ 的坡度;

2)辐射管施工完毕,应采用高压水冲洗;辐射管与预留孔(管)之间的缝隙应封闭牢固,且不得漏砂。

3. 地表水固定式取水构筑物

(1)取水头部浮运前准备工作应符合下列规定:

1)取水头部清扫干净,水下孔洞全部封闭,不得漏水;

2)下滑机具安装完毕,并经过试运转;

3)检查取水头部下水后的吃水平衡,不平衡时,应采取浮托或配重措施;

4)必要时应进行封航管理。

(2)取水头部的定位,应采用经纬仪三点交叉定位法。岸边的测量标志,应设在水位上涨不被淹没的稳固地段。

(3)取水头部沉放前准备工作应符合下列规定:

1)拆除构件拖航时保护用的临时措施;

2)对构件底面外形轮廓尺寸和基坑坐标、标高进行复测;

3)备好注水、灌浆、接管工作所需的材料,做好预埋螺栓的修整工作。

(4)取水头部定位后,应进行测量检查,及时按设计要求进行固定。施工期间应对取水头部、进水间等构筑物的进水孔口位置、标高进行测量复核。

(5)水中构筑物施工完成后,应按设计要求进行回填、抛石等稳定结构的施工。

4.地表水活动式取水构筑物

(1)水下抛石施工应符合下列规定：

1)抛石顶宽不得小于设计要求；

2)抛石时应采用标控位置；宜通过试抛确定水流流速、水深及抛石方法对抛石位置的影响；

3)所用抛石应有良好的级配；

4)抛石施工应由深处向岸堤进行；

5)抛石时应测水深，测量的频率应能指导抛石的正确作业；

6)宜采用断面方格网法控制定点抛石。

(2)水下抛石预留沉量数值宜为抛石厚度的$10\% \sim 20\%$。

(3)斜坡道应自下而上进行施工，现浇混凝土坡度较陡时，应采取防止混凝土下滑的措施。

(4)水位以下的轨道枕、梁、底板采用预制混凝土构件时，应预埋安装测量标志的辅助铁件。

(5)摇臂管的钢筋混凝土支墩，应在水位上涨至平台前完成。

(6)摇臂管安装前应及时测量挠度；如挠度超过设计要求，应会同设计单位采取补强措施，复测合格后方可安装。

(7)摇臂管及摇臂接头在安装前应水压试验合格。

(8)摇臂管安装应符合下列规定：

1)摇臂接头的岸、船两端组装就位，调试完成；

2)浮船上、下游锚固妥当，并能按施工要求移动泊位；

3)江河流速超过$1m/s$时应采取安全措施；

4)避开雨天、雪天和五级风以上的天气。

5.排放构筑物

(1)土石方与地基基础、砌体及混凝土结构施工应符合下列规定：

1)基础应建在原状土上，地基松软或被扰动时，应按设计要求处理；

2)排放出水口的泄水孔应畅通，不得倒流；

3)翼墙变形缝应按设计要求设置、施工，位置准确，设缝顺直，上下贯通；

4)翼墙临水面与岸边排放口端面应平顺连接；

5)管道出水口防潮门井的混凝土浇筑前，其预埋件安装应符合防潮门产品的安装要求。

(2)翼墙背后填土应符合下列规定：

1)在混凝土或砌筑砂浆达到设计抗压强度后，方可进行；

2)填土时，墙后不得有积水；

3)墙后反滤层与填土应同时进行；

4)回填土分层压实。

(3)水中排放出水口从出水管道内垂直顶升施工,应符合现行国家标准《给水排水管道工程施工及验收规范》(GB 50268—2008)的规定,并应符合下列规定：

1)顶升立管完成后,应按设计要求稳管、保护；

2)在水下揭去帽盖前,管道内必须灌满水；

3)揭帽盖的安全措施准备就绪；

4)排放头部装置应按设计要求进行安装,且位置准确、安装稳固。

6.进、出水管渠

(1)进、出水管施工符合现行国家标准《给水排水管道工程施工及验收规范》(GB 50268—2008)的相关规定。

(2)沉管采用分段下沉时,应严格控制管段长度；最后一节管段下沉前应进行管位及长度复核。

(3)水下顶管施工应符合现行国家标准《给水排水管道工程施工及验收规范》(GB 50268—2008)的相关规定,并符合下列规定：

1)后背与千斤顶接触的平面应与管段轴线垂直,其垂直偏差不得超过5mm；

2)顶管机穿墙时应采取防止水、砂涌入工作坑的措施,并宜将工具管前端稍微抬高；

3)顶管过程中应保持顶进进尺土方量与出土量的平衡,并严禁超量排土。

(4)进、出水管渠的位置、坡度符合设计要求,流水通畅。

(5)管渠穿越构筑物的墙体间隙,应按设计要求处理,封填密实、不渗漏。

三、水处理构筑物

1.一般规定

(1)水处理构筑物施工应符合下列规定：

1)编制施工方案时,应根据设计要求和工程实际情况,综合考虑各单体构筑物施工方法和技术措施,合理安排施工顺序；

2)应做好各单体构筑物不同施工工况条件下的沉降观测；

3)涉及设备安装的预埋件、预留孔洞以及设备基础等有关结构施工,在隐蔽前安装单位应参与复核；设备安装前还应进行交接验收；

4)水处理构筑物底板位于地下水位以下时,应进行抗浮稳定验算；当不能满足要求时,必须采取抗浮措施；

5)满足其相应的工艺设计、运行功能、设备安装的要求。

(2)水处理构筑物施工完毕必须进行满水试验。消化池满水试验合格后,还应进行气密性试验。

(3)水处理构筑物的防水、防腐、保温层应按设计要求进行施工,施工前应进行基层表面处理。

(4)普通水泥砂浆、掺外加剂水泥砂浆的防水层施工应符合下列规定:

1)基层表面应清洁、平整、坚实、粗糙;

2)施作水泥砂浆防水层前,基层表面应充分湿润,但不得有积水;

3)水泥砂浆应随拌随用;防水层的阴、阳角应为圆弧形;

4)水泥砂浆防水层的操作环境温度不应低于5℃,基层表面应保持0℃以上。

(5)位于构筑物基坑施工影响范围内的管道施工应符合下列规定:

1)应在沟槽回填前进行隐蔽验收,合格后方可进行回填施工;

2)位于基坑中或受基坑施工影响的管道,管道下方的填土或松土必须按设计要求进行夯实,必要时应按设计要求进行地基处理或提高管道结构强度;

3)位于构筑物底板下的管道,沟槽回填应按设计要求进行。

(6)管道穿过水处理构筑物墙体时,穿墙部位施工应符合设计要求。待管道穿过防水套管后,套管与管道空隙应进行防水处理。

2.现浇钢筋混凝土结构

(1)模板施工前,应根据结构形式、施工工艺、设备和材料供应等条件进行模板及其支架设计。

(2)混凝土模板安装应按现行国家标准《混凝土结构工程施工质量验收规范》(GB 50204—2015)的相关规定执行,并应符合下列规定:

1)池壁与顶板连续施工时,池壁内模立柱不得同时作为顶板模板立柱;顶板支架的斜杆或横向连杆不得与池壁模板的杆件相连接;

2)池壁模板可先安装一侧,绑完钢筋后,随浇筑混凝土随分层安装另一侧模板,或采用一次安装到顶而分层预留操作窗口的施工方法;

3)安装池壁的最下一层模板时,应在适当位置预留清扫杂物用的窗口;在浇筑混凝土前,应将模板内部清扫干净,经检验合格后,再将窗口封闭;

4)池壁模板施工时,应设置确保墙体直顺和防止浇筑混凝土时模板倾覆的装置;

5)固定在模板上的预埋管、预埋件的安装必须牢固,位置准确;安装前应清除铁锈和油污,安装后应做标志。

(3)钢筋进场检验以及钢筋加工、连接、安装等应按现行国家标准《混凝土结构工程施工质量验收规范》(GB 50204—2015)的相关规定执行,并应符合下列规定:

1）基础、顶板钢筋采取焊接排架的方法固定时，排架固定的间距应根据钢筋的刚度选择；

2）成型的网片或骨架必须稳定牢固，不得有滑动、折断、位移、伸出等情况；

3）变形缝止水带安装部位、预留开孔等处的钢筋应预先制作成型，安装位置准确、尺寸正确、安装牢固；

4）预埋件、预埋螺栓及插筋等，其埋入部分不得超过混凝土结构厚度的3/4。

（4）混凝土原材料的质量控制应按现行国家标准《混凝土结构工程施工质量验收规范》（GB 50204—2015）的相关规定执行。

（5）混凝土配合比及拌制应符合下列规定：

1）配合比的设计，应保证结构设计要求的强度和抗渗、抗冻性能，并满足施工的要求；

2）配合比应通过计算和试配确定；

3）宜选择具有一定自补偿性能的材料配比；或在满足设计和施工要求的前提下，应适量降低水泥用量；

4）混凝土拌制前，应测定砂、石含水率并根据测试结果调整材料用量，提出施工配合比；

5）首次使用的混凝土配合比应进行开盘鉴定，其工作性质满足设计配合比的要求；开始生产时应至少留置一组标准养护试件，作为验证配合比的依据；

（6）混凝土的浇筑必须在模板和支架检验符合施工方案要求后，方可进行；入模时应防止离析，连续浇筑时每层浇筑高度应满足振捣密实的要求。

（7）变形缝处止水带下部以及腋角下部的混凝土浇筑作业，应确保混凝土密实，且止水带不发生位移。

（8）混凝土底板和顶板，应连续浇筑不得留置施工缝；设计有变形缝时，应按变形缝分仓浇筑。

（9）构筑物池壁的施工缝设置应符合设计要求，设计无要求时，应符合下列规定：

1）池壁与底部相接处的施工缝，宜留在底板上面不小于200mm处；底板与池壁连接有腋角时，宜留在腋角上面不小于200mm处；

2）池壁与顶部相接处的施工缝，宜留在顶板下面不小于200mm处；有腋角时，宜留在腋角下部。

3）构筑物处地下水位或设计运行水位高于底板顶面8m时，施工缝处宜设置高度不小于200mm、厚度不小于3mm的止水钢板。

（10）浇筑倒锥壳底板或拱顶混凝土时，应由低向高、分层交圈、连续浇筑。

(11)浇筑池壁混凝土时,应分层交圈、连续浇筑。

(12)混凝土浇筑完成后,应按施工方案及时采取有效的养护措施。

(13)浇筑大体积混凝土结构时,应有专项施工方案和相应的技术措施。

3.装配式混凝土结构

(1)预制构件与现浇结构之间、预制构件之间的连接应按设计要求进行施工。

(2)现浇混凝土底板的杯槽、杯口安装模板前,应复测杯槽、杯口中心线位置;杯槽、杯口模板必须安装牢固。

(3)杯槽内壁与底板的混凝土应同时浇筑,不应留置施工缝;宜后浇筑杯槽外壁混凝土。

(4)预制柱、梁及壁板等在安装前应标注中心线,并在杯槽、杯口上标出中心线。

(5)预制构件安装前应将不同类别的构件按预定位置顺序编号,并将与混凝土连接的部位进行凿毛,清除浮渣、松动的混凝土。

(6)构件安装就位后,应采取临时固定措施。曲梁应在梁的跨中设临时支撑,待二次混凝土达到设计强度的75%及以上时,方可拆除支撑。

(7)安装的构件,必须在轴线位置及高程进行校正后焊接或浇筑接头混凝土。

4.预应力混凝土结构

(1)预应力筋、铺具、夹具和连接器的进场检验应按现行国家标准《混凝土结构工程施工质量验收规范》(GB 50204—2015)的相关规定和设计要求执行。

(2)施工过程中应避免电火花损伤预应力筋,受损伤的预应力筋应予以更换;无黏结预应力筋外包层不应破损。

(3)圆形构筑物的环向预应力钢筋的布置和锚固位置应符合设计要求。

(4)后张法有黏结预应力筋预留孔道安装和无黏结预应力筋铺设应符合下列规定:

1)有黏结预应力筋的预留孔道,其产品尺寸和性能应符合国家有关标准规定和设计要求;波纹管孔道,安装前其表面应清洁、无锈蚀和油污,安装应稳固;安装后无孔洞、裂缝、变形,接口不应开裂或脱口;

2)在预留孔洞套管位置的预应力筋布置应符合设计要求。

(5)预应力筋张拉或放张时,混凝土强度应符合设计要求;

(6)圆形构筑物缠丝张拉应符合下列规定:

1)缠丝施加预应力前,应先清除池壁外表面的混凝土浮粒、污物,壁板外侧接缝处宜采用水泥砂浆抹平压光,洒水养护;

2)施加预应力前,应在池壁上标记预应力钢丝、钢筋的位置和次序号;

3)施加预应力时,每缠一盘钢丝应测定一次钢丝应力,并应做记录。

(7)预应力筋保护层的施工应在满水试验合格后、池内满水条件下进行喷浆。喷浆层的厚度,应满足预应力钢筋的净保护层厚度且不应小于20mm。

(8)喷射水泥砂浆预应力筋保护层施工应符合下列规定:

1)水泥砂浆保护层凝结后应加遮盖,保持湿润并不应少于14d;

2)在进行下一道分项工程前,应对水泥砂浆保护层进行外观和黏结情况的检查,有空鼓、开裂等缺陷现象时,应凿开检查并修补密实;

(9)有黏结、无黏结预应力筋的后张法张拉施工应符合下列规定:

1)张拉前,应清理承压板面,检查承压板后面的混凝土质量;

2)张拉顺序应符合设计要求;设计无要求时,可分批、分阶段对称张拉或依次张拉;

3)张拉程序应符合设计要求;

4)预应力筋张拉时,应采用张拉应力和伸长值双控法;

5)张拉过程中应避免预应力筋断裂或滑脱;

7)预应力筋张拉完毕,宜采用砂轮锯或其他机械方法切断超长部分,严禁采用电弧切断。

(10)预应力筋保护层、孔道灌浆和封锚等所用的水泥砂浆、水泥浆、混凝土,均不得含有氯化物。

5.砌体结构

(1)砌体结构的砌筑施工应符合现行国家标准《砌体工程施工质量验收规范》(GB 50203—2011)的相关规定和设计要求。

(2)砌筑前应将砖石、砌块表面上的污物和水锈清除。砌石(块)应浇水湿润,砖应用水浸透。

(3)砌体中的预埋管洞口结构应加强,并有防渗措施。

(4)砌体砌筑完毕,应即进行养护,养护时间不应少于7d。

(5)砌体水处理构筑物冬期不宜施工。

(6)砖砌池壁施工应符合下列规定:

1)各砖层间应上下错缝,内外搭砌,灰缝均匀一致;

2)水平灰缝厚度和竖向灰缝宽度宜为10mm,且不小于8mm、不大于12mm;圆形池壁,里口灰缝宽度不应小于5mm;

3)转角或交接处应同时砌筑,对不能同时砌筑而需留置的临时间断处应砌成斜槎,斜槎水平投影长度不得小于高度的2/3。

(7)砌砖时砂浆应满铺满挤,挤出的砂浆应随时刮平,严禁用水冲浆灌缝,严禁用敲击砌体的方法纠正偏差。

(8)石砌池壁施工应符合下列规定：

1)分皮砌筑，上下错缝，丁、顺搭砌，分层找齐；

2)灰缝厚度：细料石砌体不宜大于10mm，粗料石砌体不宜大于20mm；

3)水平缝，宜采用坐浆法；竖向缝，宜采用灌浆法。

(9)砌石位置偏移时，应将料石提起，刮除灰浆后再砌；并应防止碰动邻近料石，不得撬动或敲击。

(10)石砌体的勾缝应符合下列规定：

1)勾缝前，应清扫干净砌体表面上黏结的灰浆、泥污等，并洒水湿润；

2)勾缝灰浆宜采用细砂拌制的1:1.5水泥砂浆；砂浆嵌入深度不应小于20mm；

3)勾缝宽窄均匀、深浅一致，不得有假缝、通缝、丢缝、断裂和黏结不牢等现象；

4)勾缝完毕应清扫砌体表面黏附的灰浆；

5)勾缝砂浆凝结后，应及时养护。

6.塘体结构

(1)塘体基槽施工应符合下列规定：

1)开挖时，应严格控制基底高程和边坡坡度；

2)基底和边坡不得有树根、石块、草皮等杂物，避免受水浸泡和受冻；

3)基底坡脚线和边坡上口线应修边整齐、顺直；基底应平整，不得有反坡。

(2)塘体护坡、护坦施工应符合下列规定：

1)护坡类型、结构形式等应按设计要求确定；

2)应由坡底向坡顶依次进行施工；

(3)塘体防渗施工应符合下列规定：

1)防渗材料性能、规格、质量应按设计要求严格控制；

2)防渗材料应按国家有关标准、规定进行检验；

3)防渗部位应按设计要求进行施工；

4)预埋管的防渗措施应符合设计要求。

7.附属构筑物

(1)附属构筑物工程施工应符合下列规定：

1)应合理安排与其相关的构筑物施工顺序，确保结构和施工安全；

2)地基基础受到已建构筑物的施工影响或处于已建构筑物的基坑范围内时，应按设计要求进行地基处理；

3)施工前，应对与其相关的已建构筑物进行测量复核；

4)应做好相邻构筑物的沉降观测工作。

(2)细部结构、工艺辅助构筑物工程施工应符合下列规定:

1)构筑物水平位置、高程、结构尺寸、工艺尺寸等应符合设计要求;

2)对薄壁混凝土结构或外形复杂的构筑物,采取相应的施工技术措施,确保模板及支架稳固、拼接严密,防止钢筋变形、走动,避免混凝土缺陷的出现;

3)施工中应严格控制过水的堰、口、孔、槽等高程和线形;

4)细部结构与主体结构刚性连接,其变形缝设置应一致、贯通;

5)混凝土结合面应按施工缝要求处置;

6)设备基础、穿墙管道、闸槽等采用二次混凝土或灌浆施工时应密实不渗,宜选择具有流动性好、早强快凝的微膨胀混凝土或灌浆材料;

7)穿墙部位施工,其接缝填料、止水措施应符合设计要求。

四、泵房

1.一般规定

(1)应采取措施控制泵房与进、出水构筑物和管道之间的不均匀沉降,满足设计要求。

(2)泵房的主体结构、内部装饰工程施工完毕,现场清理干净,且经检验满足设备安装要求后,方可进行设备安装。

(3)泵房施工应制定高空、起重作业及基坑、模板工程等安全技术措施。

2.泵房结构

(1)结构施工前应会同设备安装单位,对相关的设备锚栓或锚板的预埋位置、预留孔洞、预埋件等进行检查核对。

(2)底板混凝土施工应符合下列规定:

1)施工前,地基基础验收合格;

2)混凝土应连续浇筑,不宜分层浇筑或浇筑面较大时,可采用多层阶梯推进法浇筑,其上下两层前后距离不宜小于1.5m,同层的接头部位应充分振捣,不得漏振;

3)在斜面基底上浇筑混凝土时,应从低处开始,逐层升高,并采取措施保持水平分层,防止混凝土向低处流动;

4)混凝土表面应抹平、压实,防止出现浮层和干缩裂缝。

(3)模板安装中不得遗漏相关的预埋件和预留孔洞,且应安装牢固、位置准确。

(4)与水接触的混凝土结构施工应符合下列规定:

1)应采取技术措施,提高混凝土质量,避免混凝土缺陷的产生;

2)应按设计要求设置施工缝,并宜少设施工缝;

3)混凝土浇筑应从低处开始,按顺序逐层进行,入模混凝土上升高度应一致平衡;

4)混凝土浇筑完毕应及时养护。

(5)钢筋混凝土进、出水流道施工还应符合下列规定:

1)流道模板安装前宜进行预拼装检验;流道的模板、钢筋安装与绑扎应作统一安排,互相协调;

2)曲面、倾斜面层模板底部混凝土应振捣充分,模板面积较大时,应在适当位置开设便于进料和振捣的窗口;

3)变径流道的线形、断面尺寸应按设计要求施工。

(6)平板闸的闸槽安装位置应准确。闸槽定位及埋件固定检查合格后,应及时浇筑混凝土。

(7)采用转动螺旋泵成型螺旋泵槽时,应将槽面压实抹光。槽面与螺旋叶片外缘间的空隙应均匀一致,并不得小于 5mm。

(8)泵房进、出水管道穿过墙体时,穿墙管部位应设置防水套管。套管与管道的间隙,应待泵房沉降稳定后再按设计要求进行填封。

(9)在施工的不同阶段,应经常对泵房以及泵站内其他各单体构筑物进行沉降、位移监测。

3.沉井

(1)沉井施工应有详细的工程地质及水文地质资料和剖面图,并查勘沉井周围有无地下障碍物或其他建(构)筑物、管线等情况。

(2)制作沉井的地基应具有足够的承载力,地基承载力不能满足沉井制作阶段的荷载时,除对地基进行加固等措施外,刃脚的垫层可采用砂垫层上铺垫木或素混凝土。

(3)沉井刃脚采用砖模时,其底模和斜面部分可采用砂浆、砖砌筑;每隔适当距离砌成垂直缝。砖模表面可采用水泥砂浆抹面,并应涂一层隔离剂。

(4)沉井结构的混凝土应对称、均匀、水平连续分层浇筑,并应防止沉井偏斜。

(5)沉井下沉前应做下列准备工作:

1)将井壁、隔墙、底梁等与封底及底板连接部位凿毛;

2)预留孔、洞和预埋管临时封堵,防止渗漏水;

3)在沉井井壁上设置下沉观测标尺、中线和垂线;

4)采用排水下沉需要降低地下水位时,地下水位降水高度应满足下沉施工要求;

5)第一节混凝土强度应达到设计强度,其余各节应达到设计强度的70%;对于分节制作分次下沉的沉井,后续下沉、接高部分混凝土强度应达到设计强度的70%。

(6)排水下沉施工应符合下列规定:

1)应采取措施,确保下沉和降低地下水过程中不危及周围建(构)筑物、道路或地下管线,并保证下沉过程和终沉时的坑底稳定;

2)下沉过程中应进行连续排水,保证沉井范围内地层水疏干;

3)挖土应分层、均匀、对称进行;开挖顺序应根据地质条件、下沉阶段、下沉情况综合确定,不得超挖。

(7)不排水下沉施工应符合下列规定:

1)沉井内水位应符合施工方案控制水位;下沉有困难时,应根据内外水位、井底开挖几何形状、下沉量及速率、地表沉降等监测资料综合分析调整井内外的水位差;

2)机械设备的配备应满足沉井下沉以及水中开挖、出土等要求,运行正常;废弃土方、泥浆应专门处置,不得随意排放;

3)水中开挖、出土方式应根据井内水深、周围环境控制要求等因素选择。

(8)沉井下沉控制应符合下列规定:

1)下沉应平稳、均衡、缓慢,发生偏斜应通过调整开挖顺序和方式"随挖随纠、动中纠偏";

2)应按施工方案规定的顺序和方式开挖;

3)沉井下沉影响范围内的地面四周不得堆放任何东西,车辆来往要减少振动;

4)大型沉井应进行结构变形和裂缝观测。

(9)沉井采用爆破方法开挖下沉时,应符合国家有关爆破安全的规定。

(10)沉井采用干封底时,应符合下列规定:

1)在井点降水条件下施工的沉井应继续降水,并稳定保持地下水位距坑底不小于0.5m;在沉井封底前应用大石块将刃脚下垫实;

2)封底前应整理好坑底和清除浮泥,对超挖部分应回填砂石至规定标高;

3)采用全断面封底时,混凝土垫层应一次性连续浇筑;有底梁或支撑梁分格封底时,应对称逐格浇筑;

4)钢筋混凝土底板施工前,井内应无渗漏水,且新、老混凝土接触部位凿毛处理,并清理干净;

5)封底前应设置泄水井,底板混凝土强度达到设计强度且满足抗浮要求时,方可封填泄水井、停止降水。

五、调蓄构筑物

1. 一般规定

(1)调蓄构筑物施工前应根据设计要求,复核已建的与调蓄构筑物有关的管道、进出水构筑物的位置坐标、控制点和水准点。施工时应采取相应技术措施、合理安排各构筑物的施工顺序,避免新、老管道、构筑物之间出现影响结构安全、运行功能的差异沉降。

(2)调蓄构筑物施工过程中应编制施工方案,并应包括施工过程中施工影响范围内的建(构)筑物、地下管线等监控量测方案。

(3)施工完毕的贮水调蓄构筑物必须进行满水试验。

2. 水塔

(1)水塔的基础施工应遵守下列规定:

1)地基处理、工程基础桩应按规范和设计要求,进行承载力检测和桩身质量检验;

2)基础的预埋螺栓及滑模支承杆,位置应准确,并必须采取防止发生位移的固定措施。

(2)水塔所有预埋件位置应符合设计要求,设置牢固。

(3)现浇钢筋混凝土圆筒、框架结构的塔身施工时,模板支架安装、混凝土浇筑、模板支架拆卸应符合国家有关规范的规定。

(4)预制钢筋混凝土圆筒结构的塔身装配应符合下列规定:

1)装配前,每节预制塔身的质量验收合格;

2)圆筒或框架塔身上口,应标出控制的中心位置;

3)圆筒两端钢环对接的接缝应按设计要求处理;

4)圆筒或框架塔身采用预留钢筋搭接时,其接缝混凝土强度高于主体混凝土一级,表面应抹压平整。

(5)钢架、钢圆筒结构的塔身施工应符合下列规定:

1)钢构件的制作、预拼装经验收合格后方可安装;现场拼接组装应符合国家相应规范的规定和设计要求;

2)安装前,钢架或钢圆筒塔身的主杆上应有中线标志;

3)钢构件焊接作业应符合国家有关标准规定和设计要求;

4)钢构件安装时,螺栓连接、焊接的检验应按设计要求执行。

3. 水柜

(1)水柜在地面预制或装配时应符合下列规定:

1)地基处理符合设计要求;

2)水柜下环梁设置吊杆的预留孔应与塔顶提升装置的吊杆孔位置一致,并垂直对应。

(2)水柜的保温层施工应符合下列规定:

1)应在水柜的满水试验合格后进行喷涂或安装;

2)采用装配式保温层时,保温罩上的固定装置应与水柜上预埋件位置一致;

3)采用空气层保温时,保温罩接缝处的水泥砂浆必须填塞密实。

(3)预制装配式钢丝网水泥倒锥壳水柜的装配应符合下列规定:

1)预制的钢丝网水泥扇形板构件宜侧放,支架垫木应牢固稳定;

2)装配应符合下列规定:

①吊装时,吊绳与构件接触处应设木垫板;起吊时严禁猛起;吊离地面后应立即检查,确认平稳后,方准提升;

②宜按一个方向顺序进行装配;构件下端与下环梁拼接的三角缝应衬垫;三角缝的上面缝口应临时封堵,构件的临时支撑点应加垫木板;

③构件全部装配并经调整就位后,方可固定穿筋;插入预留钢筋环内的两根穿筋,应各与预留钢环靠紧,并使用短钢筋,在接缝中每隔 0.5m 处与穿筋焊接;

④中环梁安装模板前,应检查已安装固定的倒锥壳壳体顶部高程,按实测高程作为安装模板控制水平的依据;混凝土浇筑前,应先埋设塔顶栏杆的预埋件和伸入顶盖接缝内的预留钢筋,并采取措施控制其位置;

⑤倒锥壳壳体的接缝宜在中环梁混凝土浇筑后进行;接缝宜从下向上浇筑、振动、抹压密实,并应由其中一缝向两边方向进行;

3)水柜顶盖装配前,应先安装和固定上环梁底模,其装配、穿筋、接缝等施工可按照本条的规定执行,但接缝插入穿筋前必须将塔顶栏杆安装好。

(4)钢筋混凝土水柜的施工应符合下列规定:

1)钢筋混凝土水柜的制作应符合设计要求;

2)钢筋混凝土倒锥壳水柜的混凝土施工缝宜留在中环梁内;

3)正锥壳顶盖模板的支撑点应与倒锥壳模板的支撑点相对应。

(5)钢水柜的安装应符合下列规定:

1)钢水柜的制作、检验及安装应符合现行国家标准的相关规定;

2)水柜吊装应视吊装机械性能选用一次吊装,或分柜底、柜壁及顶盖三组吊装;

3)吊装前应先将吊机定位,并试吊;经试吊检验合格后,方可正式吊装;

4)水柜内应在与吊点的相应位置加十字支撑,防止水柜起吊后变形。

4.调蓄池

(1)调蓄池工程施工应制定专项施工方案,主要内容应包括基坑开挖与支护、模板支架、混凝土等施工方法及地层变形、周围环境的监测。

（2）相关构筑物、各工艺管道等的施工顺序应先深后浅；地基受扰动或承载力不满足要求时，应按设计要求进行加固处理。

（3）应做好基坑降、排水，施工阶段构筑物的抗浮稳定性不能满足要求时，必须采取抗浮措施。

（4）构筑物的导流、消能、排气、排空等设施应按设计要求施工。

（5）地下式构筑物水池满水试验合格后，方可进行防水层施工，并及时进行池壁外和池顶的土方回填施工。

（6）回填土作业应均匀对称，防止不均匀沉降、位移。

第二节 质量验收

一、土石方与地基基础

1. 围堰质量检验

围堰应符合下列规定：

1）主控项目

①围堰结构形式和围堰高度、堰底宽度、堰顶宽度以及悬臂桩式围堰板桩入土深度符合设计要求；

检查方法：观察，检查施工记录、测量记录。

②堰体稳固，变位、沉降在限定值内，无开裂、塌方、滑坡现象，背水面无线流；

检查方法：观察，检查施工记录、监测记录。

2）一般项目

①所用钢板桩、木桩、填筑土石方、围堰用袋等材料符合设计要求和有关标准的规定；

检查方法：观察；检查钢板桩、编织袋、石料等的出厂合格证；检查材料进场验收记录、土质鉴定报告。

②土、袋装土围堰的边坡应稳定、密实，堰内边坡平整、堰外边坡耐水流冲刷；双层桩填芯围堰的内外桩排列紧密一致，芯内填筑材料应分层压实；止水钢板桩垂直，相邻板桩锁口咬合紧密；

检查方法：观察；检查施工记录。

③围堰施工允许偏差应符合表 7-1 的规定。

表 7-1　围堰施工允许偏差

	检查项目	允许偏差(mm)	检查数量		检查方法
			范围	点数	
1	围堰中心轴线位置	50			用经纬仪、钢尺量
2	堰顶高程	不低于设计要求			水准仪测量
3	堰顶宽度	不低于设计要求			钢尺量
4	边坡	不陡于设计要求	每10m	1	钢尺量
5	钢板桩、木桩轴线位置	陆上:100;水上 200			用经纬仪、钢尺量
6	钢板桩顶标高	陆上:100;水上 200			水准仪测量
7	钢板桩、木桩长度	±100	每20根	1	钢尺量
8	钢板桩垂直度	1.0%H,且不大于100			线锤及直尺量

注:H 只指钢板桩的总长度。

2.基坑开挖质量检验

基坑开挖应符合下列规定:

1)主控项目

①基底不应受浸泡或受冻;天然地基不得扰动、超挖;

检查方法:观察;检查地基处理资料、施工记录。

②地基承载力应符合设计要求;

检查方法:检查验基(槽)记录;检查地基处理或承载力检验报告、复合地基承载力检验报告、工程桩承载力检验报告。

检查数量:

a.同类型、同处理工艺的地基:不应少于 3 点;1000m² 以上工程,每 100m² 至少应有 1 点;3000m² 以上工程,每 300m² 至少应有 1 点;每个独立基础下不应少于 1 点,条形基础槽,每 20 延米应有 1 点;

b.同类型、同工艺的复合地基:不少于总数的 1‰,且不应少于 3 处;有单桩检验要求时,不少于总数的 1‰,且至少 3 根;

c.同类型、同工艺的工程基础桩承载力和桩身质量;承载力:采用静载荷试验时,不少于总数的 1%,且不应少于 3 根;当总数少于 50 根时,不应少于 2 根;采用高应变动力检测时,不少于总数的 2%,且不应少于 5 根;

桩身质量:灌注桩,不少于总数的 30%,且不应少于 20 根;其他桩,不少于总数的 20%,且不应少于 10 根。

③基坑边坡稳定、围护结构安全可靠,无变形、沉降、位移,无线流现象;基底无隆起、沉陷、涌水(砂)等现象;

检查方法:观察;检查监测记录、施工记录。

2)一般项目

①基坑边坡护坡完整,无明显渗水现象;围护墙体排列整齐,钢板桩咬合紧密,混凝土墙体结构密实、接缝严密,围檩与支撑牢固可靠;

检查方法:观察;检查施工记录、监测记录。

②基坑开挖允许偏差应符合表 7-2 的规定。

表 7-2 基坑开挖允许偏差

	检查项目		允许偏差 (mm)	检查数量		检查方法
				范围	点数	
1	平面位置		≤50	每轴	4	经纬仪测量,纵横各二点
2	高程	土方	±20	每 25m²	1	5m×5m 方格网挂线尺量
		石方	+20,−200			
3	平面尺寸		满足设计要求	每座	8	用钢尺量测,坑底、坑顶各 4 点
4	放坡开挖的边坡坡度		满足设计要求	每边	4	用钢尺或坡度尺量测
5	多级放坡的平台宽度		+100,−50	每级	每边 2	用钢尺量测
6	基底表面平整度		20	每 25m²	1	用 2m 靠尺、塞尺量测

3. 基坑围护结构与支撑系统的质量验收

基坑围护结构与支撑系统的质量验收应符合现行国家标准《建筑地基基础工程施工质量验收规范》(GB 50202—2002)和《给水排水构筑物工程施工及验收规范》(GB 50141—2008)的相关规定。

4. 地基基础的地基处理、复合地基、工程基础桩的质量验收

地基基础的地基处理、复合地基、工程基础桩的质量验收应符合现行国家标准《建筑地基基础工程施工质量验收规范》(GB 50202—2002)和《给水排水构筑物工程施工及验收规范》(GB 50141—2008)的相关规定。有抗浮、抗侧向力要求的桩基应按设计要求进行试验。

5.抗浮锚杆

抗浮锚杆应符合下列规定：

1)主控项目

①钢杆件(钢筋、钢绞线等)以及焊接材料、锚头、压浆材料等的材质、规格应符合设计要求；

检查方法：观察,检查出厂质量合格证明、性能检验报告和有关复验报告。

②锚杆的结构、数量、深度等应符合设计要求；

检查方法：观察,检查施工记录。

③锚杆抗拔能力、压浆强度等应符合设计要求；

检查方法：检查锚杆的抗拔试验报告、浆液试块强度试验报告。

2)一般项目

锚杆施工允许偏差应符合表 7-3 的规定。

表 7-3 锚杆施工允许偏差

	检查项目	允许偏差 (mm)	检查数量		检查方法
			范围	点数	
1	锚固段长度	±30	1 根	1	钢尺量测
2	锚杆式锚固体位置	±100	1 根	1	钢尺量测
3	钻孔倾斜角度	±1%	10 根	1	量测钻机倾角
4	锚杆与构筑物锁定	按设计要求	1 根	1	观察、试拔

6.钢筋混凝土基础工程的模板、钢筋、混凝土及分项工程质量验收

钢筋混凝土基础工程的模板、钢筋、混凝土及分项工程质量验收应分别符合《给水排水构筑物工程施工及验收规范》(GB 50141—2008)的有关规定。

7.基坑回填质量检验

基坑回填应符合下列规定：

1)主控项目

①回填材料应符合设计要求；回填土中不应含有淤泥、腐殖土、有机物,砖、石、木块等杂物,超过《给水排水构筑物工程施工及验收规范》(GB 50141—2008)的有关规定的冻土块应清除干净；

检查方法：观察,检查施工记录。

②回填高度符合设计要求;沟槽不得带水回填,回填应分层夯实;

检查方法:观察,用水准仪检查,检查施工记录。

③回填时构筑物无损伤、沉降、位移;

检查方法:观察,检查沉降观测记录。

2)一般项目

①回填土压实度应符合设计要求,设计无要求时,应符合表 7-4 的规定。

表 7-4　回填土压实度

检查项目		压实度 (%)	检查频率		检查方法
			范围	组数	
1	一般情况下	≥90	构筑物四周回填 按 50 延米/层; 大面积回填 按 500m²/层	1(三点)	环刀法
2	地面有散水等	≥95		1(三点)	环刀法
3	当年回填土上修路、 铺设管道	≥93注 ≥95		1(三点)	环刀法

注:表中压实度除标注者外均为轻型击实标准。

②压实后表面平整、无松散、起皮、裂纹;粗细颗粒分配均匀,不得有砂窝及梅花现象;

检查方式:观察,检查施工记录。

③回填表面平整度宜为 20mm;

检查方法:观察,用靠尺和楔形塞尺量测;检查施工记录。

二、取水与排放构筑物

1.取水与排放构筑物结构中相关结构质量检验

取水与排放构筑物结构中有关钢筋混凝土结构、砖石砌体结构工程的各分项工程质量验收应符合本节第三条的有关规定。取水与排放泵房工程的质量验收应符合本节第四条的有关规定。

2.进、出水管渠中现浇钢筋混凝土、砌体结构的管渠工程质量验收

进、出水管渠中现浇钢筋混凝土、砌体结构的管渠工程质量验收应符合本节第三条的有关规定;预制管铺设的管渠工程质量验收应符合现行国家标准《给水排水管道工程施工及验收规范》GB 50268—2008 的相关规定。

3.大口井质量检验

大口井应符合下列规定:

1)主控项目

①预制管节、滤料的规格、性能应符合国家有关标准、设计要求；

检查方法：观察，检查每批的产品出厂质量合格证明、性能检验报告及有关的复验报告。

②井筒位置及深度、辐射管布置应符合设计要求；

检查方法：检查施工记录、测量记录。

③反滤层铺设范围、高度应符合设计要求；

检查方法：观察，检查施工记录、测量记录、滤料用量。

④抽水清洗、产水量的测定应符合《给水排水构筑物工程施工及验收规范》GB 50141—2008 的有关规定；

检查方法：检查抽水清洗、产水量的测定记录。

2)一般项目

①井筒应平整、洁净、边角整齐，无变形；混凝土表面不得出现有害裂缝，蜂窝面面积不得超过总面积的 1%；

检查方法：观察，量测表面缺陷。

②辐射管坡向正确、线形直顺、接口平顺，管内洁净；管与预留孔（管）之间无渗漏水现象；

检查方法：观察。

③反滤层层数和每层厚度应符合设计要求；

检查方法：观察，检查施工记录。

④大口井外四周封填材料、厚度等应符合设计要求和《给水排水构筑物工程施工及验收规范》GB 50141—2008 的有关规定，封填密实；

检查方法：观察，检查封填材料的质量保证资料。

⑤预制井筒的制作尺寸允许偏差，应符合表 7-5 的规定。

表 7-5　预制井筒的允许偏差

检查项目		允许偏差（mm）	检查数量		检查方法
			范围	点数	
1	筒平面尺寸	长、宽（L）	±0.5%L，且≤100	每座	长、宽各3	用钢尺量测
2		曲线部分半径(R)	±0.5%R，且≤50	每对应30°圆心角	1	用钢尺量测
3		两对角线差	不超过对角线长的1%	每座	2	用钢尺量测
4	井壁厚度		±15	每座	6	用钢尺量测

⑥大口井施工的允许偏差应符合表 7-6 的规定。

表 7-6 大口井施工的允许偏差

检查项目	允许偏差(mm)	检查数量		检查方法
		范围	点数	
1	井筒中心位置	30	每座	1	用经纬仪测量
2	井筒井底高程	±30	每座	1	用水准仪测量
3	井筒倾斜	符合设计要求,且≤50	每座	1	垂线、钢尺量,取最大值
4	表面平整度	≤10	10m	1	用钢尺量测
5	预埋件、预埋管的中心位置	≤5	每件	1	用水准仪测量
6	预留洞的中心位置	≤10	每洞	1	用水准仪测量
7	辐射管坡度	符合设计要求,且≥4‰	每根	1	用水准仪或水平尺测量

4.渗渠质量检验

渗渠应符合下列规定:

1)主控项目

①预制管材、滤料及原材料的规格、性能应符合国家有关标准、设计要求;

检查方法:观察;检查每批的产品出厂质量合格证明、性能检验报告及有关的复验报告。

②集水管安装的进水孔方向正确,且无堵塞;管道坡度必须符合设计要求;

检查方法:观察;检查施工记录、测量记录。

③抽水清洗、产水量的测定应符合《给水排水构筑物工程施工及验收规范》(GB 50141—2008)的有关规定;

检查方法:检查抽水清洗、产水量的测定记录。

2)一般项目

①集水管道应坡向正确、线形直顺、接口平顺,管内洁净;管道应垫稳,管口间隙应均匀;

检查方法:观察,检查施工记录、测量记录。

②集水管施工允许偏差应符合表 7-7 的规定。

表 7-7　渗渠集水管道施工的允许偏差

	检查项目	允许偏差（mm）	检查数量		检查方法
			范围	点数	
1	沟槽 高程	±20			用水准仪测量
2	槽底中心线每侧宽	不小于设计宽度			用钢尺量测
3	基础 高程（弧型基础底面、枕基顶面、条形基础顶面）	±15			用水准仪测量
4	中心轴线	20	20m	1	用经纬仪或挂中线钢尺量测
5	相邻枕基的中心距离	20			用钢尺量
6	轴线位置	10			用经纬仪或挂中线钢尺量测
7	管道 内底高程	±20			用水准仪测量
8	对口间隙	±5	每处		用钢尺量测
9	相邻两管节错口	±5			用钢尺量测

注：对口间隙不得大于相邻滤层中的滤料最小直径。

5.管井质量检验

管井应符合下列规定：

1）主控项目

①井管、过滤器的类型、规格、性能应符合国家有关标准规定和设计要求；

检查方法：观察；检查每批的产品出厂质量合格证明、性能检验报告。

②滤料的规格应符合设计要求，其中不符合规格的数量不得超过设计数量的滤料应不含土或杂物，严禁使用棱角碎石；

检查方法：观察；检查滤料的筛分报告等。

③井身应圆正、竖直，其直径不得小于设计要求；

检查方法：观察；检查钻井记录、探井检查记录。

④井管安装稳固，并直立于井口中心、上端口水平；井管安装的偏斜度：小于或等于 100m 的井段，其顶角的偏斜不得超过 1°；大于 100m 的井段，每百米顶角偏斜的递增速度不得超过 1.5°；

检查方法：检查安装记录；用经纬仪、水准仪、垂线等测量。

⑤洗井、出水量和水质测定符合国家有关标准的规定和设计要求；

检查方法:按现行国家标准《供水管井技术规范》(GB 50296—2014)的有关规定执行,检查抽水试验资料和水质检验资料。

2)一般项目

①井身的偏斜度应符合本条第 4 款的相关规定;井段的顶角和方位角不得有突变;

检查方法:观察;检查钻井记录、探井检查记录。

②过滤管安装深度的允许偏差为±300mm;

检查方法:检查安装记录;用水准仪、钢尺测量。

③填砾的数量及深度符合设计要求;

检查方法:观察;检查施工记录、用料记录。

④洗井后井内沉淀物的高度应小于井深的 5‰;

检查方法:观察;用水准仪、钢尺测量。

⑤管井封闭位置、厚度、封闭材料以及封闭效果符合设计要求;

检查方法:观察;检查施工记录、用料记录。

6.预制取水头部的制作质量检验

预制取水头部的制作应符合下列规定:

1)主控项目

①工程原材料、预制构件等的产品质量保证资料应齐全,每批的出厂质量合格证明书及各项性能检验报告应符合国家有关标准规定和设计要求;

检查方法:检查产品质量合格证、出厂检验报告和进场复验报告。

②混凝土结构的强度、抗渗、抗冻性能应符合设计要求;外观无严重质量缺陷;钢制结构的拼接、防腐性能应符合设计要求;结构无变形现象;

检查方法:观察,检查混凝土结构的抗压、抗渗、抗冻试块试验报告,钢制结构的焊接(拴接)质量检验报告、防腐层检测记录;检查技术处理资料。

③预制构件试拼装经检验合格,进水孔、预留孔及预埋件位置正确;

检查方法:观察,检查拼装记录、施工记录、隐蔽验收记录。

2)一般项目

①混凝土结构表面应光洁平整,洁净,边角整齐;外观质量不宜有一般缺陷;

检查方法:观察;检查技术处理资料。

②钢制结构防腐层完整,涂装均匀;

检查方法:观察。

③拼装、沉放的吊环、定位件、测量标记等满足安装要求;

检查方法:观察;检查施工记录。

④取水头部制作允许偏差应分别符合表 7-8 和表 7-9 的规定。

表 7-8　预制箱式和筒式钢筋混凝土取水头部的允许偏差

	检查项目		允许偏差（mm）	检查数量		检查方法
				范围	点数	
1	长、宽（直径）、高度		±20		各 4	用钢尺量各边
2	变形	方形的两对角线差值	对角线长 0.5%	每构件	2	用钢尺量上下两端面
		圆形的椭圆度	$D_0/200$，且≤20		2	
3	厚度		$+10，-5$		8	用钢尺量测
4	表面平整度		10		4	用 2m 直尺、塞尺量测
5	端面垂直度		8		4	
6	中心位置	预埋件、预埋管	5	每处	1	用钢尺量测
		预留洞	10	每洞	1	

注：D_0 为外径（mm）。

表 7-9　预制箱式和筒式钢结构取水头部制作的允许偏差

	检查项目		允许偏差（mm）		检查数量		检查方法
			箱式	管式	范围	点数	
1	椭圆度		$D_0/200$，且≤20	$D_0/200$，且≤10		1	用钢尺量测
2	周长	D_0≤1600	±8	±8	每构件	1	用钢尺量测
		D_0>1600	±12	±12		1	用钢尺量测
3	长、宽（多边形边长）、直径、高度		1/200，且≤20	$D_0/200$		长、宽（多边形边长）、直径、高度各 1	用钢尺量测
4	端面垂直度		4	5			用钢尺量测
5	中心位置	进水管	10	10	每处	1	用钢尺量测
		进水孔	20	20	每洞	1	用钢尺量测

注：D_0 为外径（mm）。

7. 预制取水头部的沉放质量检验

预制取水头部的沉放应符合下列规定：

1）主控项目

①沉放安装中所用的原材料、配件等的等级、规格、性能应符合国家有关标准规定和设计要求；

检查方法：检查产品的出厂质量合格证、出厂检验报告和进场复验报告。

②取水头部的沉放位置、高度以及预制构件之间的连接方式等符合设计要求，拼装位置准确、连接稳固；

检查方法：观察；检查施工记录、测量记录，检查拼接连接的施工检验记录、试验报告；用钢尺、水准仪、经纬仪测量拼接位置。

③进水孔、进水管口的中心位置符合设计要求；结构无变形、裂缝、歪斜。

检查方法：观察；检查施工记录、测量记录。

2）一般项目

①底板结构层厚度、封底混凝土强度应符合设计要求；

检查方法：观察；检查封底混凝土强度报告、施工记录。

②基坑回填、抛石的范围、高度应符合设计要求；

检查方法：观察，潜水员水下检查；检查施工记录。

③进水工艺布置、装置安装符合设计要求；钢制结构防腐层无损伤；

检查方法：观察；检查施工记录。

④警告、警示标志及安全保护设施设置齐全；

检查方法：观察；检查施工记录。

⑤取水头部安装的允许偏差应符合表 7-10 的规定。

表 7-10 取水头部安装的允许偏差

	检查项目	允许偏差	检查数量		检查方法
			范围	点数	
1	轴线位置	150mm	每座	2	用经纬仪测量
2	顶面高程	±100mm	每座	4	用水准仪测量
3	水平扭转	1°	每座	1	用经纬仪测量
4	垂直度	1.5‰H,用≤30mm	每座	1	用经纬仪、垂球测量

注：H 为底板至顶面的总高度（mm）。

8.缆车、浮船式取水构筑物工程的混凝土及砌体结构质量检验

缆车、浮船式取水构筑物工程的混凝土及砌体结构应符合下列规定：

1）主控项目

①所用的原材料、砖石砌块、构件应符合国家有关标准规定和设计要求；

检查方法：检查产品的出厂质量合格证、出厂检验报告和进场复验报告。

②混凝土强度、砌筑砂浆强度应符合设计要求；

检查方法：检查混凝土结构的抗压、抗冻试块报告，检查砌筑砂浆的抗压强度试块报告。

③水下基床抛石、反滤层和垫层的铺设范围、厚度应符合设计要求；构筑物结构类型、斜坡道上预制框架装配连接形式、摇臂管支墩数量与布置方式等应符合设计要求；结构稳定、位置正确，无沉降、位移、变形等现象；

检查方法：观察（水下部分潜水员检查）；检查施工记录、测量记录、监测记录。

④混凝土结构外光内实，外观质量无严重缺陷；砌体结构砌筑完整、灰缝饱满，无明显裂缝、通缝等现象；斜坡道的坡度、水平度满足铺轨要求；

检查方法：观察；检查施工资料。

2）一般项目

①混凝土结构外观质量不宜有一般缺陷，砌体结构砌筑齐整、缝宽均匀一致；

检查方法：观察；检查技术资料。

②缆车、浮船接管车斜坡道现浇混凝土及砌体结构施工的允许偏差应符合表 7-11 的规定。

表 7-11　缆车、浮船接管车斜坡道的现浇混凝土和砌体结构施工允许偏差

	检查项目		允许偏差（mm）	检查数量		检查方法
				范围	点数	
1	轴线位置		20		2	用经纬仪测量
2	长度		$\pm L/200$		2	用钢尺量测
3	宽度		± 20	每 10m	1	用钢尺量测
4	厚度		± 10		2	用钢尺量测
5	高程	设计枯水位以上	± 10		2	用水准仪测量
6		设计枯水位以下	± 30		2	用水准仪测量
7	中心位置	预埋件	5	每处	1	用钢尺量测
8		预留件	10		1	用钢尺量测
9	表面平整度		10	每 10m	1	用 2m 直尺、塞尺量测

注：L 为斜坡道总长度（mm）。

③缆车、浮船接管车斜坡道上现浇钢筋混凝土框架施工的允许偏差应符合表 7-12 的规定。

表 7-12　缆车、浮船接管车斜坡道上现浇钢筋混凝土和砌体结构施工允许偏差

检查项目		允许偏差(mm)	检查数量		检查方法
			范围	点数	
1	轴线位置	20	每座	2	用经纬仪测量
2	长、宽	±10	每座	各3	用钢尺量长、宽
3	高程	±10	每座	4	用水准仪测量
4	垂直度	$H/200$,且≤15	每座	4	铅垂配合钢尺量测
5	水平度	$L/200$,且≤15	每座	4	用钢尺量测
6	表面平整度	10	每座	4	用2m直尺、塞尺检查
7	中心 预埋件	5	每件	1	用钢尺量测
8	位置 预留孔	10	每洞	1	用钢尺量测

注:1. H 为柱的高度(mm);

　　2. L 为单梁或板的长度(mm)。

④缆车、浮船接管车斜坡道上预制钢筋混凝土框架施工的允许偏差应符合表 7-13 的规定。

表 7-13　缆车、浮船接管车斜坡道上预制钢筋混凝土框架施工允许偏差

检查项目		允许偏差(mm)			检查数量		检查方法
		板	梁	柱	范围	点数	
1	长度	+10,−5	+10,−5	+5,−10	每件	1	用钢尺量测
2	宽度、高度 或厚度	±5	±5	±5	每件	各1	用钢尺量宽度、高度或厚度
3	直顺度	$L/1000$, 且≤20	$L/750$, 且≤20	$L/750$, 且≤20	每件	1	用钢尺量测
4	表面平整度	5	5	5	每件	1	用2m直尺、塞尺量测
5	中心 预埋件	5	5	5	每件	1	用钢尺量测
	位置 预留孔	10	10	10	每洞	1	用钢尺量测

注: L 为构件长度(mm)。

⑤缆车、浮船接管车斜坡道上预制框架安装的允许偏差应符合表 7-14 的规定。

表 7-14　缆车、浮船接管车斜坡道上预制框架安装允许偏差

	检查项目	允许偏差（mm）	检查数量		检查方法
			范围	点数	
1	轴线位置	20	每座	2	用经纬仪测量
2	长、宽、高	±10	每座	各2	用钢尺量长、宽、高
3	高程（柱基，柱顶）	±10	每柱	2	用水准仪测量
4	垂直度	$H/200$,且≤10	每座	4	垂球配合钢尺检查
5	水平度	$L/200$,且≤10	每座	2	用钢尺量测

注：1. H 为柱的高度（mm）；

　　2. L 为单梁或板的长度（mm）。

⑥缆车、浮船接管车斜坡道上钢筋混凝土轨枕、梁及轨道安装应符合表 7-15 的规定。

表 7-15　缆车、浮船接管车斜坡道上轨枕、梁及轨道安装尺寸要求

	检查项目		允许偏差（mm）	检查数量		检查方法
				范围	点数	
1	钢筋混凝土轨枕、轨梁	轴线位置	10		2	用经纬仪量测
2		高程	+2,−5	每10m	2	用水准仪量测
3		中心线间距	±5		1	用钢尺量测
4		接头高差	5	每处		用靠尺量测
5		轨梁柱跨间对角线差	15	每跨	2	用钢尺量测
6	轨道	轴线位置	5		2	用经纬仪量测
7		高程	±2		2	用水准仪量测
8		同一横截面上两轨高差	2	每根轨	2	用水准仪量测
9		两轨内距	±2		2	用钢尺量测
10		钢轨接头左、右、上三面错位	1		3	用靠尺、钢尺量

⑦摇臂管钢筋混凝土支墩施工的允许偏差应符合表 7-16 的规定。

表 7-16　摇臂管钢筋混凝土支墩施工允许偏差

	检查项目		允许偏差（mm）	检查数量		检查方法
				范围	点数	
1	轴线位置		20	每墩	1	用经纬仪测量
2	长、宽或直径		±20	每墩	1	用钢尺量测
3	曲线部分的半径		±10	每墩	1	用钢尺量测
4	顶面高程		±10	每墩	1	用水准仪测量
5	顶面平整度		10	每墩	1	用水准仪测量
6	中心	预埋件	5	每件	1	用钢尺量测
7	位置	预留孔	10	每洞	1	用钢尺量测

9.缆车、浮船式取水构筑物的接管车与浮船质量检验

缆车、浮船式取水构筑物的接管车与浮船应符合下列规定：

1）主控项目

①机电设备、仪器仪表应符合国家有关标准规定和设计要求，浮船接管车、摇臂管等构件、附件应符合《给水排水构筑物工程施工及验收规范》GB 50141—2008 的有关规定和设计要求；

检查方法：观察；检查产品出厂质量报告、进口产品的商检报告及证件等；检查摇臂管及摇臂接头的现场检验记录。

②缆车、浮船接管车以及浮船上的设备布置、数量应符合设计要求，安装牢固、防腐层完整、构件无变形、各水密舱的密封性能良好；且安装检测、联动调试合格；

检查方法：观察；检查安装记录、检测记录、联动调试记录及报告。

③摇臂管及摇臂接头的岸、船两端组装就位符合设计要求，调试合格；

检查方法：观察；检查摇臂接头岸上试组装调试记录，安装记录、调试记录。

④浮船与摇臂管联合试运行以及缆车、浮船接管车试运转符合《给水排水构筑物工程施工及验收规范》GB 50141—2008 的有关规定，各种设备运行情况正常，并符合设计要求；

检查方法：检查试运行报告。

2）一般项目

①进水口处的防漂浮物装置及清理设备安装正确；

检查方法：观察，检查安装记录。

②船舷外侧防撞击设施、锚链和缆绳、安全及消防器材等设置齐全、配备正确；

检查方法：观察，检查安装记录。

③浮船各部尺寸允许偏差应符合表 7-17 的规定。

表 7-17　浮船各部尺寸允许偏差

	检查项目	允许偏差（mm）			检查数量		检查方法
		钢船	铜筋混凝土船	木船	范围	点数	
1	长、宽	±15	±20	±20	每船	各2	用钢尺量测
2	高度	±10	±15	±15	每船	2	用钢尺量测
3	板梁、　　　高度	±5	±5	±5	每件	1	用钢尺量测
4	横隔梁　　　间距	±5	±10	±10	每件	1	用钢尺量测
5	接头外边缘高差	δ/5,且不大于2	3	2	每件	1	用钢尺量测
6	机组与设备位置	10	10	10	每件	1	用钢尺量测
7	摇臂管支座中心位置	10	10	10	每支座	1	用钢尺量测

注:δ为板厚(mm)。

④缆车、浮船接管车的尺寸允许偏差应符合表 7-18 的规定。

表 7-18　缆车、浮船接管车尺寸允许偏差

	检查项目	允许偏差	检查数量		检查方法
			范围	点数	
1	轮中心距	±1mm	每轮	1	用钢尺量测
2	两对角轮距差	2mm	每组	1	用钢尺量测
3	同侧滚轮直顺偏差	±1mm	每侧	1	用钢尺量测
4	外形尺寸	±5mm	每车	4	用钢尺量测
5	倾斜角	±30′	每车	1	用经纬仪量
6	机组与设备位置	10mm	每件	1	用钢尺量测
7	出水管中心位置	10mm	每管	1	用钢尺量测

注:倾斜角为轮轨接触平面与水平面的倾角。

10.岸边排放构筑物的出水口质量检验

岸边排放构筑物的出水口应符合下列规定:

1)主控项目

①所用原材料、石料、防渗材料符合国家有关标准的规定和设计要求;

检查方法:观察;检查每批的产品出厂质量合格证明、性能检验报告及有关的复验报告。

②混凝土强度、砌筑砂浆(细石混凝土)强度应符合设计要求;其试块的留置及质量评定应符合《给水排水构筑物工程施工及验收规范》GB 50141—2008 的相关规定;

检查方法：检查混凝土结构的抗压、抗渗、抗冻试块试验报告，检查灌浆砂浆（或细石混凝土）的抗压强度试块试验报告。

③构筑物结构稳定、位置正确，出水口无倒坡现象；翼墙、护坡等混凝土或砌筑结构的沉降量、位移量应符合设计要求；

检查方法：观察；检查施工记录、测量记录、监测记录。

④混凝土结构外光内实，外观质量无严重缺陷；砌体结构砌筑完整、灌浆密实，无裂缝、通缝、翘动等现象；

检查方法：观察；检查施工资料。

2)一般项目

①混凝土结构外观质量不宜有一般缺陷；砌体结构砌筑齐整，勾缝平整、缝宽均匀一致；抛石的范围、高度应符合设计要求；

检查方法：观察；检查技术处理资料。

②翼墙反滤层铺筑断面不得小于设计要求，其后背的回填土的压实度不应小于95%；

检查方法：观察；检查回填土的压实度试验报告，检查施工记录。

③变形缝位置应准确，安设顺直，上下贯通；变形缝的宽度允许偏差为0～5mm；

检查方法：观察；用钢尺随机量测。

④所有预埋件、预留孔洞、排水孔位置正确；

检查方法：观察。

⑤施工允许偏差应符合表7-19的规定。

表7-19　岸边排放构筑物的出水口的施工允许偏差

检查项目			允许偏差(mm)	检查数量		检查方法
				范围	点数	
1	轴线位置	混凝土结构	±10			用纬仪测量
		砌石结构　料石	±10		1点	
		块石、卵石	±15			
	顶面高程	混凝土结构	±10	每段或每10m长		用水准仪测量
		砌石结构	±15			
2	翼墙	断面尺寸、厚度	混凝土结构	+10，−5			用钢尺量测
		砌石结构　料石	±15		2点	
		块石	+30，−20			
	墙面垂直度	混凝土结构	1.5‰H			用垂线量测
		砌石结构	0.5‰H			

（续）

检查项目			允许偏差（mm）	检查数量		检查方法
				范围	点数	
3	护坡、护坦	坡面、坡底顶面高程	砌石结构 块石、卵石	±20		1点	用水准仪测量
			砌石结构 料石	±15			
			混凝土结构	±10			
		净空尺寸	砌石结构 块石、卵石	±20	每段或每10m长	2点	用钢尺量测
			砌石结构 料石	±10			
			混凝土结构	±10			
		护坡坡度		不大于设计要求			用水准仪测量
		结构厚度		不小于设计要求			用钢尺量测
		坡面坡底平整度	砌石结构 块石、卵石	20		2点	用2m直尺、塞尺量测
			砌石结构 料石	15			
			混凝土结构	12			
4	预埋件中心位置			5	每处	1	用钢尺量测
5	预留孔洞中心位置			10	每处	1	用钢尺量测

注：H指墙全高（mm）。

11. 水中排放构筑物质量检验

水中排放构筑物的出水口应符合下列规定：

1）主控项目

①所用预制构件、配件、抛石料符合国家有关标准规定和设计要求；

检查方法：观察；检查每批的产品出厂质量合格证明、性能检验报告及有关的复验报告。

②出水口的位置、相邻间距及顶面高程应符合设计要求；

检查方法：检查施工记录、测量记录。

③出水口顶部的出水装置安装牢固、位置正确、出水通畅；

检查方法：观察（潜水员检查）；检查施工记录。

2）一般项目

①垂直顶升立管周围采用抛石等稳管保护措施的范围、高度符合设计要求；

检查方法：观察（潜水员检查）；检查施工记录。

②警告、警示标志及安全保护设施符合设计要求，设置齐全；

检查方法：观察；检查施工记录。

③钢制构件的防腐措施符合设计要求；

检查方法：观察；检查施工记录、防腐检验记录。

④施工允许偏差应符合表 7-20 的规定。

表 7-20　水中排放构筑物的出水口的施工允许偏差

检查项目		允许偏差 （mm）	检查数量		检查方法
			范围	点数	
1	出水口顶面高程	±20			用水准仪测量
2	出水口垂直度	0.5%H			用垂线、钢尺量测
3	出水口中 心轴线　沿水平出水管纵向	30	每座	1 点	用经纬仪、钢尺测量
	沿水平出水管横向	20			
4	相邻出水口间距	40			用测距仪测量

注：H 为垂直顶升管节的总长度（mm）。

12.固定式岸边取水构筑物的进水口质量验收

固定式岸边取水构筑物的进水口质量验收可按本条第 10 款的规定执行。

13.进水口进水管道内垂直顶升法施工时进水口质量验收

固定式河床取水构筑物的进水口进水管道内垂直顶升法施工时，其进水口质量验收可参照本条第 11 款的规定执行。

三、水处理构筑物

1.模板质量检验

模板应符合下列规定：

1）主控项目

①模板及其支架应满足浇筑混凝土时的承载能力、刚度和稳定性要求，且应安装牢固；

检查方法：观察；检查模板支架设计、验算。

②各部位的模板安装位置正确、拼缝紧密不漏浆；对拉螺栓、垫块等安装稳固；模板上的预埋件、预留孔洞不得遗漏，且安装牢固；

检查方法：观察；检查模板设计、施工方案。

③模板清洁、脱模剂涂刷均匀，钢筋和混凝土接茬处无污渍；

检查方法：观察。

2）一般项目

①浇筑混凝土前，模板内的杂物应清理干净；钢模板板面不应有明显锈渍；

检查方法：观察。

②对清水混凝土工程及装饰混凝土工程,应使用能达到设计效果的模板;
检查方法:观察。

③整体现浇混凝土模板安装允许偏差应符合表 7-21 的规定。

表 7-21　整体现浇混凝土水处理构筑物模板安装允许偏差

检查项目			允许偏差(mm)	检查数量		检查方法
				范围	点数	
1	相邻板差		2	每20m	1	用靠尺量测
2	表面平整度		3	每20m	1	用2m直尺配合塞尺检查
3	高程		±5	每10m	1	用水准仪测量
4	垂直度	池壁、柱	H≤5m	5	每10m(每柱)	1	用垂线或经纬仪测量
			5m<H ≤15m	0.1%H,且≤6		2	
5	平面尺寸		L≤20m	±10	每池(每仓)	4	用钢尺量测
			20m≤L≤50m	±L/2000		6	
			L≥50m	±25		8	
6	截面尺寸		池壁、顶板	±3	每池(每仓)	4	用钢尺量测
			梁、柱	±3	每梁柱	1	
			洞净空	±5	每洞	1	
			槽、沟净空	±5	每10m	1	
7	轴线位移		底板	10	每侧面	1	用经纬仪测量
			墙	5	每10m	1	
			梁、柱		每柱	1	
8	中心位置		预埋件、预埋管	3	每件	1	用钢尺量测
			预留洞	5	每洞	1	
9	止水带		中心位移	5	每5m	1	用钢尺量测
			垂直度	5	每5m	1	用垂线配合钢尺量测

注:1. L 为混凝土底板和池体的长、宽或直径,H 为池壁、柱的高度;

　　2. 止水带指设计为防止变形缝渗水或漏水而设置的阻水装置,不包括施工单位为防止混凝土施工缝漏水而加的止水板;

　　3. 仓指构筑物中由变形缝、施工缝分隔而成的一次浇筑成型的结构单元。

2.钢筋质量检验

钢筋应符合下列规定：

1)主控项目

①进场钢筋的质量保证资料应齐全，每批的出厂质量合格证明书及各项性能检验报告应符合国家有关标准规定和设计要求；受力钢筋的品种、级别、规格和数量必须符合设计要求；钢筋的力学性能检验、化学成分检验等应符合现行国家标准《混凝土结构工程施工质量验收规范》(GB 50204—2015)的相关规定；

检查方法：观察；检查每批的产品出厂质量合格证明、性能检验报告及有关的复验报告。

②钢筋加工时，受力钢筋的弯钩和弯折、箍筋的末端弯钩形式等应符合现行国家标准《混凝土结构工程施工质量验收规范》(GB 50204)的相关规定和设计要求；

检查方法：观察；检查施工记录，用钢尺量测。

③纵向受力钢筋的连接方式应符合设计要求；受力钢筋采用机械连接接头或焊接接头时，其接头应按现行国家标准《混凝土结构工程施工质量验收规范》(GB 50204—2015)的相关规定进行力学性能检验；

检查方法：观察；检查施工记录，检查连接材料的产品质量合格证及接头力学性能检验报告。

④同一连接区段内的受力钢筋，采用机械连接或焊接接头时，接头面积百分率应符合现行国家标准《混凝土结构工程施工质量验收规范》(GB 50204—2015)的相关规定；采用绑扎接头时，接头面积百分率及最小搭接长度应符合《给水排水构筑物工程施工及验收规范》(GB 50141—2008)的有关规定；

检查方法：观察；检查施工记录；用钢尺量测(检查数量：底板、侧墙、顶板以及柱、梁、独立基础等部位抽测均不少于20%。

2)一般项目

①钢筋应平直、无损伤，表面不得有裂纹、油污、颗粒状或片状老锈；

检查方法：观察；检查施工记录。

②成型的网片或骨架应稳定牢固，不得有滑动、折断、位移、伸出等情况；绑扎接头应扎紧并向内折；

检查方法：观察。

③钢筋安装就位后应稳固，无变形、走动、松散等现象；保护层符合要求；

检查方法：观察。

④钢筋加工的形状、尺寸应符合设计要求，其偏差应符合表7-22的规定；

表 7-22　钢筋加工的允许偏差

	检查项目	允许偏差（mm）	检查数量		检查方法
			范围	点数	
1	受力钢筋成型长度	+5,−10		1	用钢尺量测
2	弯起钢筋　弯起点位置	±20	每批、每一类型抽查 1% 且不小于 3 根	1	用钢尺量测
	弯起点高度	0,−10		1	
3	箍筋尺寸	±5		2	用钢尺量测宽、高各量 1 点

⑤钢筋安装的允许偏差应符合表 7-23 的规定。

表 7-23　钢筋安装位置允许偏差

	检查项目		允许偏差（mm）	检查结果		检查方法
				范围	点数	
1	受力钢筋的间距		±10	每 5m	1	
2	受力钢筋的排距		±5	每 5m	1	
3	钢筋弯起点位置		20	每 5m	1	
4	箍筋、横向钢筋间距	绑扎骨架	±20	每 5m	1	
		焊接骨架	±10	每 5m	1	
5	圆环钢筋同心度（直径小于 3m 管状结构）		±10	每 3m	1	用钢尺量测
6	焊接预埋件	中心线位置	3	每件	1	
		水平高差	±3	每件	1	
7	受力钢筋的保护层	基础	0～+10	每 5m	4	
		柱、梁	0～+5	每柱、梁	4	
		板、墙、拱	0～+3	每 5m	1	

3. 现浇混凝土质量检验

现浇混凝土应符合下列规定：

1）主控项目

①现浇混凝土所用的水泥、细骨料、粗骨料、外加剂等原材料的产品质量保证资料应齐全，每批的出厂质量合格证明书及各项性能检验报告应符合《给水排水构筑物工程施工及验收规范》GB 50141—2008 的有关规定和设计要求；

检查方法:观察;检查每批的产品出厂质量合格证明、性能检验报告及有关的复验报告。

②混凝土配合比应满足施工和设计要求;

检查方法:观察;检查混凝土配合比设计,检查试配混凝土的强度、抗渗、抗冻等试验报告;对于商品混凝土还应检查出厂质量合格证明等。

③结构混凝土的强度、抗渗和抗冻性能应符合设计要求;其试块的留置及质量评定应符合《给水排水构筑物工程施工及验收规范》(GB 50141—2008)的相关规定;

检查方法:检查施工记录;检查混凝土试块的试验报告、混凝土质量评定统计报告。

④混凝土结构应外光内实;施工缝后浇带部位应表面密实,无冷缝、蜂窝、露筋现象,否则应修理补强;

检查方法:观察;检查施工缝处理方案,检查技术处理资料。

⑤拆模时的混凝土结构强度应符合《给水排水构筑物工程施工及验收规范》(GB 50141—2008)的相关规定和设计要求;

检查方法:观察;检查同条件养护下的混凝土强度试块报告。

2)一般项目

①浇筑现场的混凝土坍落度或维勃稠度符合配合比设计要求;

检查方法:观察;检查混凝土坍落度或维勃稠度检验记录,检查施工配合比;检查现场搅拌混凝土原材料的称量记录。

②模板在浇筑中无变位、变形、漏浆等现象,拆模后无黏模、缺棱掉角及损伤表面等现象;

检查方法:观察;检查施工记录。

③施工缝后浇带位置应符合设计要求,表面平顺,无明显漏浆、错台、色差等现象;

检查方法:观察;检查施工记录。

④混凝土表面无明显收缩裂缝;

检查方法:观察;检查混凝土记录。

⑤对拉螺栓孔的填封应密实、平整,无收缩现象;

检查方法:观察;检查填封材料的配合比。

4.装配式混凝土结构的构件安装质量检验

装配式混凝土结构的构件安装应符合下列规定:

1)主控项目

①装配式混凝土所用的原材料、预制构件等的产品质量保证资料应齐全,每

批的出厂质量合格证明书及各项性能检验报告应符合国家有关标准规定和设计要求；

检查方法：观察；检查每批的原材料、构件出厂质量合格证明、性能检验报告及有关的复验报告；对于现场制作的混凝土构件应《给水排水构筑物工程施工及验收规范》(GB 50141—2008)的有关规定执行。

②预制构件上的预埋件、插筋、预留孔洞的规格、位置和数量应符合设计要求；

检查方法：观察。

③预制构件的外观质量不应有严重质量缺陷，且不应有影响结构性能和安装、使用功能的尺寸偏差；

检查方法：观察；检查技术处理方案、资料；用钢尺量测。

④预制构件与结构之间、预制构件之间的连接应符合设计要求；构件安装应位置准确，垂直、稳固；相邻构件湿接缝及杯口、杯槽填充部位混凝土应密实，无漏筋、孔洞、夹渣、疏松现象；钢筋机械或焊接接头连接可靠；

检查方法：观察；检查预留钢筋机械或焊接接头连接的力学性能检验报告，检查混凝土强度试块试验报告。

⑤安装后的构筑物尺寸、表面平整度应满足设计和设备安装及运行的要求；

检查方法：观察；检查安装记录；用钢尺等量测。

2)一般项目

①预制构件的混凝土表面应平整、洁净，边角整齐；外观质量不宜有一般缺陷；

检查方法：观察；检查技术处理方案、资料。

②构件安装时，应将杯口、杯槽内及构件连接面的杂物、污物清理干净，界面处理满足安装要求；

检查方法：观察。

③现浇混凝土杯口、杯槽内表面应平整、密实；预制构件安装不应出现扭曲、损坏、明显错台等现象；

检查方法：观察。

④预制构件制作的允许偏差应符合表 7-24 的规定：

表 7-24 预制构件制作的允许偏差

检查项目		允许偏差（mm）		检查数量		检查方法
		板	梁、柱	范围	点数	
1	长度	±5	−10			
2	横截面尺寸 宽	−8	±5	每构件	2	用钢尺量测
	高	±5	±5			

（续）

检查项目		允许偏差（mm）		检查数量		检查方法
		板	梁、柱	范围	点数	
2	横截面尺寸 　肋宽	+4，−2	—	每构件	2	用钢尺量测
	厚	+4，−2				
3	板对角线差	10	—		2	用钢尺量测
4	直顺度（或曲梁的曲度）	L/1000，且不大于20	L/750，且不大于20	每构件	2	用小线（弧形板）、钢尺量测
5	表面平整度	5	—		2	用2m直尺、塞尺量测
6	预埋件　中心线位置	5	5			用钢尺量测
	螺栓位置	5	5	每处	1	
	螺栓明露长度	+10，−5	+10，−2			
7	预留孔洞中心线位置	5	5		1	用钢尺量测
8	受力钢筋的保护层	+5，−3	+10，−5	每构件	4	用钢尺量测

注：1. L 为构件长度（mm）；

2. 受力钢筋的保护层偏差，仅在必要时进行检查；

3. 横截面尺寸栏内的高，对板系指其肋高。

⑤钢筋混凝土池底板及杯口、杯槽的允许偏差应符合表 7-25 的规定；

表 7-25　装配式钢筋混凝土水处理构筑物

检查项目		允许偏差（mm）	检查数量		检查方法
			范围	点数	
1	圆池半径	±20	每座池	6	用钢尺量测
2	底板轴线位移	10	每座池	2	用经纬仪测量横纵各1点
3	预留杯口、杯槽　轴线位置	8	每5m	1	用钢尺量测
	内底面高程	0，−5	每5m	1	用水准仪测量
	底宽、顶宽	+10，−5	每5m	1	用钢尺量测
4	中心位置偏移　预埋件、预埋管	5	每件	1	用钢尺量测
	预留洞	10	每洞	1	用钢尺量测

⑥预制混凝土构件安装允许偏差应符合表 7-26 的规定。

表 7-26　预制壁板(构件)安装允许偏差

	检查项目		允许偏差 (mm)	检查数量		检查方法
				范围	点数	
1	壁板、墙板、梁、柱中心轴线		5	每块板(每梁、柱)	1	用钢尺量测
2	壁板、墙板、柱高程		±5	每块板(每柱)	1	用水准议测量测
3	壁板、墙板及 柱垂直度	$H \leqslant 5m$	5	每块板(每梁、柱)	1	用垂球配合 钢尺量测
		$H > 5m$	8	每块板(每梁、柱)	1	
4	挑梁高程		−5,0	每梁	1	用水准仪量测
5	壁板、墙板与定位中线半径		±10	每块板	1	用钢尺量测
6	壁板、墙板、拱构件间隙		±10	每处	2	用钢尺量测

注:H 为壁板及柱的全高。

5.圆形构筑物缠丝张拉预应力混凝土质量检验

圆形构筑物缠丝张拉预应力混凝土应符合下列规定:

1)主控项目

①预应力筋和预应力锚具、夹具、连接器以及保护层所用水泥、砂、外加剂等的产品质量保证资料应齐全,每批的出厂质量合格证明书及各项性能检验报告应符合《给水排水构筑物工程施工及验收规范》(GB 50141—2008)的相关规定和设计要求;

检查方法:观察;检查每批的原材料出厂质量合格证明、性能检验报告及有关的复验报告。

②预应力筋的品种、级别、规格、数量、下料、墩头加工以及环向预应力筋和铺具槽的布置、锚固位置必须符合设计要求;

检查方法:观察。

③缠丝时,构件及拼接处的混凝土强度应符合《给水排水管道工程施工及验收规范》(GB 50268—2008)的相关规定;

检查方法:观察;检查混凝土强度试块试验报告。

④缠丝应力应符合设计要求;缠丝过程中预应力筋应无断裂,发生断裂时应将钢丝接好,并在断裂位置左右相邻锚固槽各增加一个锚具;

检查方法:观察;检查张拉记录、应力测量记录,技术处理资料。

⑤保护层砂浆的配合比计量准确,其强度、厚度应符合设计要求,并应与预应力筋(钢丝)黏结紧密,无漏喷、脱落现象;

检查方法:观察;检查水泥砂浆强度试块试验报告,检查喷浆施工记录。

2)一般项目

①预应力筋展开后应平顺，不得有弯折，表面不应有裂纹、刺、机械损伤、氧化铁皮和油污；

检查方法：观察。

②预应力锚具、夹具、连接器等的表面应无污物、锈蚀、机械损伤和裂纹；

检查方法：观察。

③缠丝顺序应符合设计和施工方案要求；各圈预应力筋缠绕与设计位置的偏差不得大于 15mm；

检查方法：观察；检查张拉记录、应力测量记录；每圈预应力筋的位置用钢尺量，并不少于 1 点。

④保护层表面应密实、平整，无空鼓、开裂等缺陷现象；

检查方法：观察；检查技术处理方案、资料。

⑤预应力筋保护层允许偏差应符合表 7-27 规定。

表 7-27　预应力筋保护层允许偏差

	检查项目	允许偏差（mm）	检查数量		检查方法
			范围	点数	
1	平整度	30	每 50m²	1	用 2m 直尺度配合塞尺量测
2	厚度	不小于设计值	每 50m²	1	喷浆前埋厚度标记

6.后张法预应力混凝土质量检验

后张法预应力混凝土应符合下列规定

1)主控项目

①预应力筋和预应力锚具、夹具、连接器以及有黏结预应力筋孔道灌浆所用水泥、砂、外加剂、波纹管等的产品质量保证资料应齐全，每批的出厂质量合格证明书及各项性能检验报告应符合《给水排水构筑物工程施工及验收规范》（GB 50141—2008）的相关规定和设计要求；

检查方法：观察；检查每批的原材料出厂质量合格证明、性能检验报告及有关的复验报告。

②预应力筋的品种、级别、规格、数量下料加工必须符合设计要求；

检查方法：观察。

③张拉时混凝土强度应符合《给水排水构筑物工程施工及验收规范》（GB 50141—2008）的有关规定；

检查方法：观察；检查混凝土试块的试验报告。

④后张法张拉应力和伸长值、断裂或滑脱数量、内缩量等应符合《给水排水

构筑物工程施工及验收规范》(GB 50141—2008)的有关规定和设计要求；

检查方法：观察；检查张拉记录。

⑤有黏结预应力筋孔道灌浆应饱满、密实；灌浆水泥砂浆强度应符合设计要求；

检查方法：观察；检查水泥砂浆试块的试验报告。

2)一般项目

①有黏结预应力筋应平顺，不得有弯折，表面不应有裂纹、刺、机械损伤、氧化铁皮和油污；无黏结预应力筋护套应光滑，无裂缝和明显褶皱；

检查方法：观察。

②预应力锚具、夹具、连接器等的表面应无污物、诱蚀、机械损伤和裂纹；波纹管外观应符合《给水排水构筑物工程施工及验收规范》(GB 50141—2008)的有关规定；

检查方法：观察。

③后张法有黏结预应力筋预留孔道的规格、数量、位置和形状应符合设计要求，并应符合下列规定：

a.预留孔道的位置应牢固，浇筑混凝土时不应出现位移和变形；

b.孔道应平顺，端部的预埋锚垫板应垂直于孔道中心线；

c.成孔用管道应封闭良好，接头应严密且不得漏浆；

d.灌浆孔的间距：预埋波纹管不宜大于 30m；抽芯成型孔道不宜大于 12m；

e.曲线孔道的曲线波峰部位应设排气(泌水)管，必要时可在最低点设置排水孔；

f.灌浆孔及泌水管的孔径应能保证浆液畅通；

检查方法：观察；用钢尺量。

④无黏结预应力筋的铺设应符合下列规定：

a.无黏结预应力筋的定位牢固，浇筑混凝土时不应出现移位和变形；

b.端部的预埋锚垫板应垂直于预应力筋；

c.内埋式固定端垫板不应重叠，锚具与垫板应贴紧；

d.无黏结预应力筋成束布置时应能保证混凝土密实并能裹住预应力筋；

e.无黏结预应力筋的护套应完整，局部破损处应采用防水胶带缠绕紧密；

检查方法：观察。

⑤预应力筋张拉后与设计位置的偏差不得大于 3mm，且不得大于池壁截面短边边长的 4%；

检查方法：每工作班检查 3%、且不少于 3 束预应力筋，用钢尺量。

⑥封锚的保护层厚度、外露预应力筋的保护层厚度、封锚混凝土强度应符合《给水排水构筑物工程施工及验收规范》(GB 50141—2008)的有关规定；

检查方法：观察；检查封锚混凝土试块的试验报告，检查 5%、且不少于 5

处;预应力筋保护层厚度,用钢尺量。

7.混凝土结构水处理构筑物质量检验

混凝土结构水处理构筑物应符合下列规定:

1)主控项目

①水处理构筑物结构类型、结构尺寸以及预埋件、预留孔洞、止水带等规格、尺寸应符合设计要求;

检查方法:观察;检查施工记录、测量记录、隐蔽验收记录。

②混凝土强度符合设计要求;混凝土抗渗、抗冻性能符合设计要求;

检查方法:检查配合比报告;检查混凝土抗压、抗渗、抗冻试块试验报告。

③混凝土结构外观无严重质量缺陷;

检查方法:观察,检查技术处理方案、资料。

④构筑物外壁不得渗水;

检查方法:观察,检查技术处理方案、资料。

⑤构筑物各部位以及预埋件、预留孔洞、止水带等的尺寸、位置、高程、线形等的偏差,不得影响结构性能和水处理工艺平面布置、设备安装、水力条件;

检查方法:观察;检查施工记录、测量放样记录。

2)一般项目

①混凝土结构外观不宜有一般质量缺陷;

检查方法:观察;检查技术处理方案、资料。

②结构无明显湿渍现象;

检查方法:观察。

③结构表面应光洁和顺、线形流畅;

检查方法:观察。

④混凝土结构水处理构筑物允许偏差应符合表 7-28 的规定。

表 7-28　混凝土结构水处理构筑物允许偏差

	检查项目		允许偏差 (mm)	检查数量		检查方法
				范围	点数	
1	轴线位移	池壁、柱、梁	8	每池壁、 柱、梁	2	用经纬仪测量 纵横轴线各计 1 点
2	高程	池壁顶	±10	每 10m	1	用水准仪测量
		底板顶		每 25m²	1	
		顶板		每 25m²	1	
		柱、梁		每柱、梁	1	

（续）

检查项目		允许偏差 （mm）	检查数量		检查方法
			范围	点数	
3	平面尺寸 （池体的长、 宽或直长）	$L{\leqslant}20\mathrm{m}$　±20 $20\mathrm{m}{<}L{\leqslant}50\mathrm{m}$　$\pm L/1000$ $L{>}50\mathrm{m}$　±50	长、宽各2； 直径各4		用钢尺量测
4	截面尺寸	池壁	每10m	1	用钢尺量测
		底板	每10m	1	
		柱、梁　$+10,-5$	每柱、梁	1	
		孔、洞、 槽内净空　±10	每孔、 洞、槽	1	用钢尺量测
5	表面平整度	一般平面　8	每25m²	1	用2m直尺配合 塞尺检查
		轮轨面　5	每10m	1	用水准仪测量
6	墙面垂直度	$H{\leqslant}5\mathrm{m}$　8	每10m	1	用垂线检查
		$5\mathrm{m}{<}H{\leqslant}20\mathrm{m}$　$1.5H/1000$	每10m	1	
7	中心线 位置偏移	预埋件、预埋管　5	每件	1	用钢尺量测
		预留洞　10	每洞	1	
		水槽　±5	每10m	2	用经纬仪测量 纵横轴线各计1点
8	坡度	0.15%	每10m	1	水准仪测量

注：1. H 为池壁全高，L 为池体的长、宽或直径；

　　2. 检查轴线、中心线位置时，应沿纵、横两个方向测量，并取其中的较大值；

　　3. 水处理构筑物所安装的设备有严于本条规定的特殊要求时，应按特殊要求执行，但在水处理构筑物施工前，设计单位必须给予明确。

8. 砖石砌体结构水处理构筑物质量检验

砖石砌体结构水处理构筑物应符合下列规定：

1）主控项目

①砖、石以及砌筑、抹面用的水泥、砂等材料的产品质量保证资料应齐全，每批的出厂质量合格证明书及各项性能检验报告应符合《给水排水构筑物工程施工及验收规范》(GB 50141—2008)的有关规定和设计要求；

检查方法：观察；检查产品质量合格证、出厂检验报告和及有关的进场复验报告。

②砌筑、抹面砂浆配合比应满足施工和《给水排水构筑物工程施工及验收规

范》(GB 50141—2008)的有关规定;

检查方法:观察;检查砌筑砂浆配合比单及记录;对于商品砌筑砂浆还应检查出厂质量合格证明等。

③砌筑、抹面砂浆的强度应符合设计要求;其试块的留置及质量评定应符合《给水排水构筑物工程施工及验收规范》(GB 50141—2008)的有关规定;

检查方法:检查施工记录;检查砌筑砂浆试块的试验报告。

④砌体结构各部位的构造形式以及预埋件、预留孔洞、变形缝位置、构造等应符合设计要求;

检查方法:观察;检查施工记录、测量放样记录。

⑤砌筑应垂直稳固、位置正确;灰缝必须饱满、密实、完整,无透缝、通缝、开裂等现象;砖砌抹面时,砂浆与基层及各层间应黏结紧密牢固,不得有空鼓及裂纹等现象;

检查方法:观察;检查施工记录,检查技术处理资料。

2)一般项目

①砌筑前,砖、石表面应洁净,并充分湿润;

检查方法:观察。

②砌筑砂浆应灰缝均匀一致、横平竖直,灰缝宽度的允许偏差为±2mm;

检查方法:观察;每20m用钢尺量10皮砖、石砌体进行折算。

③抹面时,抹面接茬应平整,阴阳角清晰顺直;

检查方法:观察。

④勾缝应密实,线形平整、深度一致;

检查方法:观察。

⑤砖砌体水处理构筑物施工允许偏差应符合表7-29的规定;

表7-29 砖砌体水处理构筑物施工允许偏差

检查项目		允许偏差 (mm)	检查数量		检查方法
			范围	点数	
1	轴线位置(池壁、隔墙、柱)	10	各池壁、 隔墙、柱	1	用经纬仪测量
2	高程(池壁、隔墙、柱的顶面)	±15	每5m	1	用水准仪测量
3	平面尺寸(池体 长、宽或直径)	$L \leqslant 20m$	±20	每池	4	用钢尺量测
		$20 < L \leqslant 50m$	±L/1000	每池	4	用钢尺量测
4	垂直度(池壁、 隔墙、柱)	$H \leqslant 5m$	8	每5m	1	经纬仪测量或吊线
		$H > 5m$	1.5H/1000	每5m	1	配合钢尺量测

（续）

检查项目		允许偏差（mm）	检查数量		检查方法
			范围	点数	
5 表面平整度	清水	5	每5m	1	用2m直尺配合塞尺量测
	混水	8	每5m	1	
6 中心位置	预埋件	5	每件	1	用钢尺量测
	预埋洞	10	每洞	1	用钢尺量测

注:1. L 为池体长、宽或直径;

2. H 为池壁、隔墙或柱的高度。

⑥石砌体水处理构筑物施工允许偏差应符合表 7-30 的规定。

表 7-30　石砌体水处理构筑物施工允许偏差

检查项目		允许偏差（mm）	检查数量		检查方法
			范围	点数	
1	轴线位置（池壁）	10	各池壁	1	用经纬仪测量
2	高程（池壁顶面）	±15	每5m	1	用水准仪测量
3 平面尺寸（池体长、宽或直径）	$L \leqslant 20m$	±20	每5m	1	用钢尺量测
	$20 < L \leqslant 50m$	$±L/1000$	每5m	1	
4	砌体厚度	+10,−5	每5m	1	用钢尺量测
5 垂直度（池壁）	$H \leqslant 5m$	10	每5m	1	用经纬仪或吊线、钢尺量
	$H > 5m$	$2H/1000$	每5m	1	
6 表面平整度	清水	10	每5m	1	用2m直尺配合塞尺量测
	混水	15	每5m	1	
7 中心位置	预埋件、预埋管	5	每件	1	用钢尺量测
	预埋洞	10	每洞	1	用钢尺量测

注:1. L 为池体长、宽或直径;

2. H 为池壁高度。

9. 构筑物变形缝应符合下列规定:

1）主控项目

①构筑物变形缝的止水带、柔性密封材料等的产品质量保证资料应齐全,每批的出厂质量合格证明书及各项性能检验报告应符合《给水排水构筑物工程施工及验收规范》(GB 50141—2008)的有关规定和设计要求;

检查方法:观察;检查产品质量合格证、出厂检验报告和及有关的进场复验报告。

②止水带位置应符合设计要求;安装固定稳固,无孔洞、撕裂、扭曲、褶皱等现象;

检查方法:观察,检查施工记录。

③先行施工一侧的变形缝结构端面应平整、垂直,混凝土或砌筑砂浆应密实,止水带与结构咬合紧密;端面混凝土外观严禁出现严重质量缺陷,且无明显一般质量缺陷;

检查方法:观察。

④变形缝应贯通,缝宽均匀一致;柔性密封材料嵌填应完整、饱满、密实;

检查方法:观察。

2)一般项目

①变形缝结构端面部位施工完成后,止水带应完整,线形直顺,无损坏、走动、褶皱等现象;

检查方法:观察。

②变形缝内的填缝板应完整,无脱落、缺损现象;

检查方法:观察。

③柔性密封材料嵌填前缝内应清洁杂物、污物;嵌填应表面平整,其深度应符合设计要求,并与两侧端面黏结紧密;

检查方法:观察。

④构筑物变形缝施工允许偏差应符合表 7-31 的规定。

表 7-31　构筑物变形缝施工的允许偏差

检查项目		允许偏差 (mm)	检查数量		检查方法
			范围	点数	
1	结构端面平整度	8	每处	1	用 2m 直尺配合塞尺量测
2	结构端面垂直度	$2H/1000$, 且不大于 8	每处	1	用垂线量测
3	变形缝宽度	±3	每处每 2m	1	用钢尺量测
4	止水带长度	不小于 设计要求	每根	1	用钢尺量测
5	止水带 位置	结构端面　±5	每处每 2m	1	用钢尺量测
		止水带中心　±5			
6	相邻错缝	±5	每处	4	用钢尺量测

注:H 为结构全高(mm)。

10.塘体结构质量检验

（1）基槽应符合本节第一条的相关规定，且基槽开挖允许偏差应符合表 7-32 的规定；

表 7-32　塘体结构基槽开挖允许偏差

检查项目		允许偏差（mm）	检查数量		检查方法
			范围	点数	
1	轴线位置	20	每 10m	1	用经纬仪测量
2	基底高程	±20	每 10m	1	用水准仪测量
3	平面尺寸	±20	每 10m	1	用钢尺量测
4	边坡	设计边坡的 0～3％范围	每 10m	1	用坡度尺测量

（2）塘体结构质量应符合本节第二条的规定；对于钢筋混凝土工程，其模板、钢筋、混凝土、混凝土结构构筑物还应分别符合本条第 1、2、3、7 款的规定。

11.现浇钢筋混凝土、装配式钢筋混凝土管渠质量检验

（1）模板、钢筋、混凝土、构件安装、变形缝应分别符合本条第 1～4 和 9 款的规定；

（2）混凝土结构管渠应符合本条第 7 款的规定，且其允许偏差应符合表 7-33 的规定。

表 7-33　混凝土结构管渠允许偏差

检查项目		允许偏差（mm）	检查数量		检查方法
			范围	点数	
1	轴线位置	15	每 5m	1	用经纬仪测量
2	渠底高程	±10	每 5m	1	用水准仪测量
3	管、拱圈断面尺寸	不小于设计要求	每 5m	1	用钢尺量测
4	盖板断面尺寸	不小于设计要求	每 5m	1	用钢尺量测
5	墙高	±10	每 5m	1	用钢尺量测
6	渠底中线每侧宽度	±10	每 5m	2	用钢尺量测
7	墙面垂直度	10	每 5m	2	经纬仪或吊线、钢尺检查
8	墙面平整度	10	每 5m	2	用 2m 靠尺检查
9	墙厚	+10，0	每 5m	2	用钢尺量测

注：渠底高程在竣工后的贯通测量允许偏差可按±20mm 执行。

12.砖石砌体管渠工程的变形缝、砖石砌体结构管渠质量验收

砖石砌体管渠工程的变形缝、砖石砌体结构管渠质量验收应分别符合本条第 8、9 款的规定，且砖石砌体结构管渠的允许偏差应符合表 7-34 的规定。

表 7-34　砌体管渠施工质量允许偏差

检查项目		允许偏差（mm）				检查数量		检查方法
		砖	料石	块石	混凝土砌块	范围	点数	
1	轴线位置	15	15	20	15	每 5m	1	用经纬仪测量
2	渠底 高程	±10	±20		±10	每 5m	1	用水准仪测量
	中心线每侧宽	±10	±10	±20	±10	每 5m	2	用钢尺量测
3	墙高	±20	±20		±20	每 5m	2	用钢尺量测
4	墙厚		不小于设计要求			每 5m	2	用钢尺量测
5	墙面垂直度	15	15		15	每 5m	2	经纬仪或吊线、钢尺量测
6	墙面平整度	10	20	30	10	每 5m	2	用 2m 靠尺量测
7	拱圈断面尺寸		不小于设计要求			每 5m	2	用钢尺量测

13.水处理工艺的辅助构筑物工程中材料质量检验

水处理工艺的辅助构筑物工程中,涉及钢筋混凝土结构的模板、钢筋、混凝土、构件安装等的质量验收应分别符合本条第 1～4 款的规定,涉及砖石砌体结构的质量验收应符合本条第 8 款的规定。工艺辅助构筑物的质量验收应符合下列规定:

1)主控项目

①有关工程材料、型材等的产品质量保证资料应齐全,并符合国家有关标准的规定和设计要求;

检查方法:观察;检查产品质量合格证、出厂检验报告及有关的进场复验报告。

②位置、高程、结构和工艺线形尺寸、数量等应符合设计要求,满足运行功能;

检查方法:观察;检查施工记录、测量放样记录。

③混凝土、水泥砂浆抹面等光洁密实、线形和顺,无阻水、滞水现象;

检查方法:观察。

④堰板、槽板、孔板等安装应平整、牢固,安装位置及高程应准确,接缝应严密;堰顶、穿孔槽、孔眼的底缘在同一水平面上;

检查方法:观察;检查安装记录;用钢尺、水准仪等量测检查。

2)一般项目

工艺辅助构筑物施工允许偏差应符合表 7-35 的规定。

表 7-35　工艺辅助构筑物施工的允许偏差

	检查项目			允许偏差（mm）	检查数量		检查方法
					范围	点数	
1	轴线位置	工艺井		15	每座	1	用经纬仪测量
		板、堰、槽、孔、眼（混凝土结构）		5	每3m		
2	高程	工艺井井底		±10	每座	1	用水准仪测量
		板、堰顶、槽底、孔眼中心	混凝土结构	±5	每3m	1	
			型板安装	±2			
3	净尺寸	工艺井		不小于设计要求	每座	1	用钢尺量测
		槽、孔、眼	混凝土结构	±5	每3m	1	
			型板安装	±3			
4	墙面垂直度	工艺井		10	每座	2	经纬仪或吊线、钢尺量测
		堰、槽、孔、眼	混凝土结构	$1.5H/1000$	每3m	1	
			型板安装	$1.0H/1000$			
5	墙面平整度	工艺井		10	每座	2	用2m靠尺量测；堰顶、槽底用水平仪测量
		板、堰、槽、孔、眼	混凝土结构	5	每3m	1	
			型板安装	2			
6	墙厚	工艺井		+10,0	每座	2	用钢尺量测
		板、堰、槽、孔、眼的结构		+5,0	每3m	1	
7	孔眼间距			±5	每处	1	用钢尺量测

注：H 为全高（mm）。

14.水处理的细部结构工程中材料质量检验

水处理的细部结构工程中涉及模板、钢筋、混凝土、构件安装、砌筑等廣量验收应分别符合本条第 1～4 和 8 款的规定；混凝土设备基础、闸槽等的质量应符合本节第四条第 3 款的规定；梯道、平台、栏杆、盖板、走道板、设备行走的钢轨轨道等细部结构应符合下列规定：

1）主控项目

①原材料、成品构件、配件等的产品质量保证资料应齐全，并符合国家有关标准的规定和设计要求；

检查方法：观察；检查产品质量合格证、出厂检验报告及有关的进场复验报告。

②位置和高程、线形尺寸、数量等应符合设计要求,安装应稳固可靠;

检查方法:观察;检查施工记录、测量放样记录。

③固定构件与结构预埋件应连接牢固;活动构件安装平稳可靠、尺寸匹配,无走动、翘动等现象;混凝土结构外观质量无严重缺陷;

检查方法:观察;检查施工记录和有关的检验记录。

④安全设施应符合国家有关安全生产的规定;

检查方法:观察;检查施工安全技术方案。

2)一般项目

①混凝土结构外观质量不宜有一般缺陷,钢制构件防腐完整,活动走道板无变形、松动等现象;

检查方法:观察。

②梯道、平台、栏杆、盖板(走道板)安装的允许偏差应符合表 7-36 的规定;

表 7-36 梯道、平台、栏杆、盖板(走道板)安装的允许偏差

	检查项目		允许偏差 (mm)	检查数量		检查方法
				范围	点数	
1	楼梯	长、宽	±5	每座	各2	用钢尺量测
		踏步间距	±3	每处	1	用钢尺量测,取最大值
2	平台	长、宽	±5	每处每 5m	各1	用钢尺量测
		局部凸凹度	3	每处	1	用1m直尺量测
3	栏杆	直顺度	5	每10m	1	20m 小线量测,取最大值
		垂直度	3	每10m	1	用垂线、钢尺量测
4	盖板 (走道板)	混凝土 盖板	直顺度	10	每5m	1	用 20m 小线量测, 取最大值
			相邻高差	8	每5m	1	用直尺量测, 取最大值
		非混凝土 盖板	直顺度	5	每5m	1	用 20m 小线量测, 取最大值
			相邻高差	2	每5m	1	用直心量测, 取最大值

③构筑物上行走的清污设备轨道铺设的允许偏差应符合表 7-37 的规定。

表 7-37 轨道铺设的允许偏差

	检查项目	允许偏差（mm）	检查数量		检查方法
			范围	点数	
1	轴线位置	5	每10m	1	用经纬仪测量
2	轨顶高程	±2	每10m	1	用水准仪测量
3	两轨间距或圆形轨道的半径	±2	每10m	1	用钢尺量测
4	轨道接头间隙	±0.5	每处	1	用塞尺测量
5	轨道接头左、右、上三面错位	1	每处	1	用靠尺量测

注：1. 轴线位置：对平行两直线轨道，应为两平行轨道之间的中线；对圆形轨道，为其圆心位置；

2. 平行两直线轨道接头的位置应错开，其错开距离不应等于行走设备前后轮的轮距。

15. 水处理构筑物的水泥砂浆防水层的质量验收

水处理构筑物的水泥砂浆防水层的质量验收应符合现行国家标准《地下防水工程质量验收规范》(GB 50208—2011)的相关规定。

16. 水处理构筑物的防腐层质量验收

水处理构筑物的防腐层质量验收应按现行国家标准《建筑防腐蚀工程施工及验收规范》(GB 50212—2014)的相关规定执行。

17. 水处理构筑物的钢结构工程质量检验

水处理构筑物的钢结构工程，应按现行国家标准《钢结构工程施工质量验收规范》(GB 50205)的相关规定执行。

四、泵房

1. 混凝土、砌体结构工程、附属构筑物工程的各分项工程质量验收

泵房结构、设备基础、沉井以及沉井封底施工中有关混凝土、砌体结构工程、附属构筑物工程的各分项工程质量验收应符合本节第三条的相关规定。

2. 混凝土及砌体结构泵房质量检验

混凝土及砌体结构泵房应符合下列规定：

1)主控项目

①泵房结构类型、结构尺寸、工艺布置平面尺寸及高程等应符合设计要求；

检查方法：观察；检查施工记录、测量记录、隐蔽验收记录。

②混凝土、砌筑砂浆抗压强度符合设计要求；混凝土抗渗、抗冻性能应符合设计要求；混凝土试块、砌筑砂浆试块的留置及质量验收应符合《给水排水构筑物工程施工及验收规范》(GB 50141—2008)的相关规定；

　　检查方法:检查配合比报告;检查混凝土试块抗压、抗渗、抗冻试验报告,检查砌筑砂浆试块抗压试验报告。

　　③混凝土结构外观无严重质量缺陷;砌体结构砌筑完整、灌浆密实,无裂缝、通缝等现象;

　　检查方法:观察;检查施工技术处理资料。

　　④井壁、隔墙及底板均不得渗水;电缆沟内不得有湿渍现象;

　　检查方法:观察。

　　⑤变径流道应线形和顺、表面光洁,断面尺寸不得小于设计要求;

　　检查方法:观察。

　　2)一般项目

　　①混凝土结构外观不宜有一般的质量缺陷;砌体结构砌筑齐整,勾缝平整,缝宽一致;

　　检查方法:观察。

　　②结构无明显湿渍现象;

　　检查方法:观察。

　　③导流墙、板、槽、坎及挡水墙、板、墩等表面应光洁和顺、线形流畅;

　　检查方法:观察。

　　④现浇钢筋混凝土及砖石砌筑泵房允许偏差应符合表 7-38 的相关规定。

表 7-38　现浇钢筋混凝土及砖石砌筑泵房允许偏差

检查项目		允许偏差(mm)				检查数量		检查方法
		混凝土	砖砌体	石砌体		范围	点数	
				毛料石	粗、细料石			
1	轴线位置	底板、墙基	15	10	20	15	横、纵向各1点	用钢尺、经纬仪测量
		墙、柱、梁	8	10	15	10		
2	高程	垫层、底板墙、柱、梁	±10		±15		不小于1点	用水准仪测量
		吊装的支承面	−5	—	—	—	每部位	
3	截面尺寸	墙、柱、梁、顶板	+10,−5	—	+20,−10	+10,−2	横、纵向各1点	用钢尺量测
		洞、槽、沟净空	±10		±20			

（续）

检查项目		允许偏差（mm）				检查数量		检查方法
		混凝土	砖砌体	石砌体		范围	点数	
				毛料石	粗、细料石			
4	中心位置	预埋件、预埋管	5			每处	横、纵向各1点	用钢尺水准仪测量
		预留洞	10					
5	平面尺寸（长宽或直径）	$L \leqslant 20m$	±20			横、纵向各1点		用钢尺量测
		$20m < L \leqslant 50m$	±L/1000					
		$50m < L \leqslant 250m$	±50					
6	垂直度	$H \leqslant 5m$	8	10		每部位	1点	用垂球、钢尺量测
		$5m < H \leqslant 20m$	1.5H/1000	2H/1000				
		$H > 20m$	30	—				
7	表面平整度	垫层、底板、顶板	10	—			1点	用2m直尺、塞尺量测
		墙、柱、梁	8	清水5混水8	20	清水10混水15		

注：L 为泵房的长、宽或直径；H 为墙、柱等的高度。

3.泵房设备的混凝土基础及闸槽质量检验

泵房设备的混凝土基础及闸槽应符合下列规定：

1）主控项目

①所用工程材料的等级、规格、性能应符合国家有关标准的规定和设计要求；

检查方法：检查产品的出厂质量合格证、出厂检验报告和进场复验报告。

②基础、闸槽以及预埋件、预留孔的位置、尺寸应符合设计要求；水泵和电机分装在两个层间时，各层间板的高程允许偏差应为±10mm；上下层间板安装机电和水泵的预留洞中心位置应在同一垂直线上，其相对偏差应为5mm；

检查方法：观察；检查施工记录、测量记录；用水准仪、经纬仪量测允许偏差。

③二次混凝土或灌浆材料的强度符合设计要求；采用植筋方式时，其抗拔试

验应符合设计要求；

检查方法：检查二次混凝土或灌浆材料的试块强度报告，检查试件试验报告。

④混凝土外观无严重质量缺陷；

检查方法：观察；检查技术处理资料。

2）一般项目

①混凝土外观不宜有一般质量缺陷；表面平整，外光内实；

检查方法：观察；检查技术处理资料。

②允许偏差应符合表 7-39 的相关规定。

表 7-39　设备基础及闸槽的允许偏差

	检查项目		允许偏差（mm）	检查数量		检查方法
				范围	点数	
1	轴线位置	水泵与电动机	8	每座	横、纵向各测 1 点	用经纬仪测量
		闸槽	5			
2	高程	设备基础	−20	每座	1 点	用水准仪测量
		闸槽底槛	±10			
3	闸槽	垂直度	$H/1000$，且不大于 20	每座	两槽各 1 点	用垂线、钢尺量测
		两闸槽间净距	±5	每座	2 点	用钢尺量测
		闸槽扭曲（自身及两槽相对）	2	每座	2 点	用垂线、钢尺量测
4	预埋地脚螺栓	顶端高程	+20	每处	1 点	用水准仪测量
		中心距	±2	每处	根部、顶部各 1 点	用钢尺量测
		中心位置	5	每处	横、纵向各 1 点	用经纬仪测量
5	预埋活动地脚螺栓锚板	高程	+20	每处	1 点	用水准仪测量
		水平度（带槽的锚板）	5	每处	1 点	用水平尺量测
		水平度（带螺纹的锚板）	2			
		平面尺寸	±10	每座	横、纵向各 1 点	用钢尺量测
6	基础外形	水平度	$L/200$，且不大于 10	每处	1 点	用水平尺量测
		垂直度	$H/200$，且不大于 10	每处	1 点	用垂线、钢尺量测

（续）

检查项目		允许偏差（mm）	检查数量		检查方法
			范围	点数	
7 地脚螺栓预留孔	中心位置	8	每处	横、纵向各1点	用经纬仪测量
	深度	+20	每处	1点	用探尺量测
	孔壁垂直度	10	每处	1点	用垂线、钢尺量测
8 闸槽底槛	水平度	3	每处	1点	用水平尺量测
	平整度	2	每处	1点	挂线量测

注：1. L 为基础的长或宽(mm)；H 为基础、闸槽的高度(mm)；

2. 轴线位置允许偏差，对管井是指与管井实际中心的偏差。

4. 深井制作质量检验

深井制作应符合下列规定：

1）主控项目

①所用工程材料的等级、规格、性能应符合国家有关标准的规定和设计要求；

检查方法：检查产品的出厂质量合格证、出厂检验报告和进场复验报告。

②混凝土强度以及抗渗、抗冻性能应符合设计要求；

检查方法：检查沉井结构混凝土的抗压、抗渗、抗冻试块的试验报告。

③混凝土外观无严重质量缺陷；

检查方法：观察，检查技术处理资料。

④制作过程中沉井无变形、开裂现象；

检查方法：观察；检查施工记录、监测记录，检查技术处理资料。

2）一般项目

①混凝土外观不宜有一般质量缺陷；

检查方法：观察。

②垫层厚度、宽度，垫木的规格、数量应符合施工方案的要求；

检查方法：观察；检查施工记录，检查地基承载力检验记录、砂垫层压实度检验记录、混凝土垫层强度试验报告。

③沉井制作尺寸的允许偏差应符合表 7-40 的规定。

表 7-40　沉井制作尺寸的允许偏差

检查项目		允许偏差 （mm）	检查数量		检验方法
			范围	点数	
1	长度	±0.5%L,且≤100		每边1点	用钢尺量测
2	宽度	±0.5%B,且≤50		1	用钢尺量测
3	平面尺寸　高度	±30		方形每边1点 圆形4点	用钢尺量测
4	直径 （圆形）	±0.5%D_0, 且≤100	每座	2	用钢尺量测 （相互垂直）
5	两对角 线差	对角线长1%, 且≤100		2	用钢尺量测
6	井壁厚度	±15		每10m延长1点	用钢尺量测
7	井壁、隔墙 垂直度	≤1%H		方形每边1点 圆形4点	用经纬仪测量, 垂线、直尺量测
8	预埋件中心线位置	±10	每件	1点	用钢尺量测
9	预留孔(洞)位移	±10	每处	1点	用钢尺量测

注:L 为沉井长度(mm);B 为沉井宽度(mm);H 为沉井高度(mm);D_0为沉井外径(mm)。

5.沉井下沉及封底质量检验

沉井下沉及封底应符合下列规定:

1)主控项目

①封底所用工程材料应符合国家有关标准规定和设计要求;

检查方法:检查产品的出厂质量合格证、出厂检验报告和进场复验报告。

②封底混凝土强度以及抗渗、抗冻性能应符合设计要求;

检查方法:检查封底混凝土的抗压、抗渗、抗冻试块的试验报告。

③封底前坑底标高应符合设计要求;封底后混凝土底板厚度不得小于设计要求;

检查方法:检查沉井下沉记录、终沉后的沉降监测记录;用水准仪、钢尺或测绳量测坑底和混凝土底板顶面高程。

④下沉过程及封底时沉井无变形、倾斜、开裂现象;沉井结构无线流现象,底板无渗水现象;

检查方法:观察;检查沉井下沉记录。

2)一般项目

①沉井结构无明显渗水现象;底板混凝土外观质量不宜有一般缺陷;

检查方法:观察。

②沉井下沉阶段的允许偏差应符合表 7-41 规定。

表 7-41　沉井下沉阶段的允许偏差

检查项目		允许偏差（mm）	检查数量		检查方法
			范围	点数	
1	沉井四角高差	不大于下沉总深度的 1.5% ～ 2.0%，且不大于 500	每座	取方井四角或圆井相互垂直处	用水准仪测量（下沉阶段:不少于 2 次/8h;终沉阶段:1 次/h)
2	顶面中心位移	不大于下沉总深度的 1.5%,且不大于 300		1 点	用经纬仪测量（下沉阶段不少于 1 次/8h;终沉阶段 2 次/8h)

注:下沉速度较快时应适当增加测量频率。

③沉井的终沉允许偏差应符合表 7-42 的相关规定。

表 7-42　沉井终沉的允许偏差

检查项目		允许偏差(mm)	检查数量		检查方法
			范围	点数	
1	下沉到位后,刃脚平面中心位置	不大于下沉总深度的 1%;下沉总深度小于 10m 时应不大于 100	每座	取方井四角或圆井相互垂直处各 1 点	用经纬仪测量
2	下沉到位后,沉井四角（圆形为相互垂直两直径与周围的交点）中任何两角的刃脚底面高差	不大于该两角间水平距离的 1%,且不大于 300;两角间水平距离小于 10m 时应不大于 100			用水准仪测量
3	刃脚平均高程	不大于 100;地层为软土层时可根据使用条件和施工条件确定		取方井四角或圆井相互垂直处,共 4 点,取平均值	用水准仪测量

注:下沉总高度,系指下沉前与下沉后刃脚高程之差。

五、调蓄构筑物

1.各分项工程质量验收

调蓄构筑物中有关混凝土、砌体结构工程、附属构筑物工程的各分项工程质量验收应符合本节第八条的相关规定。

2. 钢筋混凝土圆筒、框架结构水塔塔身质量检验

钢筋混凝土圆筒、框架结构水塔塔身应符合下列规定：

1）主控项目

①水塔塔身的结构类型、结构尺寸以及预埋件、预留孔洞等规格应符合设计要求；

检查方法：观察；检查施工记录、测量记录、隐蔽验收记录。

②混凝土的强度、抗冻性能必须符合设计要求；其试块的留置及质量评定应符合《给水排水构筑物工程施工及验收规范》(GB 50141—2008)的相关规定；

检查方法：检查配合比报告；检查混凝土抗压、抗冻试块的试验报告。

③塔身混凝土结构外观质量无严重缺陷；

检查方法：观察；检查处理方案、资料。

④塔身各部位的构造形式以及预埋件、预留孔洞位置、构造等应符合设计要求，其尺寸偏差不得影响结构性能和相关构件、设备的安装；

检查方法：观察；检查施工记录、测量放样记录。

2）一般项目

①混凝土结构外观质量不宜有一般缺陷；

检查方法：观察；检查处理方案、资料。

②混凝土表面应平整密实，边角整齐；

检查方法：观察。

③装配式塔身的预制构件之间的连接应符合设计要求，钢筋连接质量符合国家相关标准的规定；

检查方法：检查施工记录、钢筋接头检验报告。

④钢筋混凝土圆筒或框架塔身施工的允许偏差应符合表 7-43 的规定。

表 7-43　钢筋混凝土圆筒或框架塔身施工允许偏差

	检查项目	允许偏差（mm）		检查数量		检查方法
		圆筒塔身	框架塔身	范围	点数	
1	中心垂直度	1.5H/1000，且不大于 30	1.5H/1000，且不大于 30	每座	1	钢尺配合垂球量测
2	壁厚	−3，+10	−3，+10	每 3m 高度	4	用钢尺量测
3	框架塔身柱间距和对角线	—	L/500	每柱	1	用钢尺量测
4	圆筒塔身直径或框架节点距塔身中心距离	±20	±5	圆筒塔身 4；框架塔身每节点 1		用钢尺量测

（续）

检查项目		允许偏差（mm）		检查数量		检查方法
		圆筒塔身	框架塔身	范围	点数	
5	内外表面平整度	10	10	每3m高度	2	用弧长为2m的弧形尺量测
6	框架塔身每节柱顶水平高差	—	5	每柱	1	用钢尺量测
7	预埋管、预埋件中心位置	5	5	每件	1	用钢尺测量
8	预留孔洞中心位置	10	10	每洞	1	用钢尺量测

注：H 为圆筒塔身高度（mm）；L 为柱间距或对角线长（mm）。

3. 钢架、钢圆筒结构水塔塔身质量检验

钢架、钢圆筒结构水塔塔身应符合下列规定：

1）主控项目

①钢材、连接材料、钢构件、防腐材料等的产品质量保证资料应齐全，每批的出厂质量合格证明书及各项性能检验报告应符合国家有关标准规定和设计要求；

检查方法：检查产品质量合格证、出厂检验报告和进场复验报告。

②钢构件的预拼装质量经检验合格；

检查方法：观察；检查预拼装及检验记录。

③钢构件之间的连接方式、连接检验等符合设计要求，组装应紧密牢固；

检查方法：观察；检查施工记录，检查螺栓连接的力学性能检验记录或焊接质量检验报告。

④塔身各部位的结构形式以及预埋件、预留孔洞位置、构造等应符合设计要求，其尺寸偏差不得影响结构性能和相关构件、设备的安装；

检查方法：观察；检查施工记录、测量放样记录。

2）一般项目

①采用螺栓连接构件时，螺头平面与构件间不得有间隙；螺栓应全部穿入，其穿入的方向符合规范要求；

检查方法：观察；检查施工记录。

②采用焊接连接构件时，焊缝表面质量符合设计要求；

检查方法：观察；检查焊缝外观质量检验记录。

③钢结构表面涂层厚度及附着力符合设计要求；涂层外观应均匀，无褶皱、空泡、凝块、透底等现象，与钢构件表面附着紧密；

检查方法：观察；检查厚度及附着力检测记录。

④钢架及钢圆筒塔身施工的允许偏差应符合表 7-44 的规定。

表 7-44　钢架及钢圆筒塔身施工允许偏差

检查项目		允许偏差（mm）		检查数量		检查方法
		钢架塔身	钢圆筒塔身	范围	点数	
1	中心垂直度	$1.5H/1000$，且不大于 30	$1.5H/1000$，且不大于 30	每座	1	垂球配合钢尺量测
2	柱间距和对角线差	$L/1000$	—	两柱	1	用钢尺量测
3	钢架节点距塔身中心距离	5	—	每节点	1	用钢尺量测
4	塔身直径	$D_0 \leqslant 2m$	—	$+D_0/200$	每座	4	用钢尺量测
		$D_0 \leqslant 2m$	—	$+10$	每座	4	用钢尺量测
5	内外表面平整度	—	10	每 3m 高度	2	用弧长为 2m 的弧形尺量测
6	焊接附件及预留孔洞中心位置	5	5	每件（每洞）	1	用钢尺量测

注：H 为钢架或圆筒塔身高度（mm）；L 为柱间距或对角线长（mm）；D_0 为圆筒塔外径。

4.预制砌块和砖、石砌体结构水塔塔身质量检验

预制砌块和砖、石砌体结构水塔塔身应符合下列规定：

1）主控项目

①预制砌块、砖、石、水泥、砂等材料的产品质量保证资料应齐全，每批的出厂质量合格证明书及各项性能检验报告应符合国家有关标准规定和设计要求；

检查方法：观察；检查产品质量合格证、出厂检验报告和进场复验报告。

②砌筑砂浆配比及强度符合设计要求；其试块的留置及质量评定应符合《给水排水构筑物工程施工及验收规范》（GB 50141—2008）的相关规定；

检查方法：检查施工记录，检查砂浆配合比记录、砂浆试块试验报告。

③砌块砌筑应垂直稳固、位置正确；灰缝或灌缝饱满、严密，无透缝、通缝、开裂现象；

检查方法：观察；检查施工记录，检查技术处理资料。

④塔身各部位的构造形式以及预埋件、预留孔洞位置、构造等应符合设计要求，其尺寸偏差不得影响结构性能和相关构件、设备的安装；

检查方法：观察；检查施工记录、测量放样记录。

2)一般项目

①砌筑前,预制砌块、砖、石表面应洁净,并充分湿润;

检查方法:观察。

②预制砌块和砖的砌筑砂浆灰缝应均匀一致、横平竖直,灰缝宽度的允许偏差为±2mm;

检查方法:观察;用钢尺随机抽测10皮砖、石砌体进行折算。

③砌筑进行勾缝时,勾缝应密实,线形平整、深度一致;

检查方法:观察。

④预制砌块和砖、石砌体塔身施工的允许偏差应符合表7-45的规定。

表 7-45　预制砌块和砖、石砌体塔身施工允许偏差

	检查项目	允许偏差(mm)		检查数量		检查方法
		预制砌块、砖砌塔身	石砌塔身	范围	点数	
1	中心垂直线	1.5H/1000	2H/1000	每座	1	垂球配合钢尺量测
2	壁厚	不小于设计要求	+20 −10	每3m高度	4	用钢尺量测
3	塔身直径　$D_0 \leqslant 5m$	$\pm D_0/100$	$\pm D_0/100$	每座	4	用钢尺量测
	$D_0 > 5m$	± 50	± 50	每座	4	用钢尺量测
4	内外表面平整度	20	25	每3m高度	2	用弧长为2m的弧形尺检查的
5	预埋管、预埋件中心位置	5	5	每件	1	用钢尺量测
6	预留洞中心位置	10	10	每洞	1	用钢尺量测

注:H 为塔身高度(mm);D_0 为塔身截面外径(mm)。

5.钢丝网水泥、钢筋混凝土倒锥壳水柜和圆筒水柜制作质量检验

钢丝网水泥、钢筋混凝土倒锥壳水柜和圆筒水柜制作应符合下列规定:

1)主控项目

①原材料的产品质量保证资料应齐全,每批的出厂质量合格证明书及各项性能检验报告应符合国家有关标准规定和设计要求;

检查方法:检查产品质量合格证、出厂检验报告和进场复验报告。

②水柜钢丝网或钢筋的规格数量、各部位结构尺寸和净尺寸以及预埋件、预留孔洞位置、构造等应符合设计要求;其尺寸偏差不得影响结构性能和相关构

件、设备的安装；

检查方法：观察；检查施工记录、测量放样记录。

③砂浆或混凝土强度以及混凝土抗渗、抗冻性能应符合设计要求；砂浆试块、混凝土试块的留置应符合《给水排水构筑物工程施工及验收规范》(GB 50141—2008)的相关规定；

检查方法：检查砂浆抗压强度试块的试验报告，混凝土抗压、抗渗、抗冻试块试验报告。

④水柜外观质量无严重缺陷；

检查方法：观察；检查加固补强技术资料。

2)一般项目

①钢丝网或钢筋安装平整，表面无污物；

检查方法：观察。

②混凝土水柜外观质量不宜有一般缺陷，钢丝网水柜壳体砂浆不得有空鼓和缺棱掉角，表面不得有露丝、露网、印网和气泡；

检查方法：观察。

③水柜制作的允许偏差应符合表 7-46 的规定。

表 7-46　水柜制作的允许偏差

	检查项目	允许偏差 (mm)	检查数量		检查方法
			范围	点数	
1	轴线位置(对塔身轴线)	10	每座	2	钢尺配合、垂球量测
2	结构厚度	+10,-3	每座	4	用钢尺量测
3	净高度	±10	每座	2	用钢尺量测
4	平面净尺寸	±20	每座	4	用钢尺量测
5	表面平整度	5	每座	2	用弧长为2m的弧形尺检查
6	预埋管、预埋件中心位置	5	每处	1	用钢尺量测
7	预留孔洞中心位置	10	每洞	1	用钢尺量测

6.钢丝网水泥、钢筋混凝土倒锥壳水柜和圆筒水柜吊装质量检验

钢丝网水泥、钢筋混凝土倒锥壳水柜和圆筒水柜吊装应符合下列规定：

1)主控项目

①预制水柜、水柜预制构件等的成品质量经检验、验收符合设计要求；拼装连接所用材料的产品质量保证资料应齐全，每批的出厂质量合格证明书及各项性能检验报告应符合国家有关标准规定和设计要求；

检查方法:观察;检查预制件成品制作的质量保证资料和相关施工检验资料;检查每批原材料的出厂质量合格证明、性能检验报告及有关的复验报告。

②预制水柜经满水试验合格;水柜预制构件经试拼装检验合格;

检查方法:观察;检查预制水柜的满水试验记录,检查水柜预制构件经试拼装检验记录。

③钢筋、预埋件、预留孔洞的规格、位置和数量应符合设计要求;

检查方法:观察。

④水柜与塔身、预制构件之间的拼接方式符合设计要求;构件安装应位置准确,垂直、稳固;相邻构件的钢筋接头连接可靠,湿接缝的混凝土应密实;

检查方法:观察;检查施工记录,检查预留钢筋机械或焊接接头连接的力学性能检验报告,检查混凝土强度试块的试验报告。

⑤安装后的水柜位置、高程等应满足设计要求;

检查方法:观察;检查安装记录;用钢尺、水准仪等测量检查。

2)一般项目

①构件安装时,应将连接面的杂物、污物清理干净,界面处理满足安装要求;

检查方法:观察。

②吊装完成后,水柜无变形、裂缝现象,表面应平整、洁净,边角整齐;

检查方法:观察;检查加固补强技术资料。

③各拼接部位严密、平顺,无损伤、明显错台等现象;

检查方法:观察。

④防水、防腐、保温层应符合设计要求;表面应完整,无破损等现象;

检查方法:观察;检查施工记录,检查相关的施工检验资料。

⑤水柜的吊装施工允许偏差应符合表7-47的规定。

表7-47 水柜吊装施工允许偏差

	检查项目	允许偏差 (mm)	检查数量		检查方法
			范围	点数	
1	轴线位置(对塔身轴线)	10	每座	1	垂球、钢尺量测
2	底部高程	±10	每座	1	用水准仪测量
3	装配式水柜净尺寸	±20	每座	4	用钢尺量测
4	装配式水柜表面平整度	10	每2m高度	2	用弧长为2m的弧形尺检查
5	预埋管、预埋件中心位置	5	每件	1	用钢尺量测
6	预留孔洞中心位置	10	每洞	1	用钢尺量测

7.钢水柜制作及安装的质量验收

钢水柜制作及安装的质量验收应按现行国家标准《钢结构工程施工质量验收规范》(GB 50205)的相关规定执行;对于球形钢水柜还应符合现行国家标准《球形储罐施工及验收规范》(GB 50094—2010)的相关规定。

8.清水、调蓄(调节)水池混凝土结构的质量验收

清水、调蓄(调节)水池混凝土结构的质量验收应符合本条第7款的规定。

第三节　功能性试验

一、一般规定

(1)水处理、调蓄构筑物施工完毕后,均应按照设计要求进行功能性试验。

(2)功能性试验须满足《给水排水构筑物工程施工及验收规范》(GB 50141—2008)第6.1.3条的规定,同时还应符合下列条件:

1)池内清理洁净,水池内外壁的缺陷修补完毕;

2)设计预留孔洞、预埋管口及进出水口等已做临时封堵,且经验算能安全承受试验压力;

3)池体抗浮稳定性满足设计要求;

4)试验用充水、充气和排水系统已准备就绪,经检查充水、充气及排水闸门不得渗漏;

5)各项保证试验安全的措施已满足要求;

6)满足设计的其他特殊要求。

(3)功能性试验所需的各种仪器设备应为合格产品,并经具有合法资质的相关部门检验合格。

(4)各种功能性试验应按《给水排水构筑物工程施工及验收规范》(GB 50141—2008)附录D、附录E填写试验记录。

二、满水试验

(1)满水试验的准备应符合下列规定:

1)选定洁净、充足的水源;注水和放水系统设施及安全措施准备完毕;

2)有盖池体顶部的通气孔、人孔盖已安装完毕,必要的防护设施和照明等标志已配备齐全;

3)安装水位观测标尺,标定水位测针;

4)现场测定蒸发量的设备应选用不透水材料制成,试验时固定在水池中;

5)对池体有观测沉降要求时,应选定观测点,并测量记录池体各观测点初始高程。

(2)池内注水应符合下列规定:

1)向池内注水应分三次进行,每次注水为设计水深的 1/3;对大、中型池体,可先注水至池壁底部施工缝以上,检查底板抗渗质量,无明显渗漏时,再继续注水至第一次注水深度;

2)注水时水位上升速度不宜超过 2m/d,相邻两次注水的间隔时间不应小于 24h;

3)每次注水应读 24h 的水位下降值,计算渗水量,在注水过程中和注水以后,应对池体作外观和沉降量检测;发现渗水量或沉降量过大时,应停止注水,待作出妥善处理后方可继续注水;

4)设计有特殊要求时,应按设计要求执行。

(3)水位观测应符合下列规定:

1)利用水位标尺测针观测、记录注水时的水位值;

2)注水至设计水深进行水量测定时,应采用水位测针测定水位,水位测针的读数精确度应达 1/10mm;

3)注水至设计水深 24h 后,开始测读水位测针的初读数;

4)测读水位的初读数与末读数之间的间隔时间应不少于 24h;

5)测定时间必须连续。测定的渗水量符合标准时,须连续测定两次以上;测定的渗水量超过允许标准,而以后的渗水量逐渐减少时,可继续延长观测;延长观测的时间应在渗水量符合标准时止。

(4)蒸发量测定应符合下列规定:

1)池体有盖时蒸发量忽略不计;

2)池体无盖时,必须进行蒸发量测定;

3)每次测定水池中水位时,同时测定水箱中的水位。

(5)渗水量计算应符合下列规定:

水池渗水量按下式计算:

$$q=\frac{A_1}{A_2}[(E_1-E_2)-(e_1-e_2)]\qquad(7\text{-}1)$$

式中:q——渗水量$[L/(m^2 \cdot d)]$;

A_1——水池的水面面积(m^2);

A_2——水池的浸湿总面积(m^2);

E_1——水池中水位测针的初读数(mm);

E_2——测读 E_1 后 24h 水池中水位测针的末读数(mm);

e_1——测读 E_1 时水箱中水位测针的读数(mm);

e_2——测读 E_2 时水箱中水位测针的读数(mm)。

(6)满水试验合格标准应符合下列规定：

1)水池渗水量计算应按池壁(不含内隔墙)和池底的浸湿面积计算；

2)钢筋混凝土结构水池渗水量不得超过 $2L/(m^2 \cdot d)$；砌体结构水池渗水量不得超过 $3L/(m^2 \cdot d)$。

三、气密性试验

(1)气密性试验应符合下列要求：

1)需进行满水试验和气密性试验的池体,应在满水试验合格后,再进行气密性试验；

2)工艺测温孔的加堵封闭、池顶盖板的封闭、安装测温仪、测压仪及充气截门等均已完成；

3)所需的空气压缩机等设备已准备就绪。

(2)试验精确度应符合下列规定：

1)测气压的 U 形管刻度精确至毫米水柱；

2)测气温的温度计刻度精确至 $1℃$；

3)测量池外大气压力的大气压力计刻度精确至 10Pa。

(3)测读气压应符合下列规定：

1)测读池内气压值的初读数与末读数之间的间隔时间应不少于 24h；

2)每次测读池内气压的同时,测读池内气温和池外大气压力,并换算成同于池内气压的单位。

(4)池内气压降应按下式计算：

$$P = (P_{d1} + P_{a1}) - (P_{d2} + P_{a2}) \times \frac{273 + t_1}{273 + t_2} \qquad (7\text{-}2)$$

式中：P——池内气压降(Pa)；

P_{d1}——池内气压初读数(Pa)；

P_{d2}——池内气压末读数(Pa)；

P_{a1}——测量 P_{d1} 时的相应大气压力(Pa)；

P_{a2}——测量 P_{d2} 时的相应大气压力(Pa)；

t_1——测量 P_{d1} 时的相应池内气温(℃)；

t_2——测量 P_{d2} 时的相应池内气温(℃)。

(5)气密性试验达到下列要求时,应判定为合格：

1)试验压力宜为池体工作压力的 1.5 倍；

2)24h 的气压降不超过试验压力的 20%。